高速公路建设管理
BIEM大数据云平台成套技术

汤 明 章立峰 白家设 刘 勇／主编

中南大学出版社
www.csupress.com.cn
·长沙·

编委会

主　　编：汤　明　章立峰　白家设　刘　勇
副 主 编：韩大勇　韩建秋　朱　伟　汪　优
编写人员：（按姓氏笔画排序）

马瑞东　王永疆　杜　炜　杨光轩　杨军红
杨　凯　杨振兵　李　东　肖勇波　吴　冲
张　伟　张　杰　张　腾　张卫国　张亚鹏
张留军　陈伦添　陈　明　陈国龙　陈宝光
陈晓杰　赵长春　赵英爱　钟兴武　高　亮
彭高超　彭银刚　蒋　艺　韩亚军　雷　蒙

主编单位：中电建路桥集团有限公司
中电建（广东）中开高速公路有限公司
湖南中交京纬信息科技有限公司
中南大学
中国电建集团中南勘测设计研究院有限公司
协编单位：中国电建集团华东勘测设计研究院有限公司
华北水利水电大学

前言
Foreword

　　随着公路行业的不断发展和其市场竞争的日益加剧，对公路工程建设项目也提出了新的和更高的要求，基于BIM的宏观、中观和精细化管理相结合的多层次管理和可视化模拟成为今后发展的趋势。在中电建路桥集团有限公司科研项目"高速公路建设管理BIEM大数据云平台成套技术研究"（No. LQ2015-07）的资助下，研究团队历时近6年，围绕核心理念、工作目标和技术趋势，从高速公路全生命周期管理顶层设计入手，以构建基于"互联网+BIM"的高速公路全生命周期管理云平台为目标，围绕BOT+EPC模式下高速公路工程全生命周期项目协同管理信息化展开了深入研究。理论研究成果目前已在中电建路桥集团多个公路工程项目中得到了成功的应用，取得了良好的社会、经济效益。

　　中山—开平高速公路项目，起于中山市东部马鞍岛，与在建深中通道相接，终点位于江门恩平市，在凤山与已建开阳高速公路相交（对接高明—恩平高速公路）。项目采用BOT+EPC模式实施，是广东省目前投资额最大的高速公路项目之一，也是目前中电建集团有限公司单体投资规模最大的高速公路项目，具有征迁难度大、技术工艺复杂、施工作业面分布广、环境敏感点多、参建单位及交叉影响因素多等诸多特点。

　　本书以中山—开平高速公路项目设计和施工中遇到技术问题为主要线索，针对高速公路建设管理BIEM大数据云平台成套技术开展了一系列有益的探索与实践，通过管理与技术创新将"协同"贯彻项目全寿命周期，全方位应用"互联网+"实现工程从规划、设计、建造、交付、运营过程广域网的协同和共享。相关技术创新及其成果应用,不仅解决了实际工程中的诸多困难问题,也填补了 BIM 技术在公路工程应用方面的部分空白,能够为今后的高速公路 BIM 全过程建设管理提供一定的技术支撑与有益参考。

本书由中电建路桥集团有限公司牵头编制,汤明、章立峰、白家设、刘勇担任编委会主任,韩大勇、韩建秋、朱伟、汪优担任编委会副主任。具体的编写分工如下:汤明、韩大勇编写第 1 章,刘勇、汪优、韩建秋、杜炜等撰写第 2、3 章,白家设、朱伟等撰写第 4 章,王永疆、彭银刚等编写第 5 章,杨军红、陈明、陈国龙等编写第 6 章,张卫国、陈宝光等编写第 7 章,汤明、韩建秋等编写第 8 章。团队成员彭高超、赵英爱、王贵平、任加琳也为本书的撰写付出了辛勤劳动,在他们的帮助下才得以将项目众多的科研成果与工程资料编撰成文。

在本书撰写过程中,得到了很多专家的关心和指导,王茂文、黄学源、刘建华、李伟、刘忠伟等专家为本书撰写提供了许多宝贵的资料和建议,使得本书的内容更为翔实,更能反映当今公路建设信息化领域的成就和最新进展,在此表示诚挚的谢意。这里还要特别感谢刘代全教授级高工,他不仅对全书进行了认真审阅,还对本书的结构和行文一一斟酌,提出了许多宝贵建议,没有他们的辛勤工作不可能有本书的出版。同时,在撰写本书过程中,引用了诸多公开发表的文献资料,无法向作者一一致谢,这些宝贵的文献反映了工程信息化管理的发展历程、知识体系和先进水平,是本书赖以存在的基础,本书能将蕴含丰富的资料文献呈现给读者,是撰写者的荣幸。

当然,在本书的撰写过程中虽力求内容的准确,但鉴于笔者水平有限,错讹之处实难避免,敬请广大读者和同行批评指正、不吝赐教。

作　者

2021 年 2 月

目录

Contents

第1章

绪 论

1.1 研究背景

建筑业是促进我国国民经济持续增长的重要传统产业，它所完成的产值在社会总产值中占有相当大的比重，所创造的价值也是国民总收入的重要组成部分。据《中华人民共和国 2019 年国民经济和社会发展统计公报》统计，2019 年全年国内生产总值为 990865 亿元，比上年增长 6.1%，符合 6%~6.5% 的预期目标。其中全国建筑业全年年总产值为 248446 亿元，同比增长 5.7%。在国内外经济下行风险明显上升的复杂局面下，建筑业投资作为逆经济周期的重要手段，为稳就业、稳投资、稳预期工作的顺利开展提供了重要支撑。

在信息技术快速发展的今天，随着信息技术在建筑业中的广泛应用，突破建筑业资源整合的技术瓶颈，实现分散资源集中化，孤立系统集成化，成为建设工程领域关注的重点。工程建设项目具有参建方众多、信息流动频繁等特点，在传统的决策阶段开发管理、实施阶段项目管理和使用阶段运营管理这种阶段式项目管理的模式下，各参建方基于分工理论，只关注自己所负责本阶段的项目管理目标。项目在实施过程中，设计、施工、运营和维护管理各阶段相互分离的特点导致项目建设过程中缺乏有效沟通，造成信息传递过程的漏斗效应。在项目建设的不同阶段，不同专业人员基于本专业的软件进行信息管理，使其局限于某一阶段或某一目标，信息的创建、交换和共享缺乏完整统一的信息支撑服务平台，不同软件之间的数据标准和接口也存在兼容性问题，导致应用系统之间的数据难以共享，更难以实现工程建设项目全寿命周期信息的有效集成，信息孤岛现象普遍存在。

《2006—2020 年国家信息化发展战略》明确指出了信息化是推动经济社会变

革的重要力量，也是当今世界发展的大趋势。清华大学承担的"中国建筑信息化技术发展战略研究"课题，得出了以下 3 个结论：①中国建筑产业需要利用信息技术，实现业主与设计、施工、运营管理各个阶段的无缝集成；②建筑信息化是中国建筑业工业化的必由之路；③中国未来建筑信息化发展将形成以 BIM(建筑信息模型)为核心的产业革命。信息化、工业化、现代化是我国建筑业的发展方向，而其中信息化则是改造传统产业生产模式、实现建筑业跨越式发展的重要途径，也是我国建筑工业化的必由之路。

高速公路建设项目具有动态性强、工序复杂、资料档案繁多等特点，现阶段也未能有效实现建设企业及其建设项目信息的共享和即时传递，造成信息化管理难度大。随着信息和通信技术的发展，特别是物联网技术和现代信息通信(5G)技术的迅速发展，信息化技术的变革形势必然会引领各个行业形成一次新的产业升级。如何围绕高速公路项目的实施，开展公路建设项目信息化集成研究，对于实现高速公路建设项目全寿命周期管理，提高工程设计、施工和运营管理的质量和工作效率，具有重要的理论意义；对于消除信息传递过程中的漏斗效应和信息孤岛现象，促进公路建设行业技术进步和提升项目管理绩效，具有重大的现实意义。

1.2　BIEM 应用研究现状

建筑信息模型(building information modeling, BIM)是近年来出现的数字化建模新技术，旨在建立贯穿整个建设项目生命周期的信息集合。与传统的工作模式和协同管理模式不同，BIM 是将传统粗放型的建筑行业向精细、高效、统一转变的一场技术革命，这次技术革命是建筑行业继 20 世纪甩掉手工绘图板向 CAD 技术转变后的又一次重大的技术变革。BIM 技术可贯穿工程项目的全生命周期，将项目全过程 S 模型分布式整合，与管理方法、监测技术，数值传真等完善结合，便可—全新的建筑信息扩展模型(exterded building in formation modeling, BIEM)技术方法。

BIM 概念的诞生可以追溯到 20 世纪 70 年代。1975 年卡内基梅隆大学建筑和计算机科学专业教授 Chuck Eastman 在其课题"建筑描述系统(building description system, BDS)"中提出的"一个基于计算机对建筑的描述(a computer-based description of a building)"概念可被视为与 BIM 相关的最早的基础性概念。我们今天所说的"建筑信息模型(building Information modeling)"一词，在当时的英文中称为"building modeling"，1986 年 Robert Aish 发表的论文中第一次使用了该词，他在文中论述了今天我们所熟知的 BIM 论点和实施技术，包括三维建模、自动成图、智能参数化组件、关系数据库、实时施工进度计划模拟等。进入 21 世纪，人们对 BIM 的理论研究已经成熟，在一些应用上也得到了突破性进展。随着计算机软硬件水平的迅速发展，全球三大建筑软件开发商 Graphisoft、Bentley systems 以及 Autodesk 都推出了自己的 BIM 软件，大力助推了 BIM 的应用与发展，真正开启了 BIM 时代。在此引用《美国国家 BIM 标准》(*National Building Information Modeling Standard*, NBIMS) 的定义：" BIM 是一个共享的知识资源，是设施物理和功能特性的数字表达，是一个分享有关这个设施的信息，为该设施从概念到完成的全寿命周期中的所有决策提供可靠依据的过程。"具体表现为在项目不同阶段，各参与方通过在 BIM 中插入、提取、更新和修改信息的方式，以支持和反映各自职责的协同工作。

BIM 技术的应用最早始于美国，随着近年来 BIM 技术的蓬勃发展，全球范围内主要建筑产业大国如美国、英国、新加坡、韩国、日本等都出台了相关产业政策，进一步推动了 BIM 技术在建筑和基础设施行业的实践应用。

美国总务管理局 (General Services Administration, GSA) 通过其下属的公共建筑服务处 (Public Buildings Service, PBS)，于 2003 年推出了国家层面的 3D-4D-BIM 计划，并陆续发布了一系列 BIM 指南。美国联邦机构美国陆军工程兵团 (United States Army Corps of Engineers, USACE) 于 2006 年制定并发布了一份 15 年 (2006—2020 年) 的 BIM 路线图。与此同时，美国建筑科学研究院于 2007 年发布了 NBIMS，其旗下的 Building SMART 联盟 (Building SMART Alliance, BSA) 主要负责研究 BIM 标准的制定和应用工作。2008 年底，BSA 已拥有 IFC 标准 (Industry Foundation Classes)、NBIMS、美国国家 CAD 标准 (United States National CAD Standard) 等一系列应用标准。2009 年，美国威斯康星州率先要求本州的建筑公司主要针对一些新建的大型公共建筑项目推行 BIM 技术；得克萨斯州设施委员会也宣布跟进这一策略，主要也是针对部分州政府投资的设计和施工项目。

2011 年 5 月底，英国内阁办公室发布了一项行政计划，即联邦政府将在 2016 年要求其公共投资工程全部导入合作式 3D BIM，也就是从 2016 年开始，所有公共部门的建设项目必须引入 BIM 技术，这意味着英国正式开启了建筑与营建产业的 BIM 化进程。除了政府推出的一系列政策，英国官方组织和民间团体也积极开展各种 BIM 活动以促进 BIM 发展。2011 年由内阁办公室公布与推行了有关 BIM 技术的政府建筑政策 (government construction strategy)。其推行 BIM 的愿景包括英国营建产业的发展、英国在国际营建市场份额的提升、带动经济增长以及设施管理效率的提升；其 BIM 的发展策略包括运用"推力与拉力"的策略，利用公共工程采用 BIM，创造一个合适 BIM 发展的环境；同时培养技术能力，去除产业执行障碍，形成群聚效应。由英国中央政府组织的英国 BIM 工作组 (BIM Task Gro) 结合公共工程及英国皇家建筑师学会 (Royal Institute of British Architects)、英国营造业协会 (Community Interest Company)、英国建筑研究院 (Building Research Establishment)、英国标准协会 (British Standards Institution) 等，共同推动了 BIM 的发展；同时建立了 B/555 Roadmap，有计划地编定和 BIM 相关的一系列国家标准，如 BS1192、PAS1192-2、PAS1192-3、BS1192-4 等。此外，其他专业职业公众协会也积极发展和 BIM 相关的附约与组件库，如 CIC BIM Protocol 等。

韩国的相关企业机构也着力推进 BIM 向前发展。2010 年 1 月，韩国国土交通海洋部发布了《建筑领域 BIM 应用指南》。该指南为开发商、建筑师和工程师在申请 4 个行政部门、16 个都市以及 6 个公共机构的项目时，提供了采用 BIM 技术时必须注意的方法及指导要素。该指南需要在公共项目中系统地实施 BIM，同时也为企业建立实用的 BIM 实施标准。目前，土木领域的 BIM 应用指南也已立项，暂定名为《土木领域 30 设计指南》。

2010 年，日本的国土交通省宣布推行 BIM 技术，目前日本 BIM 技术的应用已扩展到全国范围，并上升到政府推进的层面。除了在政府层面的产业推进，在民间组织，尤其是 IAI 日本分会支持下的日本 BIM 软件制造厂商，在福井计算机株式会社的主导下，成立了日本 BIM 产业软件联盟（如图 1-1 所示）。这对于BIM 应用的推动产生了极大的促进作用，通过多个软件互相的配合支撑，有效帮助工程设计方、建设方和运营方充分实现 BIM 技术的应用价值。

新加坡负责建筑业管理的国家机构是建筑管理署（BCA），为了鼓励早期的BIM 应用者，BCA 于 2010 年成立了一个 600 万元的 BIM 基金项目，任何企业都可以申请。2011 年，BCA 与一些政府部门合作确立了示范项目。目前在欧洲也已有多家政府机构致力于 BIM 应用标准的制定，在部分欧洲国家，应用 BIM 的项目数量已超过传统项目，在建筑和基础设施建设领域，BIM 正在全球范围内引发一次产业升级信息化的变革。

作为全球最重要的基建产业市场，2018 年中国建筑业总产值达到 23.5 万亿元人民币。尽管与其他国家相比，BIM 在中国的应用起步较晚，但目前其发展势头非常迅猛。据《中国 BIM 应用价值研究报告》统计，目前已应用 BIM 的大多数设计、施工单位表示未来还将进一步提升自身的 BIM 应用率，这在能充分利用BIM 价值的较大型企业中尤其显著。这份研究报告表明了中国市场在未来具有很大的 BIM 应用效益，并且中国在 BIM 技术的研究和应用方面具有领导潜力。

在与 BIM 产业相关的政策文件层面，住房和城乡建设部于 2011 年发布了《2011—2015 年建筑业信息化发展纲要》，该纲要是政府第一次将 BIM 技术正式纳入信息化标准建设内容。之后，住房和城乡建设部于 2013 年又发布了《关于推进建筑信息模型应用的指导意见》，并在 2016 年发布的《2016—2020 年建筑业信息化发展纲要》中再次重点强调了 BIM 技术，并将 BIM 技术列为"十三五"期间建筑业计划重点推广的五大信息技术之首。进入 2017 年，国家和地方政府同时加大了 BIM 政策与标准落地，同时，不少有关 BIM 的政策文件被发布并推进（如表1-1 所示）。在《建筑业十项新技术 2017》中，BIM 技术列为十项新技术之首。

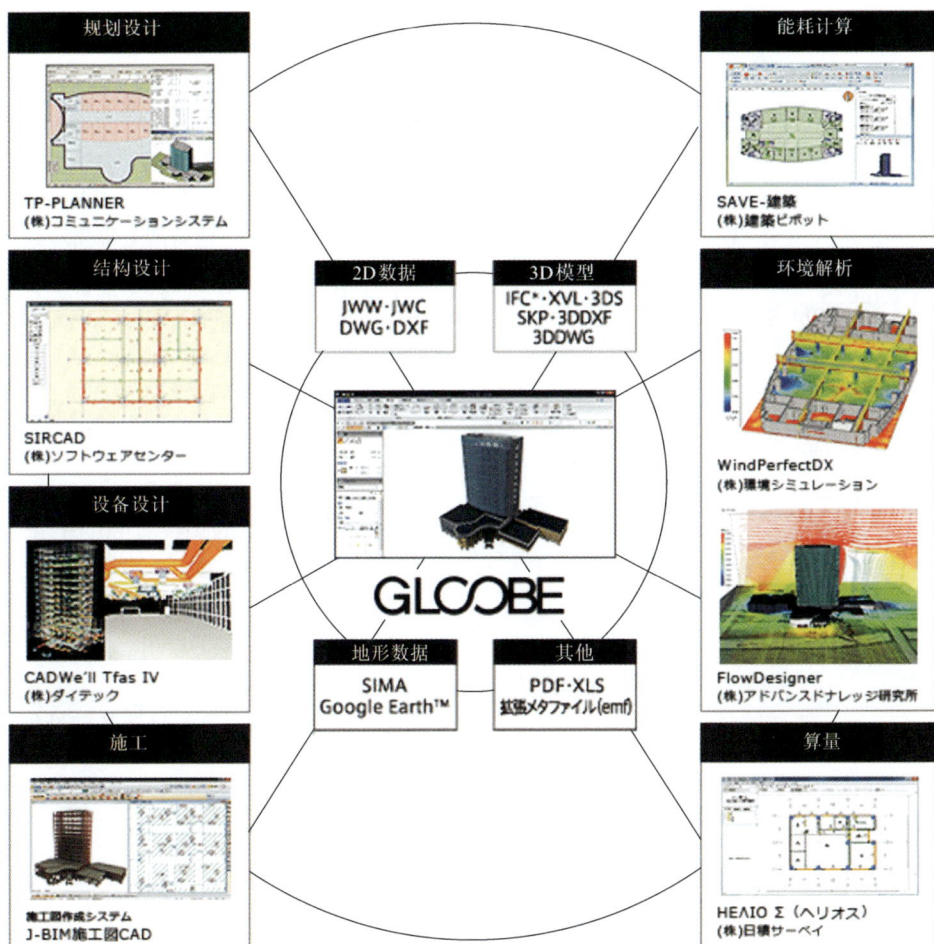

图 1-1 日本 BIM 产业软件联盟

表 1-1 国家推动 BIM 相关政策文件

部门	发布时间	文件名称	主要内容
国务院	2017 年 2 月	《关于促进建筑业持续健康发展的意见》	加快推进 BIM 技术在规划、勘察、设计、施工和运营维护全过程的集成应用
	2017 年 5 月	《建设项目工程总承包管理规范》	采用 BIM 技术或者装配式技术的招标文件中应当有明确要求；建设单位对承诺采用 BIM 技术或装配式技术的投标人应适当设置加分条件

续表1-1

部门	发布时间	文件名称	主要内容
国务院	2017 年 8 月	《住房城乡建设科技创新"十三五"专项规划》	特别指出发展智慧建造技术,普及和深化 BIM 应用,建立基于 BIM 的运营与监测平台,发展施工机器人、智能施工装备、3D 打印施工装备,促进建筑产业提质增效
	2017 年 8 月	《工程造价事业"十三五"规划》	大力推进 BIM 技术在工程造价事业中的应用
	2017 年 9 月	《建设项目工程总承包费用项目组成(征求意见稿)》	明确规定 BIM 费用属于系统集成费,这意味着在国家工程费用中明确 BIM 费用的出处
交通运输部	2017 年 2 月	《推进智慧交通发展行动计划(2017—2020 年)》	到 2020 年,在基础设施智能化方面,推进建筑信息模型(BIM)技术在重大交通设施项目规划、设计、建设、施工、运营、检测维护管理全生命周期的应用
	2017 年 3 月	《关于推进公路水运工程应用 BIM 技术的指导意见》征求意见函	推动 BIM 在公路水运工程等基础设施领域的应用

随着国家和行业层面相关政策出台,全国各省市近几年也纷纷制定相应的标准(如表 1-2 所示),大力推广和扶持 BIM 技术在建筑行业中的应用。

表 1-2 地方推动 BIM 相关政策文件

地区	发布时间	文件名称	主要内容
北京市	2017 年 7 月	《北京市建筑信息模型(BIM)应用示范工程的通知》	确定"北京市朝阳区 CBD 核心区 Z15 地块项目(中国尊大厦)"等 22 个项目为 2017 年北京市建筑信息模型(BIM)应用示范工程立项项目
	2017 年 11 月	《北京市建筑施工工程总承包企业及注册建造师市场行为信用评价管理办法》	BIM 在信用评价中加 3 分

续表1-2

地区	发布时间	文件名称	主要内容
广东省	2017 年 1 月	《关于加快推进建筑信息模型（BIM）应用意见的通知》	到 2020 年，形成完善的建设工程 BIM 应用配套政策和技术支撑体系。建设行业甲级勘察设计单位以及特、一级房屋建筑和市政工程施工工程总承包企业掌握 BIM；以政府投资和国有资金投资为主的大写房屋建筑和市政基础设施项目在勘察设计、施工和运营维护中普遍应用 BIM
	2017 年 8 月	《广东省 BIM 技术应用费的指导标准》（征求意见稿）	根据建造过程中的应用阶段、专业、工程复杂程度确定 BIM 应用费用标准，鼓励全过程、全专业应用 BIM
上海市	2017 年 4 月	《关于进一步加强上海市建筑信息模型技术推广应用的通知》	土地出让环节：将 BIM 技术应用相关管理要求纳入国有建设用地出让合同；规划审批环节：在规划设计方案审批或建设工程规划许可环节，运用 BIM 模型进行辅助审批；报建环节：对建设单位填报的有关 BIM 技术应用信息进行审核；施工图审查等环节：对项目应用 BIM 技术的情况进行抽查，年度抽查项目数量不少于应用 BIM 技术的 20%；竣工验收备案环节：采用 BIM 模型归档，在竣工验收备案中审核建设单位填报的 BIM 技术应用成果信息
	2017 年 6 月	《上海市建筑信息模型技术应用指南（2017 版）》	上海市住建委组织对《指南（2015 版）》进行了修订，深化和细化了相关应用项和应用内容
	2017 年 7 月	《上海市住房发展"十三五"规划》	建立健全推广建筑信息模型（BIM）技术应用的政策标准体系和考核机制，创建国内领先的 BIM 技术综合应用示范城市

续表1-2

地区	发布时间	文件名称	主要内容
广西壮族自治区	2017 年 2 月	《建筑工程建筑信息模型施工应用标准》	提出了建筑施工信息模型 BIM 应用的基本要求，可作为 BIM 应用及相关标准研究和编制的依据
	2017 年 4 月	《关于印发推进建筑信息模型应用指导意见的通知》	在全区房顶建筑，市政基础设施工程建设和运营维护中开展 BIM 技术应用试点申报工作
浙江省	2017 年 6 月	宁波市《关于推进建筑信息模型技术应用的若干意见》	部分政府投资的市重点建设项目将率先应用 BIM 技术。2021 年起，新立项的建设工程项目将普遍应用 BIM 技术
	2017 年 9 月	《浙江省建筑信息模型（BIM）技术推广应用费用计价参考依据》	为 BIM 技术推广应用费用计价提供参考标准
江西省	2017 年 6 月	《关于推进建筑信息模型（BIM）技术应用工作的指导意见》	从 2018 年开始，政府投资的 2 万 m² 以上的大型公共建筑、装配式建筑试点项目、申报绿色建筑的公共建筑项目的设计与施工应当采用 BIM 技术；省优质建设工程和省新技术示范工程以及省优秀勘察设计项目在设计、施工、运营维护中，集成应用 BIM 的项目比率达到 90%；以国有资金投资为主的大中型建筑，申报绿色建筑的公共建筑和绿色生态示范小区
江苏省	2017 年 10 月	《江苏建造 2025 行动纲要》	到 2020 年，BIM 技术在大中型项目应用占比 30%，初步推广基于 BIM 的项目管理信息系统应用；60% 以上的甲级资质设计企业实现 BIM 技术应用，部分企业实现基于 BIM 的协同设计。预计到 2025 年，BIM 技术在大中型项目应用占比将达到 70%，基于 BIM 的项目管理系统得到普遍应用；设计企业基于实现 BIM 技术应用，普及基于 BIM 的协同设计
	2017 年 11 月	《江苏省关于促进建筑业改革发展的意见》	提出 20 条江苏建筑业改革发展意见，建造领域重点发力 BIM 应用

续表1-2

地区	发布时间	文件名称	主要内容
内蒙古自治区	2017 年 11 月	《关于促进建筑业持续健康发展的实施意见》	到 2020 年底，全区特级和一级施工工程总承包企业一级甲级勘察、设计、监理等类别企业全面推进 BIM 在工程项目勘察、设计、施工、运营维护全过程的集成应用。以国有投资为主的大中型建筑、申报绿色建筑的公共建筑和绿色生态示范小区项目等集成应用 BIM 的比率达到 60%
陕西省	2017 年 10 月	《陕西省人民政府办公厅关于促进建筑业持续健康发展的实施意见》	推进建筑产业现代化，加强建筑信息模型技术(BIM)的研究运用
湖北省	2017 年 9 月	《武汉市城建委关于推进建筑信息模型(BIM)技术应用工作的通知》	到 2018 年底，制定推行 BIM 技术的政策、标准、建立基础数据库，对装配式建筑采用 BIM 技术进行试点，试点 BIM 技术建设项目监管方式，总结 BIM 技术应用情况。到 2019 年 6 月底，全部装配式建筑优先采用 BIM 技术。到 2020 年末，在新立项项目勘察设计、施工运营维护中，集成应用 BIM 的项目比率将达到 90%

1.3　大数据应用研究现状

　　1989 年，Gartner Group 的 Howard Dresner 首次提出商业智能(business intelligence, BI)这一术语。商业智能通常被理解为将企业中现有的数据转化为知识并帮助企业做出明智的业务经营决策的工具。为了将数据转化为知识，需要利用数据仓库、联机分析处理(on-Line Analytic Processing)工具和数据挖掘(data mining)等技术。随着互联网络的发展，企业收集到的数据越来越多、数据结构越来越复杂，一般的数据挖掘技术已经不能满足大型企业的需求，这就使得企业在收集数据之余，也开始有意识地寻求新的方法来解决大量数据无法存储和处理分析的问题，由此，IT 界诞生了一个新的名词——"大数据"。

目前大数据的概念并没有一个明确的定义，不同的组织和结构对大数据的概念有不同的解释。虽然众多企业、机构和数据科学家对大数据的理解和描述不一致，但是都存在一个普遍共识，即大数据的核心是在种类繁多、数量庞大的数据中，快速获取信息。

1.3.1　国外大数据应用研究现状

1989 年在美国底特律召开的第十一届国际人工智能联合会议专题讨论会上，首次提出了"数据库中的知识发现（KDD）"的概念。1995 年召开了第一届知识发现与数据挖掘国际学术会议，随着参会人员的增多，KDD 国际会议被发展为年会。1998 年在美国纽约举行了第四届知识发现与数据挖掘国际学术会议，该会议不仅进行了学术讨论，还展示了 30 多家软件公司的产品，例如，IBM 公司研制的 Intelligent Miner 客户、服务器系统软件，用于提供数据挖掘的解决方案；SPSS 股份公司开发了基于决策树的数据挖掘软件 Clementine；Oracle 公司开发的 Darwin 数据挖掘套件；SAS 公司的 Enterprise 软件等。

经济利益成为主要的推动力，IBM，ORACLE，微软，Google，Amazn，Facebook，Teradata，EMC，惠普等跨国巨头因为大数据技术的发展而更加具有竞争力。仅 2009 年，Google 公司通过大数据业务对美国经济贡献 540 亿美元；2005 年以来，IBM 投资 160 亿美元进行 30 多次与大数据相关的收购，使业绩稳定高速增长，2012 年 IBM 股价每股价格突破 200 美元大关，并在 3 年内翻了三番；eBay 通过数据挖掘精确计算出广告中每个关键字带来的回报，2007 年以来，广告费降低了 99%，同时顶级卖家占总销售额的百分比上升至 32%；2011 年，Facebook 首次公开新数据处理分析平台 Puma，通过对数据多处理环节区分优化，相比之前单纯采用 Hadoop 和 Hive 进行处理的技术，数据分析周期从 2d 降到 10 s 以内，效率提高数万倍。

美国政府认为数据资源是继陆空海三大资源外的另一种重要的国家战略资源，已将大数据战略上升到国家层面，从 2012 年至今，美国政府提出了诸多促进大数据产业发展的宣言和计划。2012 年 3 月 29 日，美国政府启动"大数据研究和发展倡议"计划，6 个部门共拨款 2 亿美元，争取增加 100 倍的分析能力，从而能够从各种语言的文本中抽取信息。这是一个标志性事件，其说明继集成电路和互联网之后，大数据已成为信息科技关注的重点。

英国在顶着经济低迷的巨大压力下还将大数据作为重点发展的科技领域，2013 年英国政府也宣布投资 1.89 亿英镑推进大数据和节能计算；法国政府在《数字化路线图》中列出了五项将大力支持的战略性高新技术，将投入 1150 万欧元进行支持，而"大数据"就是其中一项；印度全国软件与服务企业协会预计印度大数据行业规模在 3 年内将达到 12 亿美元，政府将积极支持大数据产业的发展。

　　2013 年 6 月，日本第二次安倍内阁政权正式公布了新 IT 战略——"创建最尖端 IT 国家宣言"。这篇"宣言"全面阐述了 2013—2020 年期间以发展开放公共数据和大数据为核心的日本新 IT 国家战略。

　　2013 年 7 月举办的甲骨文全球大会上，Oracle 总裁 Mark Hurd 宣布，将加大对中国区的投入，甲骨文在中国的第四个研发中心——上海已经建成，将很快投入使用。此次投入的主攻方向是云计算、大数据、商业智能。

　　2016 年，英国政府又拿出 7300 万英镑投入大数据技术的开发。包括在 55 个政府数据分析项目中展开大数据技术的应用；以高等学府为依托投资兴办大数据研究中心；积极带动牛津大学、伦敦大学等知名高校开设以大数据为核心业务的专业等。同样日本政府也提出大力发展 IT 业的发展计划，不断地对信息产业提出战略规划。世界各国也逐渐意识到大数据时代的到来，纷纷建立大数据产业。

　　英特尔公司高级副总裁兼数据中心及互联系统事业部总经理 Diane Bryant 表示，英特尔未来将会大力发展数据中心领域的芯片技术。至此全球掀起了一股大数据的浪潮，近年来，全球大数据产业市场的规模不断扩大，如图 1-2 所示。

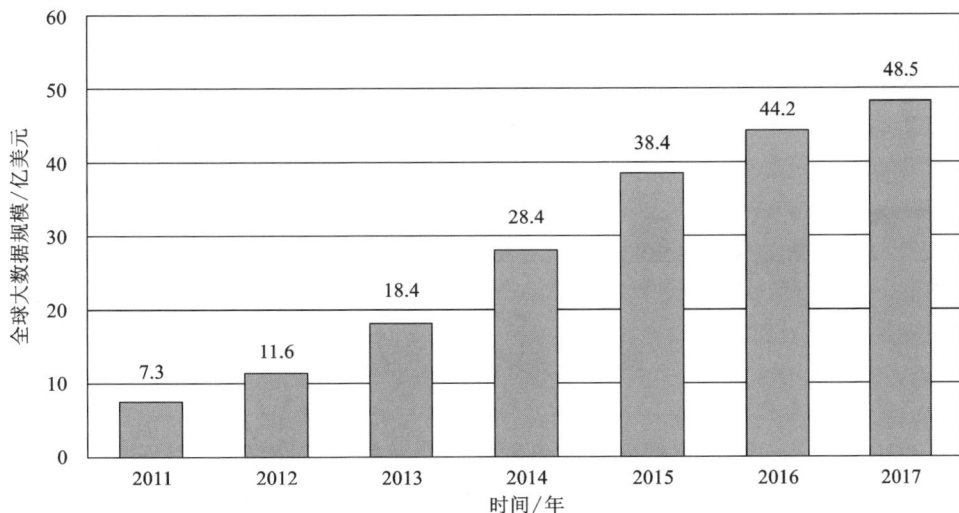

图 1-2　全球大数据产业市场规模

1.3.2　国内大数据应用研究现状

　　中国有着庞大的用户群体和应用市场，由此构建了世界上最为庞大和繁杂的数据，其复杂性高、变化度大。为了解决这种由大规模数据引起的问题，我国必须探索以大数据为基础的解决方案，这是我国产业升级、效率提高的重点。因此，国内大数据应用市场逐渐升温，大数据市场规模迅速扩大，2013 年被业界誉为我国的大数据元年。目前我国的大数据开发和应用主要体现在商业领域中，尤其以百度、阿里巴巴、腾讯、新浪等互联网公司为代表；制造业的代表海尔集团近年来也强调大数据的应用，快速响应客户，感知客户需求。而实际上，各行业对大数据也有着现实的需求：中国工商银行拥有 2.2 亿用户和 6 亿个账户，每日处理多达 2 亿个交易；中国石油集中统一信息系统管理 8600 万 t/年的成品油销售业务，每年处理 3450 万张单据；中国航信目前运行着超过 2000 台硬件设备，每秒钟事务处理能力达 11000 TNX/S，每天为 100 万旅客提供订票离港服务。

在国家政策持续推动下，大数据产业落地进程加快，产业价值被进一步发掘。2017 年我国大数据市场规模已达 358 亿元，年增速达到 47.3%，规模是 2012 年的 10 倍。2020 年，我国大数据市场规模达到 731 亿元。我国大数据产业规模的变化趋势如图 1-3 所示。

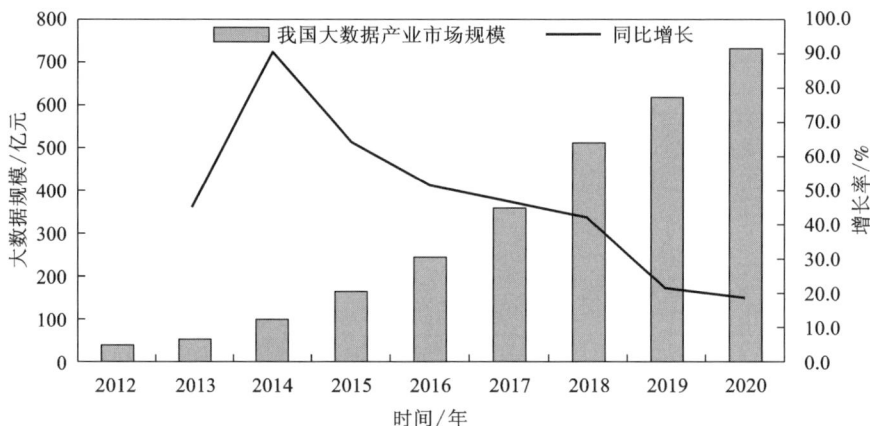

图 1-3　我国大数据产业规模

2016 年以来，国家政策持续推动大数据产业发展。2016 年"十三五"规划明确提出实施大数据战略，把大数据作为基础性战略资源，全面推进大数据发展行动，加快推动数据资源共享开放和开发应用，助力产业转型升级和社会治理创新。发改委、工业和信息化部、农业农村部及运输部等部委先后颁布相关政策（具体政策文件如表 1-3 所示），推动了大数据产业发展。随着大数据产业的进一步落地，预计未来将有更多部门出台具体政策，推动大数据行业的发展。大数据已成为与自然资源、人力资源一样重要的战略资源，隐含巨大的价值，并引起科技界和企业界的高度重视。

表 1-3　大数据产业相关政策

文件名称	发文单位
《大数据产业发展规划 2016—2020》	工业和信息化部
《信息产业发展指南》	工业和信息化部、发改委
《软件和信息技术服务业产业发展规划》	工业和信息化部
《关于促进和规范医疗健康大数据应用发展的指导意见》	国务院
《农业农村大数据试点方案》	农业农村部
《关于推进交通运输行业数据资源开放共享的实施意见》	交通运输部
《关于加快中国林业大数据发展的指导意见》	林业局
《生态环境大数据建设总体方案》	生态环境部
《促进大数据发展三年工作方案》	发改委
《促进国土资源大数据应用发展的实施意见》	自然资源部
《关于促进全国发展改革系统大数据工作的指导意见》	发改委

　　与国外相比，国内的大数据发展，尤其在应用及相关技术方面，具有独特优势。国内外在大数据应用方面的差距已逐渐缩小，甚至在某些应用领域，国内比国外更灵活、巧妙，这主要受益于我国人口基数大。随着大数据不断深入人们的生活，全社会对数据智能化的需求不断增加，有效激发了市场活力，带动大数据技术发展。从总体来看，美国、英国和欧洲其他国家大数据发展处于相对成熟阶段，国内大数据发展也已趋于成熟。

　　但我国数据处理技术基础相对薄弱，难以满足大数据大规模应用的需求。如有限的数据资源存在标准化低、准确性低、完整性低以及利用价值不高的问题，这极大降低了数据的价值。同时，我国政府、企业和行业信息化系统建设往往缺少统一规划和科学论证，系统之间缺乏统一的标准，形成了众多"信息孤岛"，而且受行政垄断和商业利益限制，数据开放程度较低，以邻为壑、共享难，这给数据利用造成极大障碍。

　　由于政府推动公共数据发展政策的欠缺以及数据保护和隐私保护方面的制度不完善，抑制了数据共享和开放的积极性。因此，一个良性发展的数据共享生态系统的建立，是我国大数据发展的关键。

1.4　云计算应用研究现状

互联网从 1960 年主要用于军方、大型企业等纯文字电子邮件或新闻集群组服务，直到 1990 年才开始进入普通家庭。发展至今，互联网已经成为人们生活必需品之一。随着计算机和网络技术的发展，计算机性能的开发面临瓶颈，而网络技术的发展使全球范围内共享一些计算资源成为可能，因此，应利用大量的网络资源，而不是个人手中的个别计算资源来提供高性能服务。"云计算"正是在这种背景下产生的，其起源与互联网演进息息相关，这个概念首次在 2006 年 8 月的搜索引擎会议上被提出，进而演变为互联网的第三次革命。

云计算(cloud computing)是基于互联网相关服务的增加、使用和交付模式，通常涉及通过互联网提供动态易扩展且经常是虚拟化的资源。作为分布式计算的一种，云计算是通过网络云将巨大的数据计算处理程序分解成无数个小程序，然后，通过多部服务器组成的系统处理和分析这些小程序得到结果并返回给用户，云计算的概念模型如图 1-4 所示。简言之，云计算是一种基于互联网的新计算方式，通过互联网上的异构、自治的服务为个人和企业用户提供按需即取的计算、软件和信息。

1983 年，Sun Microsystems 提出"网络是电脑(the network is the computer)"的概念；2006 年 3 月，Amazon 推出弹性计算云(elastic compute cloud，EC2)服务。

2006 年 8 月 9 日，Google 首席执行 Eric Schmidt 在搜索引擎大会上首次提出"云计算"(cloud computing)的概念。Google "云端计算"源于 Google 工程师克里斯托弗·比希利亚所做的"Google1"项目。

2007 年 10 月，Google 与 IBM 开始在美国大学校园，包括卡内基梅隆大学、麻省理工学院、斯坦福大学、加州大学柏克利分校以及马里兰大学等，推广云计算的计划，通过开展这项计划希望能降低分布式计算技术在学术研究方面的成本，并为这些大学提供相关的软硬件设备及技术支持(包括数百台个人电脑及BladeCenter 与 System x 服务器，这些计算平台将提供 1600 个处理器，支持包括Linux、Xen、Hadoop 等开放源代码平台)。

2008 年 1 月 30 日，Google 宣布在中国台湾地区启动"云计算学术计划"，计划将与台湾大学、台湾交通大学等学校展开合作，将这种先进的大规模、快速计算技术推广到校园。

2008 年 2 月 1 日，IBM 宣布将在中国无锡太湖新城科教产业园为中国的软件公司建立全球第一个云计算中心(cloud computing center)。

2008 年 7 月 29 日，雅虎、惠普和英特尔宣布一项涵盖美国、德国和新加坡的联合研究计划，推出云计算研究测试床，推进云计算。该计划要与合作伙伴创建

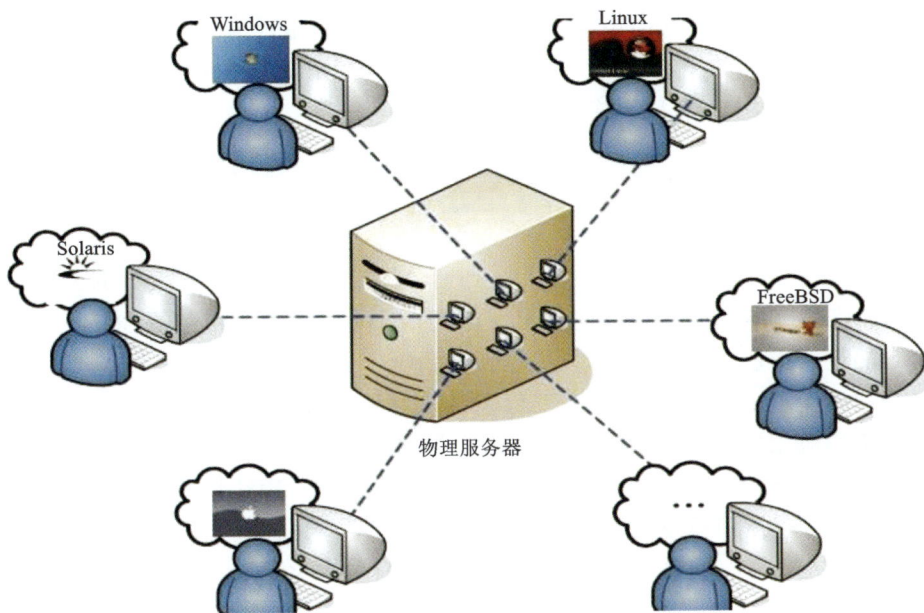

图 1-4　云计算概念模型

6 个数据中心作为研究试验平台，每个数据中心配置 1400～4000 个处理器。这些合作伙伴包括新加坡资讯通信发展管理局、德国卡尔斯鲁厄大学 Steinbuch 计算中心、美国伊利诺伊大学香槟分校、英特尔研究院、惠普实验室和雅虎。

2008 年 8 月 3 日，美国专利商标局网站信息显示，戴尔正在申请"云计算"商标，此举旨在加强这一未来可能重塑的技术。

2010 年 3 月 5 日，Novell 与云安全联盟（cloud security alliance）共同宣布一项供应商中立计划，名为"可信任云计算计划（trusted cloud initiative）"。

2010 年 7 月，美国国家航空航天局和 Rackspace、AMD、英特尔、戴尔等支持厂商共同宣布 Openstack 开放源代码计划，微软在 2010 年 10 月表示支持 Openstack 与 Windows Server 2008 R2 的集成；而 Ubuntu 已把 Openstack 加到 11.04 版本中。

2011 年 2 月，思科系统正式加入 Openstack，重点研制 Openstack 的网络服务。

2011 年 10 月 20 日，"盛大云"宣布旗下产品 MongolC 正式对外开放，这是中国第一家专业的 MongoDB 云服务，也是全球第一家支持数据库恢复的 MongoDB 云服务。

云计算从根本上改变了原有的互联网结构，将计算能力从个人终端向服务端转变，弱化了端的概念，提高了计算资源的整体利用率。在量化计算资源的基础上，云计算实现了商业模式由设置向服务进化的过程。随着物联网的发展，云计算被赋予了更为广泛的定义：从连接计算资源到连接所有人和机器设置，计算能力也将进一步智能化。

1.5　主要研究内容

本书依托中电建路桥集团科技项目：高速公路建设管理 BIEM 大数据云平台成套技术，首次提出基于 BIM 理念但又扩展集成于电子云平台的创新系统，并将其称为"高速公路建设管理 BIEM 大数据云平台"。

本书通过梳理 BIM 技术在建设工程中的现状和未来发展趋势，针对 BIM 技术在公路工程应用中的技术空白，提出高速公路工程 BIM 信息模型分类和数据标准，进而给出高速公路 BIM 模型数字模块化构建思路；将 BIM 技术与大数据技术相融合，构建高速公路建设项目全过程协同管理框架体系；将全过程管理与信息化技术相融合，实现三维信息模型和大数据集成的一体化，并以此为依据构建了高速公路建设项目管理云平台及其相应硬件支持；结合高速公路建设实际项目，开展了协同管理的应用与实践，这一系列成果不仅解决了实际工程中的诸多困难问题，也填补了 BIM 技术在公路工程应用方面的部分空白，能够为高速公路建设全过程信息化管理提供一定的理论依据和技术支撑。主要研究内容如下：

①以 BIM 信息模型的分类和数据标准的相关概念为基本出发点，详细阐述了公路工程 BIM 信息分类和工程实体分解过程，进而提出高速公路构件的编码方式及原则。

②从模块化基本理论的内涵特征出发，提出 BIM 模块化设计的理论架构和实现方案，探讨高速公路数字模块库的概念、构件拆分及其编码，并结合高速公路项目实际讨论其具体实现与应用。

③基于全过程管理和协同管理的理论基础，将 BIM 与全过程协同管理相结合，提出基于 BIM 的高速公路建设项目全过程协同管理框架体系，具体内容包括构建步骤、架构组成、框架体系设计等。

④分别介绍大数据与云计算二者的特征、技术体系与基本架构，从搭建云平台的角度出发，围绕虚拟化技术、需求分析与软硬件设备 3 个层面阐述云平台的搭建过程。

⑤从高速公路项目管理的相关概念和管理信息化的基本理论入手，详细分析高速公路项目管理信息化的具体需求，以高速公路建设项目为依托，提出基于 BIM 和云平台的高速公路项目管理平台架构，并对系统的基本架构和相应的功能设置进行分析。

⑥基于建、管、养全过程信息化协同管理基本理念，结合实际高速公路建设项目工程总承包的特点，详细分析高速公路项目数字技术及其与全过程协同管理的具体实施和应用。

第 2 章

高速公路 BIM 信息模型分类和数据标准

2.1 国内外 BIM 标准研究概况

BIM 是指基于相同的标准，能够集成从建筑设计阶段一直到运营维护阶段的全生命周期过程中与建筑工程项目相关的信息模型。建筑信息模型这一术语最初是由 Georgia 的计算机技术学院提出，其基本思想源于 Eastman 教授在其书中广泛提到的"建筑产品模型"这一概念。1987 年以前，建筑信息模型仅仅停留在概念层面上，而真正将 BIM 概念应用于实际则是 Graphisoft 公司于 1987 年基于"虚拟建筑"概念开发 ArchiCAD 系列的建筑设计软件。"建筑信息模型(building information modeling)"这一概念则是在 1992 年由 Autodesk 公司提出，并将其简写为 BIM。之后经由 Jerry Laiserin 等人的推广和标准化，BIM 才成为广为熟知的建筑信息模型。

BIM 标准不仅是三维模型中表达各构件的命名和数据格式标准，而且应该包括对项目各有关方交付传递数据的格式、内容、深度、细度等的规定，整个标准的制定能对整个信息的录入和传递形成一个统一的规则。

目前国际上发布的 BIM 标准主要分为两类：一类是由 ISO 等有关行业协会发布的行业通用的数据标准；另一类是国家相关部门针对本国行业发展制定的 BIM 标准。行业性标准主要分为工业基础类(industry foundation classes，IFC)、信息交付手册(information delivery manual，IDM)、国际字典框架(international framework for dictionaries，IFD)三类，它们是实现 BIM 价值的三大支撑技术。各个国家的 BIM 标准，是指导本国在行业内实施 BIM 的具体操作指南。

针对 BIM 实施过程中，数据信息难以统一、项目各阶段模型交付不一致等问题, 并参照国外 BIM 研究工作的发展阶段以及促进 BIM 应用的主要方法, BIM 标准的研究是主要方面。目前, 美国所使用的 BIM 标准包括(施工运营建筑信息交换数据标准(COBIE)、《美国国家 BIM 标准》以及施工管理交付模型视力定义格式等; 日本发布了 *Revit User Group Japan Modeling Guideline*; 新加坡发布了 *Singapore BIM Guide*; 香港房屋署制定了建筑信息模拟的内部标准并于 2009 年发布 *Building Information Modelling (BIM) User Guide*。

我国住房与城乡建设部为促进 BIM 在我国应用的标准化、程序化, 开展了有关 BIM 标准的研究编写工作, 2015 年《建筑工程信息模型应用统一标准》(GB/T 51212—2016)已颁布。我国的 BIM 标准以《建筑工程信息模型应用统一标准》(GB/T 51212—2016)为总则, 目前已颁布国家层级标准 5 个, 各个省份、行业标准若干, 而所有 BIM 标准应该在统一标准的基础上进行, 并遵循统一标准的有关内容要求。

在《建筑工程信息模型应用统一标准》(GB/T 51212—2016)中, 对 BIM 应用中的模型体系、数据互用、模型应用进行了界定, 并对各个信息模型构成阶段中包含的组成元素的信息进行了描述, 从而帮助我们全面地了解 BIM 模型的整体使用方法和建模要求。

《建筑工程设计信息模型交付标准》(GB/T 51301—2018)为信息模型的交付提供了一个统一基准, 并且可以提供数据端口, 促使数据信息在不同阶段不同参与方之间交流, 从而使 BIM 在建筑各阶段得以顺利应用。在该标准中, 工程信息模型按精度分为 5 个等级, 即 LOD 100~LOD 500, 分别适用于工程建设的概念化设计、方案设计、初步设计/施工图设计、虚拟建筑产品预制/采购/验收/交付等各阶段, 并定义了各个精度等级中构件包含的信息, 对 BIM 的应用进行流程和内容上的说明, 并对各应用中模型包含信息进行了描述。

2.1.1　国际标准化组织的 BIM 相关标准

国际标准化组织 ISO 成立了专门的技术委员会 ISO/TC59/SC13, 其主要研究建筑领域信息组织标准化、规范化的问题, 从 20 世纪末开始陆续提出关于建筑信息组织的标准, 近年来随着信息技术的不断发展, 该机构正在加快制定 BIM 标准的步伐。ISO 已发布的 BIM 相关标准如下:

《建筑工业信息分类》(ISO/TR 14177—1994), 1994 年发布, 目前已废止, 该标准提出基于面分法的建筑信息分类体系框架, 分别由设施、空间、构件、工项、建筑产品、建设辅助工具、管理、属性 8 个分类表组成。

《房屋建筑 施工信息的编制 第 2 部分: 信息分类框架》(ISO 12006-2—2001), 2001 年发布, 在 ISO/TR 14177—1994 的基础上进一步完善扩充了建筑信息分类体系的基本概念, 仍采用面分类法, 其推荐的分类表有建设对象、建设成果、建设过程、建设资源、建筑群、建筑单体等 15 个。

《工业基础分类. 版本 2x. 平台规范（IFC2x 平台）》（ISO/PAS 16739—2005），2005 年发布，AEC/FM 领域中的数据统一标准，IFC 数据模型覆盖了 AEC/FM 中大部分领域：建筑、结构分析、结构构件、电气、施工管理、物业管理、HVAC、建筑控制、管道以及消防领域。

《建筑物信息建模. 信息配送手册. 第 1 部分：格式和方法体系》（ISO 29481-1—2010），2010 年发布，定义了 IDM 的方法和格式，指定了一个统一的建设工程工艺流程规范与相应的信息需求，并描述了信息在建筑全生命周期中的流线，为应用程序在建设工程各阶段中的信息互换提供了保障，促进了在建设过程中各参与方之间的信息合作，为各方获取准确、可靠的信息交流提供了基础。

《有关建筑工程信息的组织. 工程信息管理用框架》（ISO22263—2008），2008 年发布，制定了一个工程项目信息框架，将各参与方集成到一个组织中进行统一管理，协调各方的流程和活动，以便工程单位控制、交换、检索、利用项目的相关信息。框架采用了通用参数，适用于各国的不同复杂程度、不同规模和不同工期的项目。

《BIM 指南提供框架》（ISO/DTS 12911），2011 年发布，适用于包括基础设施和公共工程、设备和材料等任何资产类型，同时该框架涵盖了建筑的整个生命周期，既可以帮助使用者构件国际级、国家级或者项目级的 BIM 指导文件，还可以作为 BIM 应用服务供应商的指南文件。

《知识文库和对象文库导则标准》（ISO 16354—2013），2013 年发布，它的目标是区分知识库的类别，并为这些知识库的统一结构和内容以及使用共性奠定基础。通过制定一些准则为新知识库和现有知识库的升级服务做指导。

《建筑物信息建模. 信息配送手册. 第 2 部分：交互框架》（ISO 29481-2—2012），2012 年发布，并于 2018 年进行了最后审核并确认。该标准规定了一种方法，用于反映全生命周期阶段建筑施工项目参与者之间的"协调行为"。该标准旨在促进施工过程中使用的软件应用程序之间的操作性以及参与者之间的数字协调性，并为准确、可靠、可重复和高质量的信息交换提供基础。

2018 年 12 月，ISO 国际标准化组织正式发布了两部针对 BIM 的国际标准：ISO 19650-1—2018 和 ISO 19650-2—2018，ISO 19650 是一整套在建筑资产的全生命周期中，使用 BIM 进行信息管理的国际标准和标准族。

ISO 19650-1—2018 标准作为使用 BIM 的信息管理的国际标准的一部分，提出了在成熟阶段描述为"根据 ISO 19650 的 BIM"的信息管理的概念和原则。

ISO 19650-2—2018 对信息管理的要求进行了规定，并对使用 BIM 的信息交换要点和资产交付阶段文本以管理过程和程序的形式进行规范。目前另外两个配套标准包括 ISO 19650-3（资产运营阶段）和 ISO 19650-5（BIM 安全考虑、数字环境和智能资产管理)正在发展中。

2.1.2　国外 BIM 标准研究现状

1. 美国的 BIM 标准体系(NBIMS)

作为 BIM 技术发源地的美国在 2007 年发布了 BIM 应用标准——NBIMS(第一版),该标准介绍了 BIM 相关基础概念、建立 BIM 体系的需求和 BIM 标准编写的原理和方法论,并规定了基于 IFC 数据格式的建筑信息模型在不同行业之间信息交互的要求。

2012 年美国发布的 NBIMS(第二版)分为了 BIM 参考标准、信息交换标准与指南和应用三大部分。

2015 年美国发布的 NBIMS(第三版)更是涵盖了建筑工程的整个生命过程,其标准体系框架如图 2-1 所示。

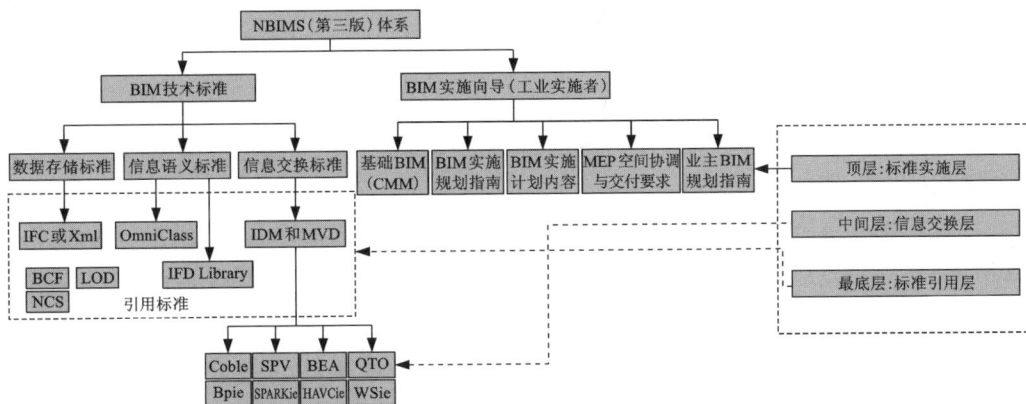

图 2-1　美国 NBIMS(第三版)标准体系框架

NBIMS 标准体系主要分为 BIM 技术标准和 BIM 实施向导两大部分。

BIM 技术标准包含了针对软件开发人员的数据存储标准(主要采纳 IFC 标准)、信息语义标准(主要采纳北美地区标准 OmniClass)以及用于描述建筑全生命周期各个环节具体任务的过程和交换要求的信息交换标准(COBle、SPV、BEA 等,也是 NBIMS 研究的核心内容)。

BIM 实施向导主要是针对 AEC 行业的使用人员,用于指导数据建模、管理、沟通、项目执行和交付的工作流程。

另外,NBIMS 标准体系又可分为标准引用层、信息交换层和标准实施层 3 个层级,这 3 个层级之间相互引用、相互联系,共同构成了 NBIMS 标准体系。NBIMS 标准体系是目前世界上相对成熟和完善的标准体系。

2. 英国的 BIM 标准

英国于 2000 年发布了《建筑工程施工工业(英国)CAD 标准》(AEC(UK) CAD)来改进设计信息交付、管理和交换过程，随着设计需求和科技的发展，此标准逐渐扩大并涵盖了设计数据和信息交换的其他方面。该项目委员会于 2009 年重组，吸纳了在 BIM 软件和实施方面拥有丰富经验的技术公司和咨询公司作为新成员，旨在满足英国 AEC 行业对在设计环境中实施统一、实用、可行的 BIM 标准的日益高涨的需求。2009 年 11 月和 2012 年先后发布了《建筑工程施工工业(英国)建筑信息模型规程》(AEC(UK)BIM 标准)第一版和第二版，与 NBIMS 不同的是英国的 BIM 标准只着眼于设计环境下的信息交互应用，基本未涉及 BIM 软件技术和工业实施。

AEC(UK)BIM Standard 系列在标准结构上主要包括项目执行标准、协同工作标准、模型标准、二维出图标准和参考；其是一部通用标准，并具有良好的拓展性。它的不足是仅面向设计企业讨论了设计阶段的 BIM 应用，而没有考虑项目其他参与方和施工运维阶段的 BIM 应用。

3. 挪威的 BIM 标准

挪威于 2011 年发布的 BIM Manual 1.2，是基于 IFC 分类的建筑信息模型标准，同时支持 IFD 标准，涵盖了技术标准和应用标准的相关内容，对设计、施工、管理和软件商都具有一定的参考价值。

BIM Manual 1.2 是技术标准和实施标准的结合，该标准对模型的拆分参考了 ISO 标准，解决方案与美国的 OCCS-OmniClass TM 类似。其在模型应用方面给出了指南，例如在概念设计阶段提出了 4 项可选应用，在方案设计阶段提出 19 项可选应用，在施工阶段提出了 5 项应用，在运维阶段提出了 7 项应用。该标准在模型应用的质量控制方面提出了细致的要求，此外根据模型的不同用途提出了多种模型深度要求。

4. 芬兰的 BIM 标准

芬兰于 2007 年发布了 *BIM Requirements 2007*，共分为 9 卷，以项目各阶段和参与方之间的业务流程为蓝本构成，并包括总则、建筑环境、机电、构造、质量保证和模型合并、造价、可视化、机电分析等内容。该标准要求在设计阶段，对各专业之间协作的内容进行约束和管理，并要求开发自适应的分类系统。与其他国家标准不同，该标准提出了建筑全生命周期中所有构件的细致建模标准，使建筑设计与施工各阶段在 BIM 模型中都得以体现；根据各阶段的体征进行多专业衔接，并衍生为有效的分工。在模型标准方面，芬兰标准将建模过程分为空间组的建筑信息建模、空间的建筑信息建模、初步建筑元素的建筑信息建模和建筑元素的建筑信息建模 4 个阶段。该标准对各阶段建模工作提出了具体要求，如各层的定义、空间与软件的相容性、空间的分层建模、空间重叠、MEP 空间的确保、建

筑要素的名称和类型定义等

BIM Requirements 2007 希望通过各专业人员的参与，减少各阶段问题的发生，从设计阶段开始，通过持续的反馈使问题得以尽快解决，提高工作效率。该标准的优点是全面和实用，对不可预见性问题的解决方法都有所提及；缺点是标准中体积的示范项目受到 BIM 工具软件的功能限制，不能完全达到标准规定的水准。

5. 澳大利亚的 BIM 标准

澳大利亚于 2009 年发布了《国家数码模型指南和案例》，由 BIM 概况、关键区域模型的创建方法和虚拟仿真的步骤以及案例组成，以指导和推广 BIM 在建筑各阶段(规划、设计、施工、设施管理)的全流程应用，改善建筑项目的实施与协调，释放生产力。BIM 概况部分归纳了 BIM 对当前工作模式的影响，应该采取怎样的合作模式，并就开放标准(如 IFC)在设计和工程管理方面的应用做了总结；面向业主、项目经理、项目负责人和 BIM 工程师，篇幅还设计了模型的复杂层次、模型属性、模型信息和数字化的合作模式指南。第二部分侧重实用技术指南，面向各专业设计人员、BIM 经理、技术人员和现场工人，介绍了关键区域模型的创建方法和虚拟仿真的步骤。第三部分通过 6 个案例，概括了澳大利亚建筑项目实施 BIM 的经验和心得。

6. 新西兰的 BIM 标准

新西兰 2014 年发布了 *New Zeland BIM Handbook*，分别从开发商、工程师和建筑师角度阐述了 BIM 应用的方法和要素。

7. 日本的 BIM 标准

日本建筑学会(JIA)于 2012 年 7 月发布了《日本 BIM 指南》，从 BIM 团队建设、BIM 数据处理、BIM 设计流程、应用 BIM 进行预算、模拟等方面为日本的设计院和施工企业应用 BIM 提供了指导。日本软件业较为发达，在建筑信息技术方面也拥有较多的国产软件，日本 BIM 相关软件厂商认识到 BIM 是需要多个软件来互相配合，而数据集成是基本前提，因此多家日本 BIM 软件商在 IAI 日本分会的支持下，成立了日本国产 BIM 软件解决方案联盟。

《日本 BIM 指南》涵盖了技术标准、业务标准和管理标准三个模块，对企业的组织机构、人员配置、BIM 应用技术、质量把控、模型规则、各专业的应用、交付标准等做了详细指导。标准的构架条理清楚，借鉴和吸取了其他标准的长处。虽然《日本 BIM 指南》将设计项目分为设计规划和施工规划两方面，并就 BIM 对这两方面的应用做了探讨；但因为该标准的编写是从设计角度出发的，所以更适合面向设计企业，而非业主或施工方。

8. 新加坡的 BIM 指南

新加坡建设局(BCA)于 2012 年 5 月和 2013 年 8 月分别发布了《新加坡 BIM 指南》1.0 版和 2.0 版。

《新加坡 BIM 指南》是一本参考性指南，概括了各项目成员在采用建筑信息模型（BIM）的项目中不同阶段承担的角色和职责。该指南是制定《BIM 执行计划》的参考指南。《新加坡 BIM 指南》包含 BIM 说明书和 BIM 模型及协作流程。

9. 韩国的 BIM 标准

在韩国，多家政府机构制定了 BIM 应用标准。韩国公共采购服务中心于 2010 年 4 月发布了《设施管理 BIM 应用指南》和 BIM 应用路线图。韩国国土交通海洋部也于 2010 年 1 月发布了《建筑领域 BIM 应用指南》。该指南为开发商、建筑师和工程师在申请四大行政部门、16 个都市以及 6 个公共机构的项目时，提供采用 BIM 技术时必须注意的方法及要素的指导。

《建筑领域 BIM 应用指南》主要分为业务指南、技术指南、管理指南和应用指南 4 个部分。业务指南部分详细说明了 BIM 计划的确立、业务步骤、业务标准和业务执行四个方面内容；技术指南部分对数据格式、BIM 软件、BIM 数据、信息分类体系和 BIM 信息的流通提出了指导性建议；管理指南部分针对事业管理、品质管理、交付物管理、责任和权限、成本等进行了指导；应用指南部分给出了应用的案例和方法。

2.1.3　国内 BIM 标准研究现状

1. 中国建筑信息模型标准框架（CBIMS）

2010 年 11 月清华大学对外公布《中国 BIM 标准框架体系研究报告》，2011 年由清华大学 BIM 课题组主编的《中国建筑信息模型标准框架研究》（CBIMS）第一版正式发行。CBIMS 的体系结构如图 2-2 所示，CBIMS 体系针对目标用户群将标准分为两类：一是面向 BIM 软件开发提出的 CBIMS 技术标准，二是面向建筑工程从业者提出的 CBIMS 实施标准。

从 CBIMS 标准体系框架来看，CBIMS 体系与 NBIMS 体系具有一定的类似性，从基础数据和应用层面做了相关规定，然而不同的是 CBIMS 的应用层面更多强调的是打破 BIM 的数字化资源瓶颈，将数字化图元的建立和组装标准化。

2. 住建行业 BIM 国标体系

2012 年住房和城乡建设部正式开始进行国家 BIM 标准制定工作，提出了中国国家 BIM 标准体系，如图 2-3 所示，目前已实施或在编（含通过报审）的 BIM 国家标准分为以下 4 个层次。

（1）统一标准

《建筑信息模型应用统一标准》（GB/T 51212—2016），2017 年 7 月 1 日起实施，是最高级别的 BIM 标准，其他标准的编制应遵循它的规定。该标准对建筑信息模型在工程项目全寿命期的各个阶段建立、共享和应用进行了统一规定，包括模型的数据、模型的交换及共享、模型的应用、项目或企业具体实施等。

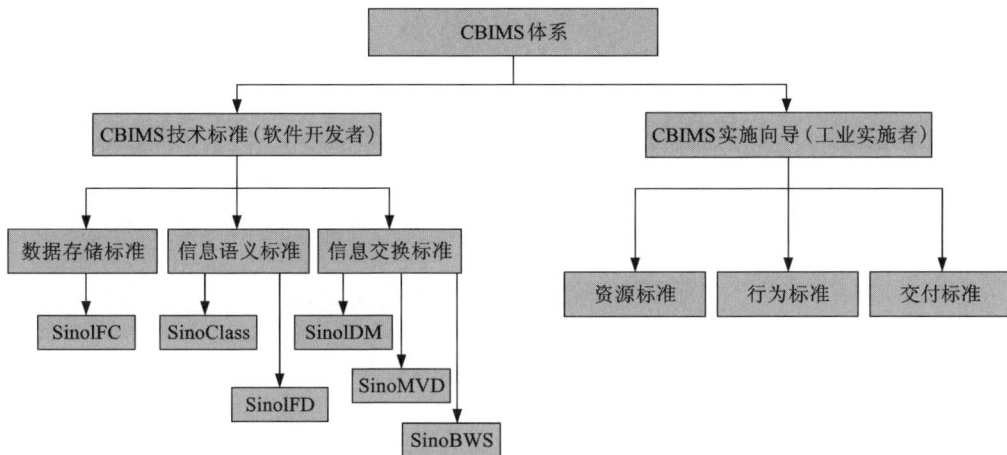

图 2-2　CBIMS 标准体系框架

（2）基础数据标准

《建筑信息模型分类和编码标准》（GB/T 51269—2017），2018 年 5 月 1 日起实施，规定模型该如何分类，对应于 BuildingSmart 标准体系中的 IFD 标准；《建筑工程信息模型存储标准》（已报批），规定了建筑信息模型应采用什么格式进行组织和存储，对应着 BuildingSmart 标准体系中的 IFC 标准。

（3）执行标准

《建筑信息模型设计交付标准》（GB/T 51301—2018），对建筑信息模型交付内容进行了规定；《制造工业工程设计信息模型应用标准》（GB/T 51362—2019）。

（4）应用标准

《建筑信息模型施工应用标准》（GB/T 51235—2017），2018 年 1 月 1 日起实施，主要面向施工和监理方；《建筑工程设计信息模型制图标准》（JGJ/T 448—2018）。它们对设计和施工阶段的模型应用、交付和制图等具体内容进行了规定。

3. 相关行业标准

（1）铁路行业

中国铁路 BIM 联盟，按照中国国家的铁路建设管理模式、既有铁路定额体系以及中国国家 BIM 标准体系的要求，并参考美国的 NBIMS 标准体系，发布了铁路 BIM 标准体系的框架，如图 2-4 所示。

从 2015 年起，中国铁路 BIM 联盟陆续发布了《铁路工程实体结构分解指南（1.0 版）》《铁路工程信息模型分类和编码标准（1.0 版）》《铁路工程信息模型数据存储标准（1.0 版）》《铁路四电工程信息模型数据储存标准（1.0 版）》《铁路工

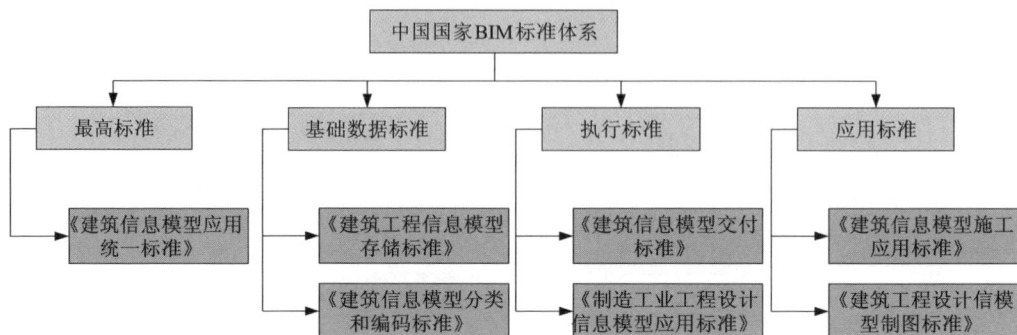

图 2-3　住建行业 BIM 国标体系框架

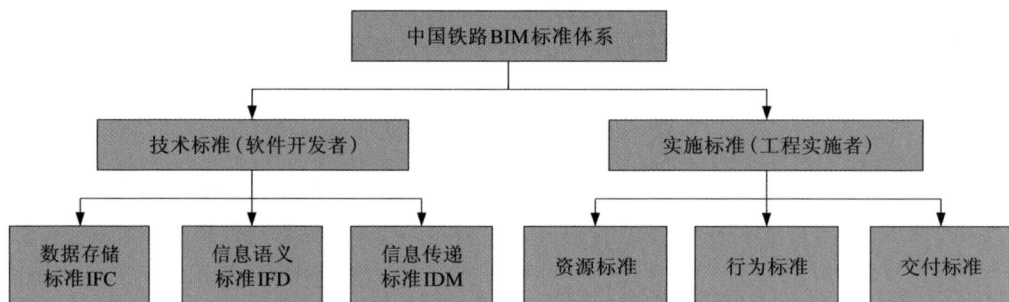

图 2-4　中国铁路 BIM 标准体系框架

程信息模型交付精度标准(1.0 版)》等一系列标准。

（2）市政行业

2015 年市政行业发布了《中国市政设计行业 BIM 实施指南（2015 版）》，参照国家 BIM 标准，对国家 BIM 标准进行深化，从资源、行为、交付、管理四方面展开编写，仅针对给水、排水、桥梁、道路 4 个专业的规划和设计阶段。

2017 年市政行业发布了《中国市政设计行业 BIM 指南》，其是在 2015 版的基础上，对照国标《建筑信息模型交付标准》做进一步完善；在确定中国市政设计行业 BIM 技术应用总体原则的基础上，对给水、排水、道路、桥梁、隧道、管廊等核心专业在模型拆分、模型精度、构件与交付等技术方面提出了相应量化指标。

（3）交通行业

目前没有正式相关行业标准，中交集团牵头编制了交通行业 BIM 相关标准，主要有《公路工程信息模型应用统一标准》JTG/T 2420—2021、《公路工程设计信息模型应用标准》JTG/T 2421—2021、《公路工程施工信息模型应用标准》JTG/T 2422—2021。

4. 相关地方标准

近年来，北京、上海、深圳、湖南、广东、四川、福建、广西等地陆续发布了相关的 BIM 应用标准、交付标准、管理标准；其涉及领域和行业主要集中在建筑工程、市政工程和轨道交通，而并没有研究交通建设领域相应的标准。

2.2　BIM 信息模型的分类与编码

信息模型分类是在初步设计概算项目划分的基础上进行统一标准，贯穿估算、概算、预算、施工、决算，应符合科学性、系统性、可扩延性、可兼容性、综合实用性的原则。信息分类方法有线分类法、面分类法、混合分类法。

线分类法为按选定规则或属性将编码对象逐次分成若干层次类别，属于逐级展开的分类体系。该体系中同位类目是并列关系，上下位类目是隶属关系，如图 2-5 所示。此方法能较好地反映类目间的逻辑关系，便于计算机处理，且符合人工编码习惯。

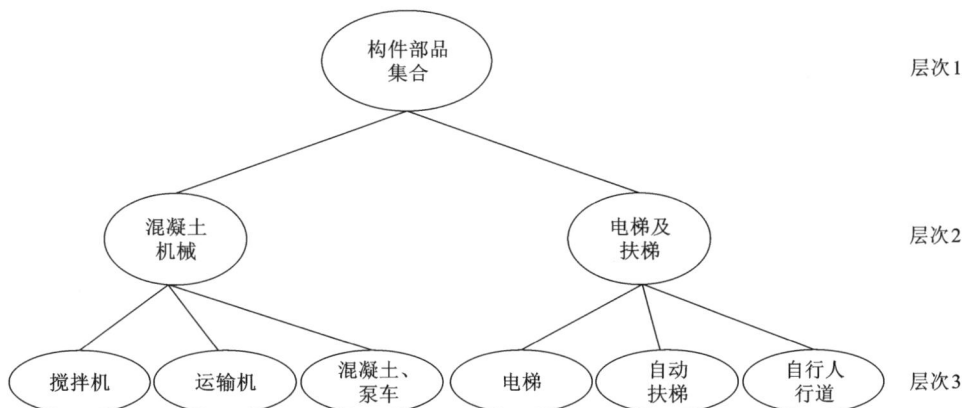

图 2-5　线分类法

面分类法将编码对象的属性或特征视为"面"，每个面中包含许多彼此独立的类目。多个面之间无隶属关系，不同面内的类目不重复、不交叉，如图 2-6 所示。面分类法弹性较大，由于面之间彼此独立，故一个面内的类目改变不会影响其他的面，可根据需要组成任何类目，易于添加和修改类目，适应性强。该分类法的缺点是由于可组配的类目很多，而有时实际应用类目不多，会造成结构上的冗余，不利于手工处理信息。

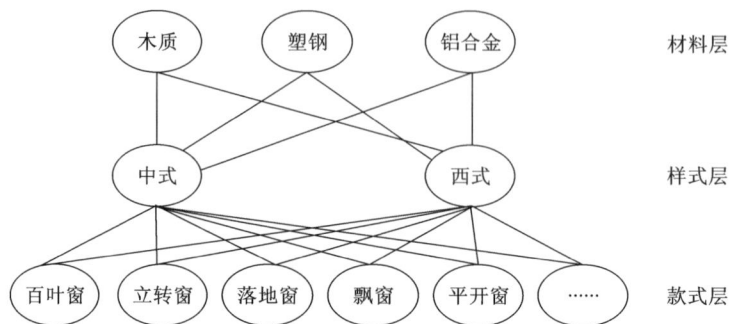

图 2-6　面分类法

依据统一编码规则，将单位、分项、分部工程进行统一编码，编码要符合唯一性、合理性、可扩充性、简明性、适用性、规范性的原则。其既要满足业务需求，又要满足计算机逻辑识别，还要考虑特殊情况时的扩展和补充需要。编码类型有顺序码、层次码、并置码、组合码等。代码表现形式有数字格式代码、字母格式代码。代码容量不足或表示不清时，也可以用混合带格式代码、特殊字符代码来增加代码容量、明确代码含义。

编码规则是为计算机分析和处理服务的，计算机通过解析编码展现出单位、分部、分项工程结构，因而人们无须了解和记忆其规则和含义，具体编制工作人员通过计算机辅助系统，也无须强行记忆。编码就如同一个人的身份证号码，有其具体含义，但人们懂不懂得其含义，并不影响身份证的使用。身份证的制作人员也可以不了解其含义，而是根据有关数据由计算机系统自动生成，出生年月日、性别、民族、地域等是身份证号码的信息，路基、路面、桥梁、隧道、互通等单位、分部、分项工程是工程编码的信息。

基于此，工程编码的总体原则如下：以满足项目管理中计量支付、工程变更、造价分析、质量评定、竣工资料编制、工程决算等业务需求为原则，编码的层级、长短、字符等都是为计算机识别用的，不是主要原则问题，但也要尽量符合人们一般习惯。

2.2.1　BIM 信息分类编码体系

1920 年，欧美国家开始建立自己的建筑信息分类编码体系。早期的分类编码体系都是针对某些特定的应用领域，以满足规范化设计、工程造价、建设项目管理等不同方面的需求。由于各国项目的建设和管理流程不尽相同，且各个分类体系在分类目标、分类对象、分类规则等方面存在很大的差异，使建筑信息分类编码体系无法得到规范和普及应用，但某些成熟的早期分类编码体系是现代分类体系的基础，如美国的 MasterFromat、UniFormat 是现代分类编码体系 Omniclass 的重要组成部分。为了实现建筑信息的统一化和集成化，更好地实现信息技术在建筑领域的应用，国际标准组织 1990 年开始制定建筑信息分类编码的统一标准，如 ISO/TR 14277、ISO/DIS 12006-2、ISO 12006-3 等，其中，ISO 12006-2 是现代建筑信息分类编码体系普遍遵从的国际标准。在现代建筑信息分类编码体系中，以 ISO 12006-2 为框架的 Omniclass 体系是建筑行业的最新的分类编码体系，也是美国 NBIMS 标准中采用的分类编码体系。与传统体系不同，现代建筑信息分类体系中包含的信息更加广泛，并且可以满足不同用途的需求。

1. MasterFormat

MasterFormat 主要用于工程造价分析、组织建筑规范和建筑产品信息、编制项目手册等，它适用于设计和施工阶段。从内容范围来看，MasterFormat 主要用于建筑工程工项分类，尽管在第三个类目"02 场地工程"中已经包含了一部分土木工程的内容，如土方工程、隧道工程、道路工程等，但是由于编码空间的限制，使其不能覆盖所有的土木工程领域。

2. UniFormat

UniFormat 是美国用于对建筑构件及相关场地工程进行分类的体系，构件分类对于建筑工程项目的造价分析具有重要的作用，其可以组织、分析、积累关于建筑构件的造价数据。该体系最初用于建筑工程的估价、概算，即通过对房屋建筑构件的历史成本数据进行积累而形成构件的成本指标（不考虑构件的实施方法、使用材料等），在项目的估算和概算过程中使用这些数据，计算汇总新建项目的成本。后来 UniFormat 开始作为建设项目前期阶段（主要是计划和设计阶段）各种说明书的编写格式，以其提供的框架，逐级描述建筑物各组成构件的功能要求和性能要求。

3. ISO 12006-2

为了使建筑信息分类编码体系能够遵从相同的分类原则，对现代建筑业中所包含的大量不同种类信息数据进行分类，并将不同种类信息之间的关系用一种标准化、结构化的方式进行组织，应用于项目的设计、施工、造价、管理、运营维护等不同的方面，国际标准组织定义了一个面向建设活动全生命周期的建筑信息分类组织的标准框架 ISO 12006-2，如图 2-7 所示，该标准体系适用于建筑工程和土木工程领域，于 2001 年 11 月发布。

ISO 12006-2 标准体系框架的分类对象是建设活动全生命周期中涉及的所有信息数据，分类原则是基于一个简单的过程模型，即投入一定的资源经历特定的建设过程形成特定的建设成果。该框架并不是一个完整的分类体系，它是依据不同特征和应用方式定义了不同类别的信息，并依据过程模型指出这些不同类别的信息应该如何关联。

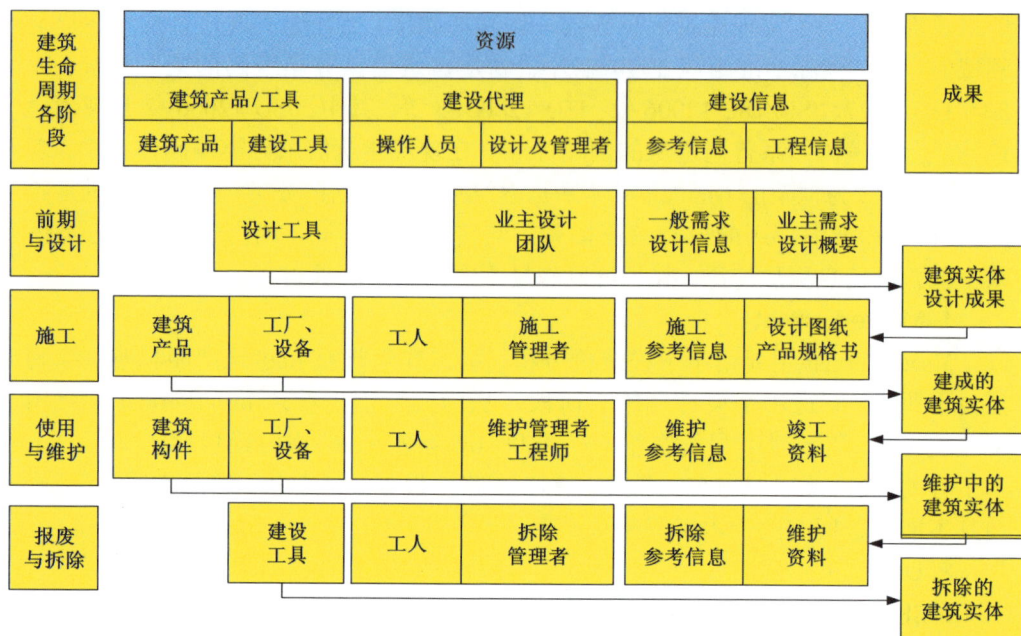

图 2-7　建筑信息分类组织的标准框架 ISO 12006-2

ISO 12006-2 分类框架对各类别信息的基本概念进行了阐述，形成了 17 张按照不同类别组织的推荐分类表，并给出了每张推荐表的条目示例，如图 2-8 所示。在该框架的指导下，各个国家和地区应该根据自己的项目特点、管理流程等组织自己完整的、具有可操作性的分类编码体系。

4. Omniclass

Omniclass 分类编码体系是目前建筑行业中比较成熟的信息分类编码体系，最初是由 CSI 发起的 OCCS 分类编码体系，2006 年正式发布 Omniclass1.0 版，现行版本是 Omniclass2012 版。该分类体系以 ISO 12006-2 分类体系框架为基础，包含建筑设计、施工、运营、拆除等全生命周期过程的信息数据，可以用于文献信息组织检索、软件开发、项目信息数据库建立等许多方面。

Omniclass 采用面分法，共有 15 张分类表，每张分类表内部采用线分法。其既可以单独使用一个分类表表达建设项目特定方面的信息，也可以将不同分类表组合使用以表达更为复杂的信息。每张分类表对基本概念进行了阐述，并列举了典型实例对分类表的用途和使用者进行了说明。该分类体系中包含了一些成熟的传统信息分类编码体系，如用于组织构件表的 UniFormat 和组织工作成果表的 MasterFormat。

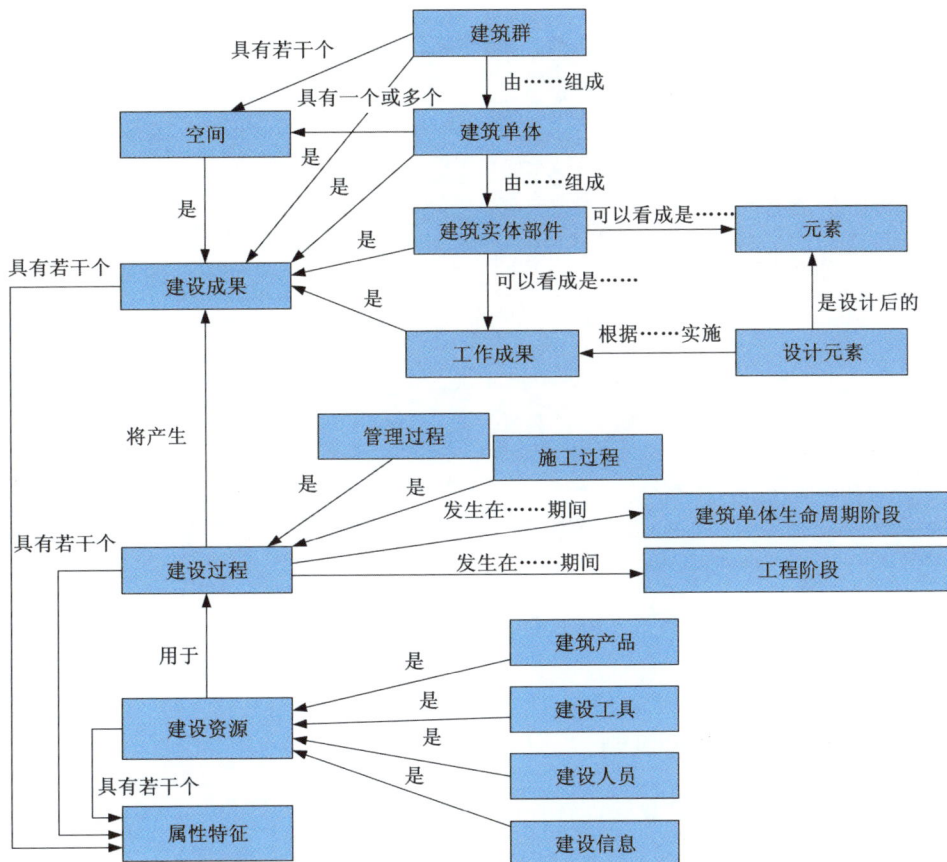

图 2-8　ISO 12006-2 中的重要分类对象之间的关系

　　严格意义上来说，我国目前还没有一套独立存在的适合建筑工程各方面使用的 BIM 统一编码体系，特别是考虑到公路行业的特点，我国的编码体系过多且相对独立。在建设过程中，不同阶段资产交接及实物资产管理不能通过统一编码支撑的信息系统自动打通，使得公路工程项目各阶段的 BIM 数据交付、构件信息存储与传递等处于混乱状态，极大阻碍了建设项目的项目管理、成本分析和数据积累。

　　"运用三维建模和建筑信息模型（BIM）技术，建立用于进行虚拟施工和施工过程控制、成本控制的施工模型。"我国将 BIM 作为重要技术进行推广使用。BIM体系构架如图 2-9 所示，为此，住房和城乡建设部颁发的《2011—2015 年建筑业信息化发展纲要》，将"加快 BIM 等新技术在工程中的应用"列入"十二五"建筑业信息化发展的总体目标和重要任务之一。

图 2-9　BIM 体系构架

2.2.2　BIM 工程编码机制

1.传统的建设工程信息管理存在的问题

（1）信息传输方面

由于工程管理涉及的单位和部门众多，信息输入只能停留在本部门或者单体工程的界面，常出现滞后现象，难以及时进行整体工程的相互传输，阻碍了整个工程的信息汇总，形成信息孤岛现象。

（2）信息加工方面

工程项目的有关进度、投资、质量、合同等数据的数量大而且动态变化，传统信息输入难以及时汇总，使得各参与方感觉难以把握。工程的图纸、文件、资料等文档的数量大而且一般以纸质的形式保存，无法随机随时地进行调阅，影响了管理信息的使用效率。因而，在工程建设各方面形成的信息没有统一的接口，不能形成一个整体。

（3）信息使用方面

建筑工程建设与管理过程必然产生大量的信息，以各自为政的局面所产生的信息孤岛，使得信息不能共享和组合筛选，施工效率低下，无法满足业主、承包商等在项目各阶段的需求。而且不同阶段的信息系统具有不同的数据结构和系统平台，难以实现不同阶段数据的共享。

（4）信息化产品应用方面

目前我国主要使用的软件在某一项职能、某一阶段能较好地辅助项目管理，但无法全面、全过程地进行管理，无法将各个职能集成起来。例如梦龙软件能辅助编制网络计划，并在实施过程中随计划的变动不断调整网络计划，但其过程中的各类相关文档，如合同、会议纪要、现场记录、指令等，则无法与计划建立直接联系。

2. 基于单位、分部、分项工程的统一编码的含义

现代建设工程规模庞大，项目参与者众多，在工程项目决策和实施过程中产生的信息量大，形式多样，信息传递界面多。一个建设工程项目有不同类型和不同用途的信息，为了有组织地存储信息并方便信息的检索和加工整理，必须对建设工程的信息进行编码。但传统的编码体系不能实现信息集成化管理，究其原因主要有以下两点。

① 现有的编码体系包括成本编码体系（CBS）、组织编码（OBS）等，但由于标准不同，各个参与方不能统一使用，交流会出现障碍，不便于管理，容易形成“信息孤岛”。

② 现阶段所进行的编码体系的集成研究，并不一定得到项目多方的认可。

故基于单位、分部、分项建设工程的信息编码体系是指在 EBS 的各种衍生结构形式（如组织结构体系，费用结构体系等）中，由 EBS 与各职能管理分项工作交点构成的工作编码，由这些编码构成的体系成为基于单位、分部、分项工程统一信息编码体系。

该体系中的编码由一系列符号（如字母）和数字组成，编码是信息处理的一项重要基础工作。建设项目信息的分类、编码和统一的术语既是进行计算机辅助建设项目信息管理的基础和前提，也是不同项目参与方、不同组织之间消除界面障碍，保持信息交流和传递流畅、准确和有效的保证。

这样建立起来的信息编码体系能够很好地对信息进行划分：第一，不同项目参与者如业主、设计单位、施工单位和项目管理单位的划分体系统一，即横向统一；第二，项目在整个实施周期包括设计、招投标、施工等各个阶段的划分体系统一，即纵向统一。横向统一有利于不同项目参与者之间的信息传递和信息共享，纵向统一有利于项目实施周期信息管理工作的一致性和项目实施情况的追踪与比较。项目各参与方采用统一的信息分解与编码体系，才可以最大限度地实现信息共享，从而顺利建成计算机管理系统。优点如下：

① 以 EBS 为基础建立的单位、分部、分项工程统一信息编码体系可以作为项目管理统一的“信息交换规范”，为各参与方提供一个信息交换的平台。

② 以编码体系为基础建立相关数据库及同一项目管理信息的工作平台，最终

实现各方信息在统一的工作平台上运行。

③该编码系统具有层次清楚、逻辑性强、结构稳定、便于操作等特点，不仅可用于项目的一个单位，还可同时用于项目的多个单位。

因此，我国亟须在公路工程建筑信息模型的基础上，建立其工程编码体系，对公路建设项目全寿命周期及全过程进行科学有效的管理，规范工程参与者的行为。该体系为项目各成员提供信息交流工具，尤其是为建设单位、设计单位、施工单位、运维管理单位之间信息沟通提供一种共同语言，在有效传达信息的同时，消除误解，另外，工程编码为工程项目数据收集和整理提供了标准化手段，保证未来项目使用准确、有价值的信息。

2.3　公路工程 BIM 信息模型分类标准

公路工程信息模型的分类参照《分类框架》(ISO 12006-2—2015)，分类的对象是公路建设活动全生命周期中涉及的所有信息数据。《分类框架》(ISO 12006-2—2015)将上述建设资源、建设过程、建设成果、属性四大类进一步分出了子类别，如表 2-1 所示。

表 2-1　ISO 12006-2 推荐分类表及示例

分类	分类依据	示例
		资源相关
建设信息	内容	协议、经济、分析、会议记录、几何信息、规范、质量管理、时间管理、资源管理
建设产品	功能、形式、材料或这些的组合	按功能和形式：场地处理和防护产品；结构和空间划分产品；通道、障碍和流通产品；覆盖保护和管线产品；织物；服务产品、固定装置和家具 按材料：木质、石质、水泥、金属、塑料、玻璃、复合制品
建设人员	专业、角色或这些的组合	按专业：建筑师、结构工程师、土木工程师、服务工程师、项目经理、IT 经理、房地产商、金融工作者、建筑控制员、城市规划员、设施经理、调试员、产品设计师 按角色：文员、管理、主承包商、次级承包商、供应商、加工商、制造商、设计、项目经理、施工经理、安全控制员、安全协调员、监督员

续表2-1

分类	分类依据	示例
建设工具	功能、形式、材料或这些的组合	排水设施；钢筋切割和绑扎设施；支架和脚手架；起重和传送设备；挖掘机、装卸机、铲土机、推土机、平路机；绘图仪；模型制作仪器；计算机；维护工具；易爆物；复印机；3D 打印机；便携生产工具；一次性物品
过程相关		
管理过程	管理活动	行政管理、金融管理、人事管理、市场/销售管理、工程管理、风险管理、成本管理、时间管理
建设过程	建设活动、生命周期阶段建设过程或这些的组合	按建设活动：开始；采购计划；可行性研究；撰写商业计划；简报；设计招标；意向大纲；初步设计；细节设计；产品信息和工程量清单；投标行动；施工准备；施工现场作业；竣工；翻新、改造、重新验收；退役/拆除；反馈 按生命周期阶段：前期设计；设计；产出；运维
成果相关		
建设集群	形式、功能、用户活动或这些的组合	交通集群；公共健康集群；工业集群；行政集群；健康福利集群；休闲娱乐集群；体育集群；教育集群；居住集群
建设实体	形式、功能、用户活动或这些的组合	按形式：建筑；预制建筑；公路；铁路；景观；隧道；大堤；挡土墙；水箱；桥梁；线杆；管路 按形式、功能、用户活动：医院、人行桥、铁路堤、机场航站楼、学校、运动场、房屋、住宅楼、汽车公路、有轨电车轨道、废水管路
建筑空间	形式、功能、用户活动或这些的组合	按功能：人类活动空间包括生活、卫生、独立、工作、生产、表现、聚会；储存空间包括材料、设备、动物、植物；技术系统空间包括操作性技术、生产设备；基础设施空间包括连接、路线、交通 按形式、功能、用户活动：医院、人行桥、铁路堤、机场航站楼、学校、运动场、房屋、住宅楼、汽车公路、有轨电车轨道、废水管路
建设元素	功能、形式、位置或这些的组合	办公空间、手术室、医院病房、咨询室、医务室、食堂、礼堂、圆形露天竞技场、运动场、客厅、卧室、转弯、道路、走廊
工作成果	工作活动和使用的资源	按功能：楼板系统、墙系统、房顶系统、给排水系统、空调系统、排气系统、电力系统、垃圾系统、交通系统、防火系统、存储系统、植被系统、家具系统 按位置、形式：下部结构包括桩、基础砌体、自然地面；上部结构包括路堤、路面铺装、铁轨、板、墙、梁、柱、窗、房顶、家具

续表2-1

分类	分类依据	示例
		属性相关
建设属性	属性类型	物理功能属性：结构性能、机械性能、防火性能、热力学性能、环境影响、声学性能、工艺性能 空间时间属性：形状、大小、工期、优先级、竣工时间 内在属性：安装和拆卸方法、重量、密度、表面结构、行为 文化体验属性：颜色、隔音效果、舒适度 符号属性：意义、题字 管理属性：名称、风格、类别、价格、元数据

公路工程信息模型分为建设资源、建设过程、建设成果、属性四大类。其中建设资源包括建设产品、建设工具、建设人员、建设信息；建设过程包括前设计过程、设计过程、产出过程、运维过程；建设成果包括建设元素、建设实体、建设集群、建筑空间；属性包括以上各项的专业领域、材料、地理信息等。这些分类和分类之间的关系如图 2-10 所示。公路工程 BIM 分类及编码标准内容如表 2-2 所示。

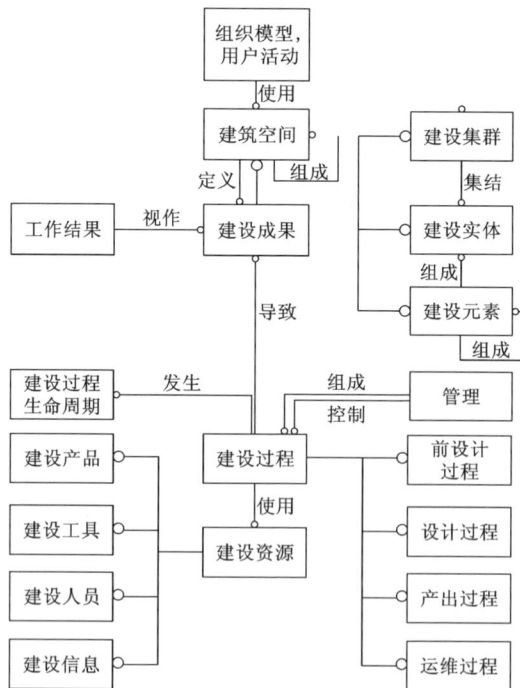

图 2-10　分类与分类之间的关系

表 2-2　公路工程 BIM 分类及编码标准内容

对象	内容与说明
建设对象	建设过程所涉及的对象
自然环境	实体建设对象中的非人工环境
建筑环境	用于实现功能或某种用户活动的物理建设成果
建设资源	在建设过程中，为了达成建设成果而使用的建设对象，包括建设产品、建设工具、建设人员、建设信息等
建设过程	使用建设资源而达成建设成果的过程。每个建设过程都可以被分为更低一级的组成过程。建设过程可以被分为前设计过程、设计过程、产出过程、运维过程等
建设成果	通过一个或多个建设过程，使用一个或多个建设资源，使建设对象的状态发生变化的结果。建设成果包括建设元素、建设实体、建设集群、建筑空间等
建设属性	建设对象的属性。如颜色、宽度、长度、厚度、深度、直径、面积、重量、强度、防火性能、防潮性能等，属性只对特指的建设对象有实际意义
建设产品	被当作建设资源使用的，永久结合到建设实体中的产品。产品可以有不同的复杂程度，它们组成了建设实体的一部分，并永久结合在建设实体中。建筑产品是可以直接采购到的物品。一个建筑产品既可以是单一产品个体或工厂生产的多个产品组合体，也可以是工厂生产的可独立运行的系统。当材料以原始的自然形态进入工程实体中时，它们也被视为产品
建设工具	辅助建设过程实施的建设资源。建设工具和建设产品不同，一般只是临时使用，不在建设实体中永久使用，不构成建设实体的一部分。
建设人员	实施建设过程的人力建设资源
建设信息	建设过程中所涉及的信息
建设元素	建设实体的组成部分，有特别的功能、形式和位置。当进行建设实体的成本分析时，必须确定建设元素之间没有交集，以保证每个部件都能被计算到
建设实体	建筑环境中的独立的单位，具有特别的形式和空间结构，服务于至少一种功能或用户活动。一个建设实体是建筑环境的基本单位，它是物理上独立的、可被辨识的建筑，但是很多建设实体也可以被看作是建设集群的一部分。附属工程如通道、景观、服务设施等可以被当作建设实体的一部分，但是如果这些附属工程的规模足够大，它们也可以被单独当作建设实体

续表2-2

对象	内容与说明
构件	构件又称元素。工程主体中独立或与其他部分结合,满足工程主体至少一项主要功能的部分
建设集群	多个建设实体的聚集,服务至少一种功能或用户活动。建设集群是可以被分析的,其中的建设实体是可以被识别的。如飞机场一般由跑道、控制塔、航站楼等建设实体组成;公园由景观、道路、建筑组成;从 A 点到 B 点的公路由服务区、路基、路面、景观、桥梁等组成

公路工程信息模型分类采用面分类法,并按照《公路工程信息模型分类表》进行分类,如表 2-3 所示。

表 2-3　公路工程信息模型分类表

表编号	分类表名称	编制说明
10	建筑实体和建筑综合体(按功能分)	在国家标准表 10 的基础上扩充公路工程内容
11	建筑实体和建筑综合体(按形态分)	在国家标准表 11 的基础上扩充公路工程内容
12	按功能分空间	在国家标准表 12 的基础上扩充公路工程内容
13	按形态分空间	引用国家标准表 13
14	元素	引用国家标准表 14
15	工作成果	引用国家标准表 15
20	公路工程项目阶段	在国家标准表 20 的基础上扩充公路工程内容
21	行为	引用国家标准表 21
22	公路工程人员(按专业领域分)	在国家标准表 22 的基础上扩充公路工程内容
32	工具	引用国家标准表 32
33	信息	引用国家标准表 33
40	材料	引用国家标准表 40
41	属性	在国家标准表 41 的基础上扩充公路工程内容

续表2-3

表编号	分类表名称	编制说明
90	公路工程产品	独立编制
91	公路工程人员(按职位分)	独立编制
92	公路工程人员(按角色分)	独立编制
93	公路工程工项	独立编制
94	公路工程构件	独立编制
95	公路工程特性	独立编制
96	地理信息	在 GB/T 25529—2010 和 GB/T 3923—2006 基础上扩充公路工程内容

　　《公路工程信息模型分类表》共包括 20 张表，每张表代表建设工程信息的一个方面。每张表都可以单独使用，对特定类型的信息进行分类，也可以与其他表结合，为更加复杂的信息进行分类。其中表 90、表 91、表 92、表 22、表 33 用于组织建设资源，表 20、表 21、表 93 用于建设过程的分类，表 10~表 15 和表 94、表 95 用于整理建设成果，表 40、表 41、表 96 为建设属性。

　　本标准按照尽量引用已有的国家标准的原则编制。当已有的国家标准不能满足高速公路工程需要时，采用在已有国家标准的基础上扩充或高速公路工程信息单独分类两种方法编制。当需要扩充的内容较少时，一般采用在国家标准分类表适当类目下扩充高速公路工程信息的方法编制。当需要扩充的内容较多时，采用单独设置高速公路工程分类表的方法编制。各分类表的编制方法如下：

　　"表 13—按形态分空间、表 14—元素、表 15—工作成果、表 21—行为、表 32—工具、表 33—信息、表 40—材料"直接引用国家标准，不做扩充或修改。

　　"表 10—建筑实体和建筑综合体(按功能分)、表 11—建筑实体和建筑综合体(按形态分)、表 12—按功能分空间、表 20—公路工程项目阶段、表 22—公路工程人员Ⅲ(按专业领域分)、表 41—属性"引用国家标准，并在适当类目下扩充高速公路工程信息。主要是在"表 10—建筑实体和建筑综合体(按功能分)"增加公路一项，并按单位工程进行细分，以此作为公路工程 BIM 编码在国家标准中的补充(如图 2-11 所示)。

　　"表 90-公路工程产品、表 91—公路工程人员Ⅰ(按职位分)、表 92—公路工程人员Ⅱ(按角色分)、表 93—公路工程工项、表 94—公路工程构件、表 95—公路工程特性"按照高速公路工程特点单独编制。

编码	第一级	第二级	第三级	第四级
10-21.00.00	交通建筑			引自国家规范
10-21.60.00		高速公路服务设施及收费设施		
10-21.80.00		公路		补充
10-21.80.10			路基	补充
10-21.80.20			路面	补充
10-21.80.30			桥梁	补充
10-21.80.40			隧道	补充
10-21.80.50			声屏障	补充
10-21.80.60			绿化	补充
10-21.80.70			交通安全设施	补充
10-21.80.80			机电	补充

图 2-11　建筑实体和建筑综合体（按功能分）

"表 96—地理信息"引用《地理信息分类与编码规则》（GB/T 25529—2010），并在"公路基础设施及营运与管理要素"类目下扩充高速公路工程地理要素；在"地层单元""含水层""地质灾害分布区划地质灾害类型"类目下扩充公路工程地质信息。

2.4　公路工程 BIM 信息工程实体模型编码研究

2.4.1　公路工程 BIM 信息工程实体

公路工程 BIM 的范围非常广，除了我们常见到实体三维模型建设，还包含建筑环境、建设资源、建设过程、建设人员、建设工具、建设材料等，如见表 2-2 所示。由于现代公路建设工程规模庞大，项目参与者众多，在工程项目决策和实施过程中产生的信息量大，形式多样，信息传递界面多，一个建设工程项目有不同类型和不同用途的信息。本次研究的目的是建立公路工程项目实体 BIM 工程编码，以造价和质量为两条主线，考虑其对应关系，满足管理的需求，其工程实体结构分解按照专业工程分类，以工程系统分解结构（engineering breakdown structure，EBS）为基础建立的单位、分部、分项工程统一 BIM 信息编码，形成 BIM 工程树及其编码体系的基础数据库。该数据库为构建同一项目管理信息的 BIM 协同平台研究底层数据基础，以 BIM 分类及其编码标准为纽带，实现各业务数据的互联互通。为此，公路工程 BIM 分类及其编码标准主要是针对公路工程的实体模型展开，实现项目管理信息的集成。

　　公路工程实体所涉及的专业方向包括路基工程、路面工程、桥梁工程、隧道工程、绿化与环保工程、交通安全设施工程、机电工程、房屋建筑工程等，而不同专业工程实体中又涉及大量的几何信息和非几何信息，以公路工程常见的路基工程为例，其几何信息与非几何信息如表 2-4 与表 2-5 所示。

表 2-4　路基工程 BIM 模型所含几何信息

信息维度	序号	信息内容
几何信息	1	场地：场地边界(用地红线、高程、正北)、地形表面、场地道路、场地附近建筑物、农田等
	2	路基横断面大致形式
	3	地面线信息
	4	路线信息：平曲线、纵曲线、横坡、路面高程等
	5	路线上桥梁、涵洞、通道、重大防护工程、重大排水工程的位置
	6	填方路段和挖方路段、填挖方高度
	7	粗略路基横断面图：每层的填料、边坡坡度、高度、形式等
	8	地质信息：土质类别、层位、厚度、分布特征
	9	排水工程的布局：边沟、截水沟、排水沟、跌水与急流槽、蒸发池、油水分离池、排水泵站等
	10	路基防护与支挡的粗略设计：坡面防护、沿河路基防护、挡土墙、边坡锚固、土钉支护、抗滑桩等
	11	路基断面的详细几何信息
	12	各项排水工程的详细几何信息
	13	路基防护与支挡的详细几何信息：挡土墙尺寸、抗滑桩位置、深度等
	14	每个施工步骤的几何模型
	15	路基断面的深化几何信息
	16	各项排水工程的深化几何信息
	17	路基防护与支挡的深化几何信息：混凝土配筋等
	18	施工时和竣工后实测高程、坐标、尺寸

表 2-5 路基工程 BIM 模型所含非几何信息

信息维度	序号	信息内容
非几何信息	1	项目基本信息：地理区位、道路等级、沿线地质、水文、地形、地貌、气象、地震等方面的大致信息
	2	主要技术经济指标的基础数据：全长、面积、标高、距离、净空、定位等
	3	大致填挖方工程量
	4	现存道路的情况
	5	历年路况资料及当地路基的翻浆、崩塌、水毁、沉降变形等病害的防治经验
	6	填挖方路床路基信息：填料、压实度、加固材料等
	7	荷载信息：行车荷载、土压力等
	8	土力学的各项参数：液限、塑限、内摩擦角等
	9	详细水文、气候信息：降水量、天然水体、地下水等
	10	特殊路基路段信息：滑坡、岩堆、泥石流、岩溶、软土、膨胀土、盐渍土等
	11	需要专业公司进行深化设计部分，对分包单位明确设计要求、确定技术接口的深度
	12	推荐材质档次，可以选择材质的范围，参考价格
	13	构件及设备安装工法
	14	生产要求与细节参数
	15	施工进度信息
	16	施工组织信息、施工组织过程与程序信息与模拟
	17	工程量统计信息：材料分类统计信息
	18	施工设备信息
	19	最终工程采购信息
	20	最终路基竣工验收信息
	21	建筑物的各设备设施的维修与运行信息
	22	运维分析所需的数据、系统逻辑信息

2.4.2 公路工程 BIM 信息工程实体分解

随着社会经济的不断发展，现代公路工程对象系统越来越复杂，呈现如下特征。

1. 立体交叉性

工程对象系统是涉及多学科的复杂系统。一个工程对象系统通常由多个互相耦合的子系统组成，一个子系统的改变可能会影响到其他子系统，最终影响整个系统的性能。例如高速公路工程的对象系统又包含道路、桥梁、互通等多个子系统。

2. 功能要求多，受环境的约束大

可持续发展要求现代工程不仅实现工程项目固有的功能目标，还讲究所提供的功能使顾客满意、与环境协调、运营的自然资源消耗量少、使用过程能耗低、拆除后的大部分材料还可回收利用。

3. 跨学科、多系统产生复杂的专业界面

工程对象系统的复杂性产生的技术系统界面的复杂性呈几何级数上升，技术系统的界面增加不可避免地组织界面、合同界面、过程界面的复杂性。

4. 可分解性

工程对象系统的可分解性从系统的层面上理解，就是层次性。根据不同的分解准则，工程对象系统在纵向上一般可分解为多个层次，并且每一层次在横向上又可分解为多个相对独立的系统成分；在不同纵向层次和同层次不同横向成分之间都以不同方式相互联系和作用。

考虑到普通公路与高速公路存在一定区别，而高速公路的分解与管理更加标准与规范，因此本节针对高速公路来开展实体模型的分解与编码。

根据一般系统论的原理，任何工程对象系统都应该被看成是很多工程对象子系统的组成。换句话说，即工程对象系统是工程可交付成果包含的所有子系统的一个集合，其可分解性如图 2-12 所示。一个大的工程对象系统中包含了多个相对独立的单个工程对象系统，每个单个的工程对象系统又包含了一系列单项工程。

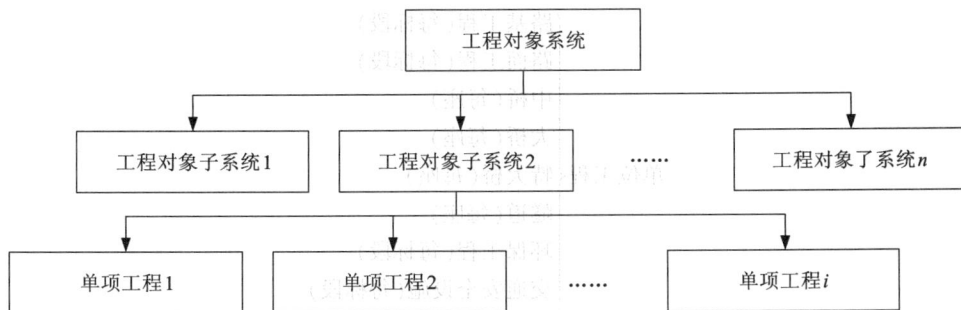

图 2-12　工程对象系统的可分解性

但这种分解必须考虑工程本身的特殊性和工程所处环境的动态变化性，如果在分解中丢掉工程本身所具有的特殊意义，那么这种分解只会变成毫无意义的元素的集合体。

项目管理知识体系（project management body of knowledge，PMBOK）在对项目范围管理的研究中明确指出范围管理包括产品范围和项目范围。在进行工作结构分解之前要先对产品进行分析，产品的分析就是将项目目标变成有形的可交付成果和要求说明书，每一应用领域都有一个或多个普遍公认的方法。产品分析包括产品分解、系统分析、功能分析等。由此可以看出，PMBOK 对产品分析的定义运用在建筑工程领域，就是对工程对象系统进行分析。而且对工程对象系统分析最有利的工具就是对工程对象系统的分解，即工程系统的结构分解，其结果可以表示为工程系统分解结构。

EBS 是通过对项目总目标和总任务的研究，采用系统分析方法将工程对象系统按照功能区间或者专业系统分解成相互独立、相互影响、相互联系的项目单元，以这些项目单元作为项目管理的对象，满足设计、计划、控制和运营管理的需求。

针对公路工程项目管理的各个环节以及每一个环节涉及的不同信息和管理内容，应建立公路工程项目单位、分部、分项工程实体的划分标准和编码机制。公路工程实体结构分解编码的核心功能在于实现公路工程实体的分类、检索、信息传递，应用于公路建设管理信息化。故公路工程 BIM 的 EBS，是指采用系统分析方法将公路工程对象系统按照专业系统分解成相互独立、相互联系的工程项目单元，将其作为工程项目管理的对象，满足管理的需求，其工程实体结构分解按照不同专业进行分类工程分类，同时，依据线分法原则，对各类专业工程再按工点进行工程实体结构分解。

根据上述分解原则，将其单位工程分解，如图 2-13 所示。

图 2-13　公路工程实体结构单位工程分解

2.4.3　公路工程 BIM 信息编码规则

1.编码方式

通过编码给分解单元以标识,使它们互相区别。编码能够标识分解单元的特征,使人们和计算机可以方便地"读出"这个项目单元的信息,如属于哪个部分,可以实现哪些功能等。编码设计是整个项目的计划、控制和管理系统的关键。

EBS 的编码一般按照系统结构分解图,采用"父码+子码"的方法编制。每个层面的编码可由数字或符号(字母)组成,层与层之间采用 $1:n$ 的线性结构,即一个上位类对应多个下位类,每个下位类仅对应一个上位类。

公路工程实体结构分解以单位工程为基础进行分解,并给每个单位、分部、分项工程进行编码,保证每个单位、分部、分项工程编码的唯一性。

采用数字+字母编码的方式,编码长度不应大于 25 位。单个工程标段内的分类层级不应超过 6 级,同位类目的数量不应大于 99 个。

单位、分部、分项划分标准以《公路工程质量检验评定标准》(JTG F80/1—2017)为依据。编码采用标段代号+工程编码形式,如图 2-14 所示。

标段代号				1 级编码				2 级编码				3 级编码				4 级编码					5 级编码				6 级编码			
1	2	3	4	1	2	3	4	5	6	7	8	9	10	11	12	13	14	15	16	17	18	19	20	21	22	23	24	25
□	×	×	×	□	×	×	×	□	×	×	×	□	×	×	×	□	×	×	×	□	□	×	×	×	□	×	×	×

注:□代表大写英文字母;×代表阿拉伯数字;标段代号和工程编码之间用"."分隔。

图 2-14　编码形式

工程实体结构编码采用层次码,前层和后层为包含关系(父子关系)。编码由英文字母及数字组成,英文字母表示工程类别信息,数字表示其序列(第几个、第几处等),其形式如图 2-14 所示。

(1)标段代号

标段代号共 4 位,由 1 位大写英文字母及 3 位阿拉伯数字组成。英文字母表示标段主要工程类型,数字表示标段序列号。英文字母对应的工程类型如表 2-6 所示。

表 2-6　标段代号英文字母对应的工程类型

序号	标段代号	工程类型
1	T	路基工程、桥涵工程、隧道工程、交叉工程等

续表2-6

序号	标段代号	工程类型
2	M	路面工程
3	F	房建工程
4	A	交通安全设施
5	L	绿化及环境保护工程
6	J	机电工程
7	Z	综合工程(以上两种及以上类型)

(2)工程编码

工程编码采用层次码共6级,前层和后层属包含关系(父子关系)。编码由英文字母及数字组成,英文字母表示工程类别、位置信息等,数字表示其序列(第几个、第几处等)。

1)一级编码

一级编码表示单位工程,共4位,由1位英文字母接3位序列编号组成。单位工程及类别码如表2-7所示。

表2-7 单位工程及其类别码(一级编码)

单位工程	类别码	序列编号说明
路基工程	J	按每标段
路面工程	M	按每标段
中桥	B	按每座
大、特大桥	D	按每座
隧道工程	S	按每座
绿化工程	L	每合同段
声屏障	P	每合同段
交通安全设施	A	每合同段
交通机电工程	E	每合同段
附属设施	F	每合同段

2)二级编码

二级编码表示主区域(主线、平面交叉、分离式立体交叉、互通、服务区、连接线)信息,共4位,由1位英文字母接3位序列编号组成。

3)三级编码

路基工程、路面工程、桥梁工程的三级编码表示次区域(如互通主线部分、匝道部分),隧道工程的三级编码为隧道形式说明,三级编码共4位,由1位英文字母接3位序列编号组成。区域类别及编码如表2-8所示。

表2-8 区域及其类别码(三级编码)

主区域	次区域	类别码	序列编号说明
主线		Z	固定为001
	主线(补位)	ZZ	固定为001
平面交叉		P	固定为001
	×××平面交叉	PP	按每处
分离式立体交叉		F	固定为001
	×××分离式立体交叉	FF	按每处
×××服务(停车)区		W	按每座
	匝道上	WA	按每条
	场区	WC	按每侧
×××互通		H	按每座
	主线上	HZ	固定为001
	匝道上	HA	按每条
	场区	HC	按每处
连接线		L	固定为001
	×××连接线	L	按每条

4)四级编码

四级编码表示子单位工程或分部工程,共4位,由1位英文字母接3位序列编号组成。

5)五级编码

五级编码表示分部工程或子分部工程或分项工程,共5位,由1位英文字母接3位序列编号再接1位英文字母组成。最后1位英文字母表示位置。位置含义如下:

Z——左侧、左幅;

Y——右侧、右幅；

C——中间；

Q——不分左中右或没有任何含义的补位码。

6）六级编码

六级编码表示分项或子分项工程，共 4 位，由 1 位英文字母接 3 位序列编号组成。

2.编码原则

①有设计编号的按设计编号，如桥梁墩、台号；

②无设计编号的，从 1 开始按自然顺序编号；

③自然顺序的优先级：从小桩号到大桩号，先左后右，先下后上；

④编号不足位数的，前置"0"补齐位数；

⑤当一条线路需要分解为多个路段时，应以大桥、隧道、互通的起讫点作为路段的讫起点。

工程实体编码形式如图 2-15 所示。

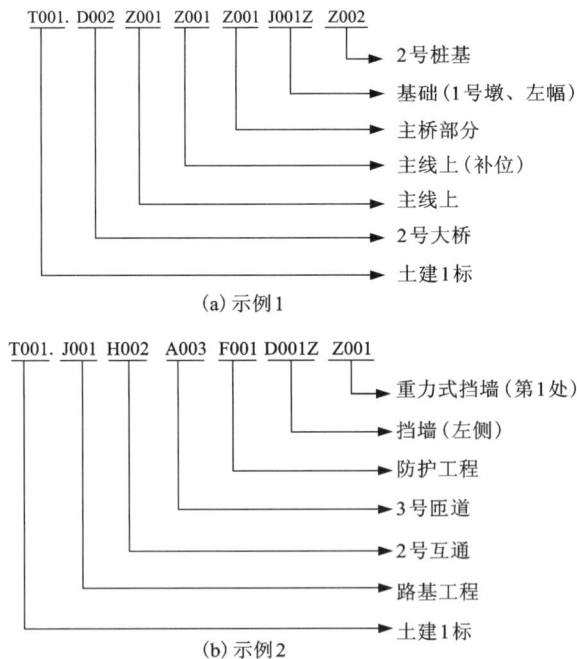

（a）示例1

（b）示例2

图 2-15　工程实体结构编码形式

3.工程属性

对工程类别的辅助性说明，如桥梁结构形式、隧道围岩类别等。

4.工程简码

表示某一类工程的编码称为工程简码,工程简码必须由单位工程打头。工程简码可以带属性值或序列编号,属性值用[ ]表示,序列编号用( )表示。

例:

JZZP:路基工程—主线上—排水工程。

JZZPB:表示路基工程—主线上—排水工程—边沟。

JZZX[1]:表示路基工程—主线上—属性值为 1 的小桥(即石拱桥)。

JZZX[1](1):表示路基工程—主线上—第 1 座石拱桥。

第 3 章
高速公路 BIM 模型数字模块化构建技术

3.1　模块化基本理论

　　模块化理论的起源最早可追溯到 20 世纪 60 年代，1962 年，美国学者 Simon 在复杂科学研究的基础上，首次提出"近似可分解性（near-decomposability）"这一概念。针对现实中存在的大部分复杂系统，Simon 认为其具有一般性的特点，就是一般都存在可分解的层次结构，即复杂系统的"近似可分解性"。另一位学者 Alexander 在 1964 年对复杂系统的研究补充指出，这种分割的办法在复杂系统的分析层面具有很大的优势，可以衍生为复杂产品设计的一种规律，能有效帮助设计师完成设计任务，如在架构设计中通过这种思想促进了形式与结构的契合，从而克服设计师的认知局限。Simon 和 Alexander 的研究工作为"模块化"理念的研究奠定了基础，也是此后模块化理论的雏形。

　　1997 年哈佛大学商学院的 Baldwin 和 Clark 在 *Harvard Business Review* 上发表了"management in the era of modularity"，正式提出"模块化（modularity）"的概念。他们认为任何复杂系统的子系统均可以看作是一个模块，模块化是最大限度地增强模块内的连接，同时最小化模块间连接，但不损害系统的整体功能和效率。由此看出，模块化可看作对 Simon 复杂系统"近似可分解性"概念的发展，是组织、设计复杂系统的有效战略之一。

　　随着"模块化"概念的正式提出，学术界对其适用范围进行了广泛研究，后续对模块化的研究变成由点到面甚至向跨学科方向发展，不再局限于产品设计领域。在理论拓展研究方面，模块化被认为是衡量一体化成本与收益的一种工具，意味着衡量组织内部各部门间的相互依赖程度，可以依靠组织模块化程度的高低来进行评价和判定。因此，模块化的研究范围得到了极大的拓展（如图 3-1 所示），目前模块化在"组织经济学""分布式创新""产业标准和兼容性"等方面都实现了应用。实践方面，模块化对产品设计、生产、组织等都产生了重要影响。

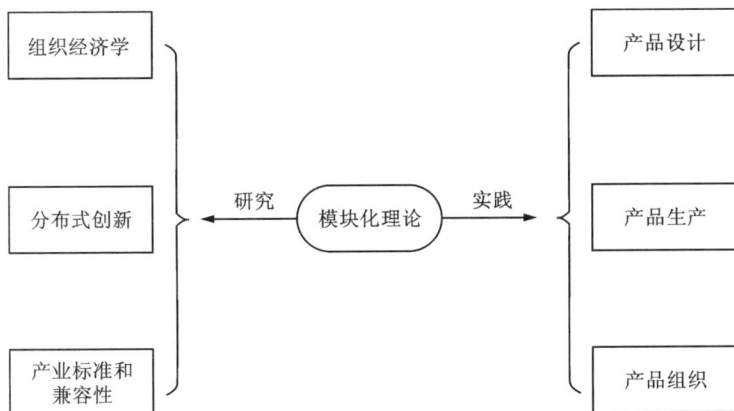

图 3-1　模块化理论的拓展

3.1.1　模块化理论的内涵

模块化理论，就是为了取得最佳效益，从系统观点出发，研究产品（或系统）的构成形式。用分解和组合的方法，建立模块体系，并运用模块组合成产品（或系统）的全过程。通过此定义分析模块化理论有如下内涵：

（1）模块化的主要目的是提高效率

在社会生产生活中，人们对社会产品多样性的需求，以及产品为了适应日渐激烈的市场竞争，需要使用模块化设计和生产的方式，实现在多种类、复杂系统下的效益和质量的最优期望，这也是模块化被应用的主要意图和最终目的。

（2）模块化适用的对象是产品（或系统）的架构

模块化主要是研究和解决某一类产品（或系统）的架构组成形式的问题，而不只是单单针对某一个孤立的产品（或系统），通过标准化的模块组合搭建而成一套复杂的产品（或系统）。由于其对象一般是一套复杂系统，可以运用系统工程的方法进行分析。

（3）模块化的主要方法是对系统进行分解和集成

由前文可知标准的模块是构成模块化产品（系统）的基本要素。模块如何产生，用何种方式能有效地对产品（系统）进行分解和集成，产品（系统）的分解和集成的方法、运用水平和评价标准，这些都是模块化的核心问题。

（4）模块化是一个活动过程

模块化是一个有组织、有目标的活动过程，而不能被看作是一个静止、孤立的事物。模块化作为一个过程主要体现在两个方面：一是建立模块系统是一个过程，模块化过程的完成需要建立相应的模块系统，没有完成这个任务就不能说它已达成了目标；二是模块化过程应在产品(系统)的应用实践中去完善，从而体现模块化系统的价值，通过这个过程能够产生一定的质量或者经济效益。

3.1.2 BIM 模块化设计的"模块—模块化—模块化设计"理论架构

模块化理论作为一种通过对设计资源合理配置，提高产品改型设计效率的理论方法，诸多专家学者都对此进行了细致深入的研究。但是目前并没有一个统一的定义，要运用模块化相关理论助力本文后续的研究工作，需要先对几个关键概念进行分析界定，梳理拓展模块化理论的研究范畴。

1. 模块

机械和计算机软件设计是最早应用模块化理论进行产品设计的专业，因此在机械设计领域，"模块"可被简单定义为一个组合零部件；在计算机软件设计领域，"模块"可被定义为一段计算机程序。参考国内外学者对模块概念的相关研究(如表 3-1 所示)，探究不同语义环境下模块的具体含义。

表 3-1 "模块"的概念

学者	内涵
青木昌彦	模块是可以独立设计、拥有某种确定独立功能、可以自主实现创新的子系统，这类子系统按照一定的规则，通过标准的界面结构相互耦合，从而能构成更加复杂的系统
Crawford	按照模块自身的功能特征划分为两类，一类是"定制模块"，指在系统整体架构不变的情形下根据产品性能所单独设计的模块；另一类是"通用模块"，指在同一套标准下系统之间可以互相调用而不存在障碍的模块
侯亮	定义了模块的本质属性，是具有相同的联系规则，但又具有不同性能，可以实现互换的单元。一个产品部件可以被认为是模块的最基本条件是该部件在特定标准的制约下具备接口互通原则
李春田	将模块分为两种，即功能模块和结构模块。功能模块含有特定参数和信息，依据功能谱分析方法，得到模块化产品的功能设计。结构模块是功能模块的载体，通常不具备使用功能，隐藏在设计层次中较低的部分

《标准化概论》(第 6 版)综合了一些现有的理论成果，对"模块"进行了定义："模块通常是可成系列单独制造的、具有独立功能的、由元件和零部件组合而成的标准化单元。具备可拆分、组合、互换的特性，通过不同形式的接口，与其他部件、单元组成产品(或系统)"。

综上所述，虽然不同专业、不同学者对"模块"这一概念进行的界定和表述有所差异，未出现一个普适性和通用性的定义。但是通过对上述各位学者的研究梳理分析，可以发现关于"模块"定义的共同点，总结如下：

①模块是一项系统工程的组成部分，是系统分解的产物；这里所说的"系统"，往往具备一定的复杂特性，既可以是大型工业设计中的产品系统，也可以是组织经济学中的组织结构，还可以是基础设施建设领域的工程系统。

②模块虽然是系统的组成部分，但是也具有相对的独立功能，这种不依附其他功能的独立单元，可以通过接口与系统中的其他部分产生联系。

③模块通常具备系列性、通用性的特点；通过对系统内各个部分的功能和结构进行分析，以充分实现经济效益和设计效益，并且需要对各模块接口进行标准化设计，如模块尺寸、结构和其他各项参数，使模块满足不同相关系列产品的需求。

2. 模块化

模块化作为一种思想方法，从 20 世纪开始许多专家学者对其进行了大量的研究，形成了一批比较有代表性的理论成果。但是，这些理论一般都是针对某一领域特定范畴下的定义，目前并且还没有形成一个公认性的权威定义。通过对模块化相关理论的研究，模块化的含义可分为狭义的模块化和广义的模块化，具体阐述如表 3-2 所示。

表 3-2　狭义模块化和广义模块化

概念	内涵	外延
狭义模块化	①产品(系统)具有多级的、清晰的模块层次结构 ②模块(部件)具有功能互换性或尺寸互换性	由模块(部件)组合而成的模块化产品。例如，模块化的电子产品、模块化的机床等
广义模块化	①事物的构成具有清晰的层次性 ②构成单元(模块)的功能具有典型性和通用性	一切由典型的通用单元组合而成的事物。例如，企业的组织结构、流水线的构成等

在模块化分解和模块化集成的基础上，模块化设计可以按照既定的联系规则，整合集成各类模块组成规模化的复杂产品或系统。宾夕法尼亚大学的 Karl T. Ulrich 和麻省理工学院的 Steven D. Eppinger 在共同撰写的 *Product Design and Development* 中提出过。模块化设计的特点如下：当工业产品设计中需要批量化操作和灵活性创新时，可以通过系统内部模块本身的自主设计，以及模块互相之间的组织耦合，从而有效加速产品创新。

3. 模块化设计

随着西方三次工业革命的爆发，各类工业产品的出现丰富了人类的物质文化生活，现代模块化设计理念也在这个过程中随之产生。在现代工业产品的大规模生产前，模块化设计的思想就已经孕育在前人的智慧中，在古代的手工业社会方式下，最典型的代表是我国的古典四大发明之一的活字印刷术。其在雕版印刷的基础上，用胶泥将汉字制作成一个个标准元件，这些元件可以在印刷过程中灵活排版、分解组合、重复利用。这种孕育着现代模块化设计生产理念的方法显著提高了印刷生产效率，很好地解决了当时雕版印刷效率低下的难题，对知识和文化的传播普及做出了巨大的贡献。

现代社会随着生产力的提高，遇到了更多需要解决生产效率的现实问题。在20世纪60年代，美国著名的计算机公司 IBM 在研发360系列电脑的过程中，虽然没有刻意研究模块化理论，但却切实地引入了模块化设计的思想，用模块化的设计思路来生产计算机产品(图 3-2)，通过并行设计使各模块的研发工作同步进行，这一举措极大提升了设计效率，也使 IBM 公司成为20世纪最成功的计算机公司之一。

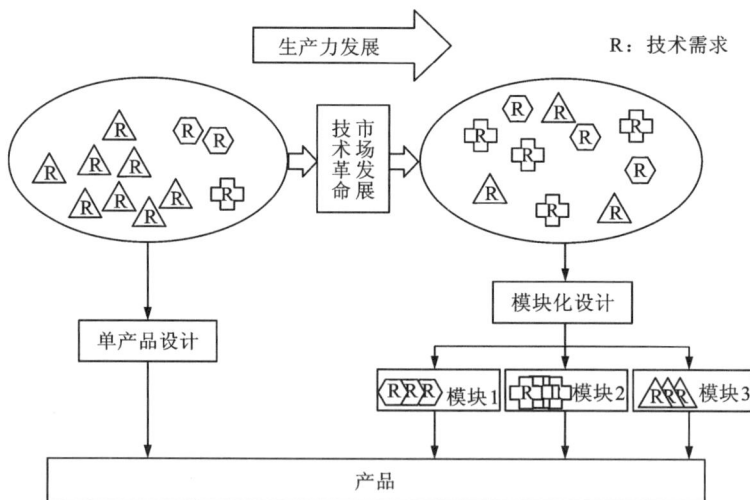

图 3-2　模块化设计发展过程

模块化设计方法在计算机制造领域的成功，激发了其他行业对该理论研究及应用的热忱，因此从机械制造业到电子制造业再到金融信息业，模块化的理论在设计、管理、生产等不同阶段都得到了广泛的应用。模块化设计方法也产生了巨大的经济效益和社会效益，具有良好的应用价值，尤其体现在产品设计的过程中。

与传统的产品设计方法相比，模块化设计方法有其自身的特点，二者在原理层面也略有不同。不同点主要体现如下：首先模块化设计的主要思路是标准化和规范化，通过这种方式来实现通用的模块设计。其次，模块化设计应当面向的是与此产品相关的系列产品，如计算机的 USB 接口、网卡、光驱等模块，其需要适应所有不同型号的计算机产品。最后，在模块化设计的过程中，需要结合产品结构和功能进行自上而下的分解设计，以及自下而上的反馈设计，充分考虑模块之间的联系，突出体现其系统性。简而言之，模块化设计的显著特征是采用系列化、标准化的方法对产品对象进行设计。

在工程建设信息化的理论体系中，数字信息模型处于核心地位，是实现信息传递的载体，其本质特征同样是要求实现规模化和标准化，跟其他制造业系列化工业产品相似，因此可以看作是一种工业产品来进行设计生产。通过对工程对象或者构件实体的结构和功能分析，可以将同一接口相似功能的模型作为系列性、通用性的模块提炼出来。此时一项工程的整体数字信息模型可以看作是一个整体系统，而被拆分出来的构件子模型可以认为是系统内的一个个独立模块。基于"模块—模块化—模块化设计"的三级理论架构，通过明确模块化设计思路，搭建模块化设计流程，运用模块化分解和模块化集成的方法，对工程构件的数字信息模型进行模块化设计。在各模块要素独立性显著，或者系统具备很强的规模化要求时，模块化设计无疑是一种管理复杂性的有效方法。

3.2　BIM 数字模块化设计

3.2.1　数字信息模型模块化设计实现方案

1. 模块化设计思路

对于像高速公路项目的大型基础设施建设这类复杂系统工程，其包含的结构实体及工程信息数量居多，如何利用数字化工具和技术，合理规划并充分利用各类资源，使 BIM 数字信息模型更有效地服务工程实体，从而最大限度地发挥其价值，在此引入模块化设计理论来尝试解决这一难题。

数字信息模型在其创建和使用的过程中，经常会遇到重复性和相似性的工作，这极大降低了设计人员的工作效率。在模块化设计理念的指导下，对工程中的构件实体进行结构和功能层级的分析，探究各个构件单元之间的接口及装配联系规则，将其通用化数字孪生模型分解成为一个个子模块。然后对各个子模块进行独立设计，当需要改变工程部件的相关属性时，直接调用并进行各种模块化操作，最终集成为需要的数字信息模型。例如，用 BIM 设计软件设计一座连续变截面梁桥，它的截面随位置变化，如要进行单一建模并赋予工程属性，将会造成巨大的数据量且效率低下；而如果对该桥进行模块化设计，将其拆解为几个模块分别进行参数化设计，按实际情况创建几种不同尺寸类型的模块就能满足所有要求。

在后续的数字信息模型设计过程中，利用参数化的设计方式规划和设计不同类别的模块，然后在 BIM 设计软件的基础上进行二次开发，集成参数化设计系统。设计人员通过整理和分类这些模块，按照需求提取构件的属性信息进行配对或者再次创新，在系统界面输入相关参数，最后可很快地完成初步设计任务。参数化设计的优势还体现在可以充分利用计算机的潜力，传统的二维图纸是要设计者去一点点创作实现的，而拥有参数化的三维数字信息模块，其相关属性就跟各种约束关系联系在一起，当要对大批量的设计任务进行重构时，通过利用程序调节参数即可完成模型对象的生成和修改，从而有效地提升设计效率和设计准确性。

2. 模块化设计流程

数字信息模型的模块化设计既是一个系统性的工程，又是一个动态的过程，因此要考虑到设计过程中的各个参与主体和影响因素，通过利用设计规则和用户反馈的、自下而上的互通互动，达到可以不断追随用户需求而升级完善的效果，在此提出了模块化总体设计流程，如图 3-3 所示。

数字信息模型模块化设计流程主要由三大部分组成，分别是明确任务、模块分解和模块集成，其中每一部分中间又包含了小的流程内容。具体流程如下所述。

（1）明确任务

①用户需求获取。通过对业主和设计、施工等单位进行调研，运用问卷调查、实地走访、电话询问等方式，获得用户对数字信息模型的期望和需求，得到需求报告。

②用户需求分析。对调研得到的用户需求进行整理分析，找到最核心的影响因素，采用质量功能配置等方法，编写设计任务书，明确设计指标。

（2）模块分解

①划分结构模块。根据既定的结构模块划分原则进行划分，确定模块的尺寸参数、接口参数等，并进行结构模块的详细设计，对各结构模块试制、调试及完善，从而得到各结构模块的可行性设计和划分结构图。

②模块系列设计。旨在通过相似性理论改变基础结构模块的部分可变参数属性，设计完成一系列可以重复利用的结构模块，搭建结构模块体系。

③模块编码。按照编码表对各结构模块进行可识别性编码。

④建立模块库。模块化系列产品设计完成之后，按照模块编码表，搭建构件信息模型模块库，保存相关模块的接口和装配条件等属性信息，完成结构模块的

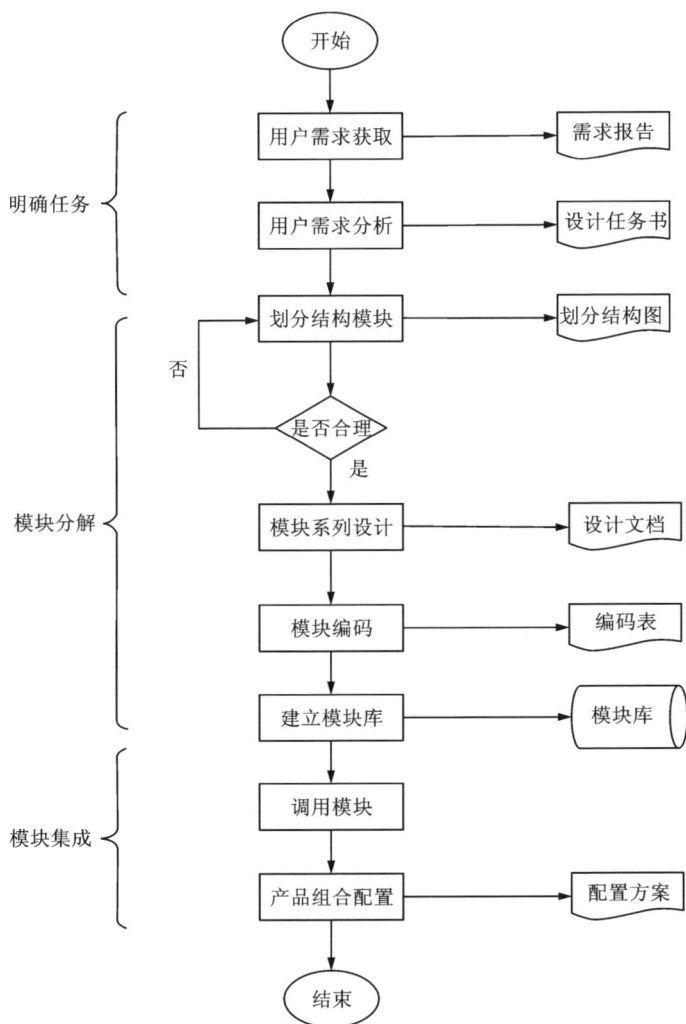

图 3-3　模块化总体设计流程图

数据存储架构。

（3）模块集成

①调用模块。根据不同的设计需求以及结构模块的功能和性能，通过将性能参数映射为对应模块的特征参数，从已存在的结构模块中选择合适的模块进行调用。

②产品组合配置。在设计任务中，无论是改型还是在结构模块基础上二次开发，都可以按照需求从模块库中调用相应模块进行组合配置，开发新的设计产品。

3. 数字信息模型模块化分解

在建筑、交通或者其他基础设施工程领域，数字信息模型作为一个数字化的信息载体，为不同阶段的不同功能需求提供信息和数据基础。数字信息模型既有基本的建模规则，又有多样化的应用规则；既有标准性又有独特性；既有通用性又有专业性，非常适合模块化设计理念，如前文所述模块化设计主要分成模块化分解和模块化集成两个部分。

对模块化的分解对象而言，一般是一个复杂的产品系统，模块化通过将单个模块元素分离，利用模块化分解通过某种既定的分解方法拆分为功能上集成、结构上独立的子系统。如对于高速公路项目而言，要将线路、桥涵、基础、交安等各构造物进行分解和整合，使其对应的 BIM 数字模型能够表征几何形位、材料、接触关系等参数特征，这个过程的集合可以看作是一个复杂系统。复杂系统的可分解性是实施模块化分解的首要条件，系统的可分解性说明该系统可以分成若干部分，并在之后根据某种联系规则进行重新组合，同时在这一过程中系统及模块不会丧失原有的功能。系统可分解性的强弱和其模块化程度呈正相关，系统的可分解性越强则模块化程度越高。

完备的 BIM 数字模型模块化设计系统应由 3 个要素组成，分别是界面、结构和标准，构成的模块化架构如图 3-4 所示。

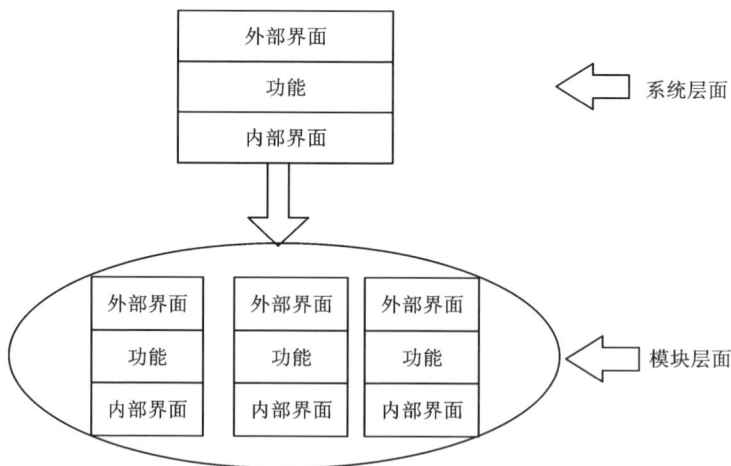

图 3-4　模块化架构

"界面"可分成两类，即外部界面和内部界面。在系统层面，外部界面是与其他系统联系的途径；内部界面则帮助系统内部各模块之间的信息与数据交流。在模块层面，外部界面是模块与系统的联系途径，内部界面则帮助模块自身内部各要素属性进行交流。

"结构"是指模块的组织架构,是指将系统在模块设计中自上而下,按照功能或者其他原则划分出各个模块,而各个模块又具备哪些功能。

"标准"是模块化分解的依据,可根据逻辑、特征、过程等不同的分解方法对系统进行分解,它的存在是对模块是否符合设计规则进行有效判定,所有模块都应该在此框架下进行设计,不能超出标准独立运行。

模块化分解的最终目的是从复杂的系统中分解出独立的模块进行设计,这种分解是基于一定的联系规则,这种规则的设定是将复杂系统模块化分解的关键。在联系规则中明确界面、结构和标准 3 个要素后,就可以进行模块化的分解工作,模块分解的实现流程如图 3-5 所示。

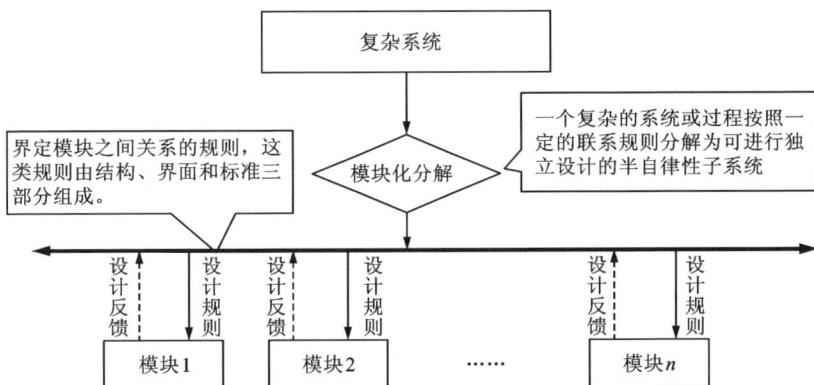

图 3-5　模块分解流程

4. 数字信息模型模块化集成

数字信息模型的模块化分解完成后需要对各模块进行集成,同样基于既定的集成方法,将分解后的子模块进行整合,最终完成集成模块系统的配置。如在一项复杂的工程项目设计过程中,对模块化分解后设计完成的模块对象按既定的联系准则,通过搭建 BIM 协同工作平台,统筹各个参与方的任务节点,从而实现整体模型的设计创建,即可有效提高设计完成效率。

对于具备可分解性的复杂系统,模块化分解后再对各个模块进行集成管理,可以提高系统设计的适应性,同时实现复杂系统的二次重构。在模块化集成过程中,模块与模块之间,模块与系统之间,模块与其他系统之间都可以进行互动,还可以对模块进行不同的操作,如分离、替代、扩展、删除、归纳、移植等模块化操作类型,如图 3-6 所示。

①模块分离。是将一体化的复杂系统进行模块化的第一步,通过制定初步的

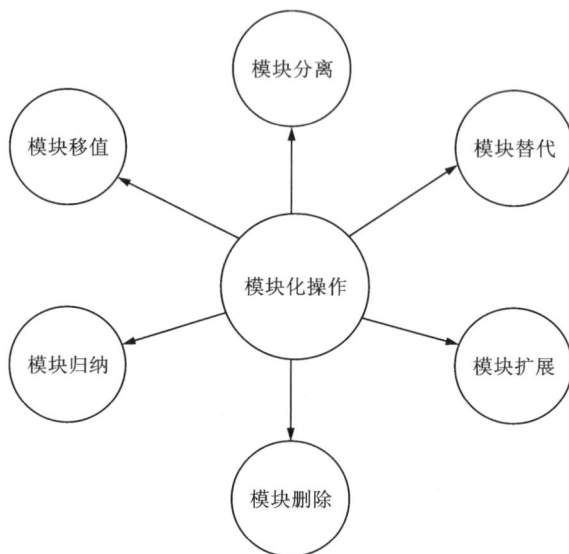

图 3-6　模块化操作

联系规则,将设计(或具体任务)分割成模块。

②模块替代。为了实现多样化的功能,通过模块的相互替代,满足系统的个性化需求,适应不同的设计环境。

③模块扩展。通过将具备新功能的模块添加到系统中,实现模块库的扩展,保证系统不断地升级和更新。

④模块删除。对于不符合新的设计环境的模块,可以在系统中进行删除操作,淘汰掉冗余模块。

⑤模块归纳。根据设计生产需求,通过对设计准则的优化升级,将部分模块重新拆分组合成新的模块。

⑥模块移植。对其他系统的模块适用性进行研究,将符合条件的某些模块移植到别的系统,使该系统的模块具备新的功能。

模块化集成过程的实质是对各种模块进行重新组合的过程。在数字信息模型的设计中,上述 6 种模块化操作可以根据设计要求灵活运用,充分挖掘了模块应用的潜力,为模块系统的创新性发展提供了支持,使系统不断发展完善,项目管理水平不断升级,从而有效满足规模化、标准化要求。

3.2.2　数字信息模型的参数化设计

1. 参数化设计建模的内涵和特征

在设计建模过程中，工程构件和零件常常需要不同的尺寸和其他变化，除了一些个性化的具体设计变化，很多构件和零件模型的基本设计都是相似的，在设计这些模型的具体过程中，有很多重复性的工作。因此，这些模型需要以一种通用的、灵活的方式进行建模设计，多个数值或维度（称为参数）来获得任何所需的配置。这种建模方法称为参数建模，由控制参数驱动最终结果。

在最简单的形式下，一个参数模型既可以是一个二维形状，称为参数化轮廓，也可以是由一个轮廓创建的三维实体。此外，这种实体具有参数化轮廓和参数控制的特征（如切割、突出、孔等），由参数配置文件或参数控制。这种实体和特征被称为参数化实体和参数特征。

参数化设计建模的灵活性来自设计的通用层面和可变层面的分离，通用模型的建模只有一次，而可变部分则被捕获为一组数值，这些数值被存储为变量或者参数，将不同的设计数据赋值给这些参数就会产生预期的设计变化。

与传统的实体建模方式相比，这种建模方式需要额外的规划和时间的投入。只有当设计过程中需要多个设计实例，且多个设计实例间区分程度较高，即不是全部相同或者可以按比例进行复制的，只有在这种情况下应用参数化设计建模才具有实际意义。如果只需要一个设计实例，普通的建模方式可能更加方便，另外如果需要相同或简单的、缩放的副本，则一个拷贝或者扩展工具就可以满足要求。

参数模型内置的灵活性使它能够响应更改请求——就像参数值的变化一样，更改（输入）和相应的响应（输出）一起可以看作是设计的"行为"。这种"行为"取决于如何使用约束将设计的元素和部分关联或约束在一起，即使是一个简单的参数配置文件也可以允许几种不同的方法来约束它。虽然大部分替代方案产生了相同的实例，但每个实例的行为仍然可能有很大的不同。

例如，如图 3-7 所示的构件，因为它的直径和高度并没有固定的比例，而另外有些部分的尺寸参数需要保证不变，这种拥有很多共同点，但又呈现出特定的、选择性的差异的多个实例，在设计建模需求下可以使用参数化的建模，从而提升设计效率。

2. 参数化设计建模实现方式

如上所述，通过改变模型自身的相关属性来驱动模型是参数化设计建模的主要优势，即使是一个简单的几何实体，这种可以参数化的灵活性也是非常必要的，下面用一个简单的例子来阐述一下。

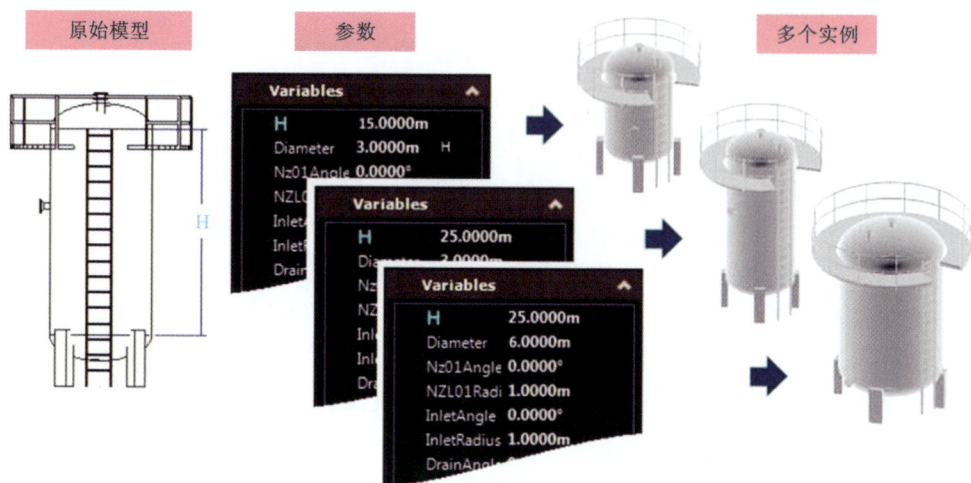

图 3-7　参数化建模实例

平面上的点 P 需要两个数值来确定它的位置（x 坐标和 y 坐标），因此两个点 P 和 Q 就需要 4 个数值，分别是 $P(x_1, y_1)$，$Q(x_2, y_2)$，如图 3-8 所示。

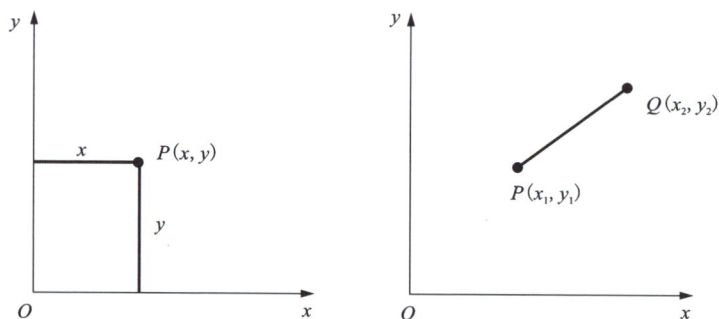

图 3-8　点 P 和点 Q 坐标位置

因为两点 P 和 Q 唯一地定义了连接它们的线段 PQ，所以线段也需要 4 个数值 (x_1, y_1) 和 (x_2, y_2) 来确定它的位置，或者也可以使用其他 4 个数值来指定它的位置、长度和方向 (x, y, L, θ)。因此一个线段只需要 4 个数值，而不考虑指定它的方法是什么。很明显这可以通过改变 4 个数值中的任何一个来改变它，因此这条线段具有 4 个自由度，如图 3-9 所示。

几何实体的灵活性可以被量化为自由度，在如此多的自由度下进行设计，会

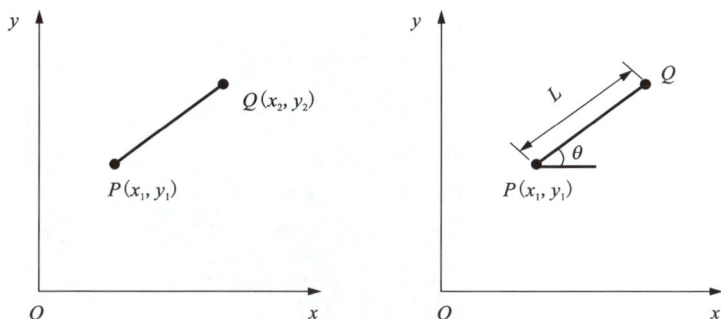

图 3-9　线段 *PQ* 的自由度

导致模型在操作过程中易出现与设计意图相左的情况，对自由度进行约束可以有效限制这些设计障碍，最终只留下一个可预测设计行为的良好约束。一个良好的约束配置文件通常需要对自由度进行限制，要实现模型的参数化设计，对自由度和约束的设置是非常关键的工作。很多专业的 BIM 设计软件支持参数化设计功能，可以利用软件内置的插件进行模型的参数化设计，在此就用 Bentley 公司的Microstation 软件来做一个实例展示，说明如何实现参数化设计。

首先，利用 Microstation 的绘图功能画一个箱型梁横截面，然后利用约束功能，按照参数化设计要求分别对连接线段的部分自由度进行约束，例如与线段直接呈平行、垂直、特殊夹角关系，如图 3-10 所示。

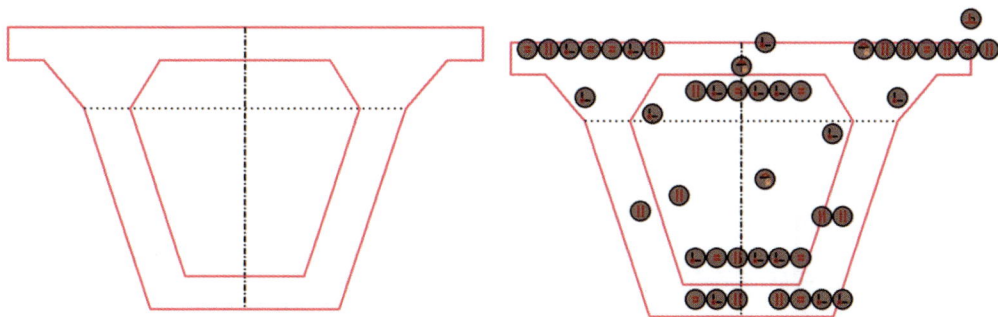

图 3-10　箱型梁截面及约束关系

其次，将箱型梁截面的尺寸参数分别进行变量赋值，例如梁板厚度、梁的高度、顶部跨度、梁侧倾角等。这些值被设置成变量，然后可以通过变量对话框来进行管理（定义、删除、访问和编辑），从而实现修改模型的功能，如图 3-11所示。

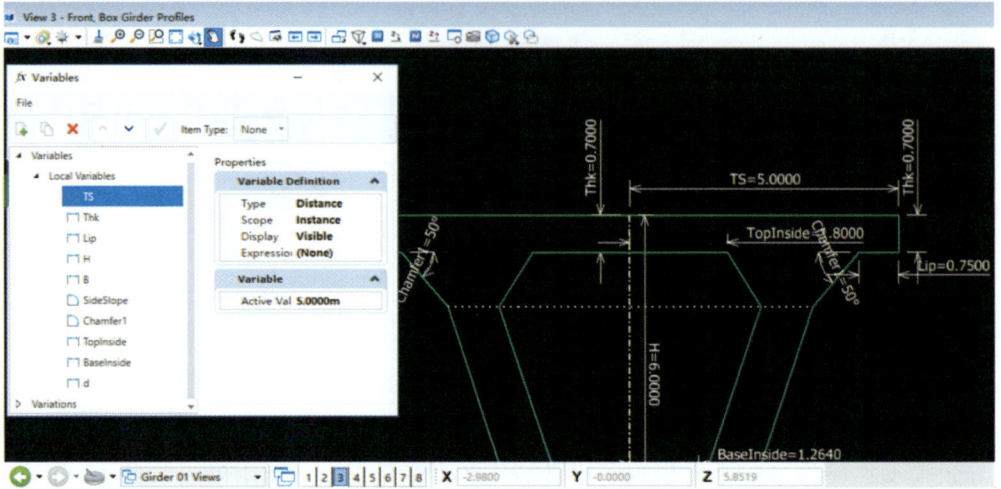

图 3-11　箱型梁截面尺寸参数

当然这里使用的参数变量表达式是比较简单的，如果有更高阶的需求，可以通过使用表达式生成器来组成更加复杂的表达式。表达式生成器中有所有预定义的本地变量、常量、函数以及运算符，灵活运用这些选项可以构造复杂的表达式。参数表达式生成器界面如图 3-12 所示。

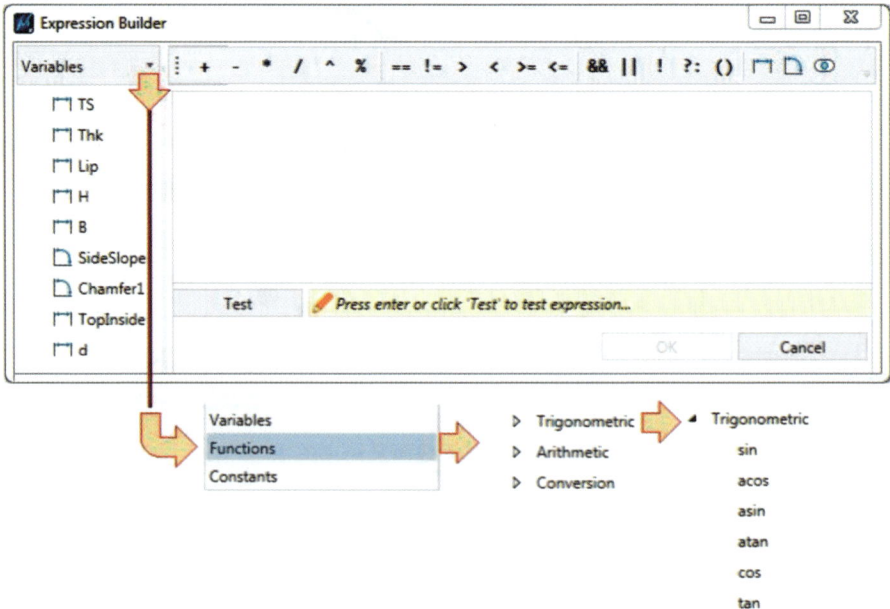

图 3-12　参数表达式生成器界面

　　至此完成对该箱型梁横截面所有参数的变量赋值，如需要设计一个新的不同尺寸的模型时，再次打开变量管理工具进行修改。例如将变量 Thk 的值更改为 0.70，H 更改为 6.5，Chamfer1 更改为 50.0，新的模型在变量组的名称命名为 GRD65_75，方便与原来模型的 GRD50_50 相区别，然后分别对各个变量进行修改。变量管理界面如图 3-13 所示。

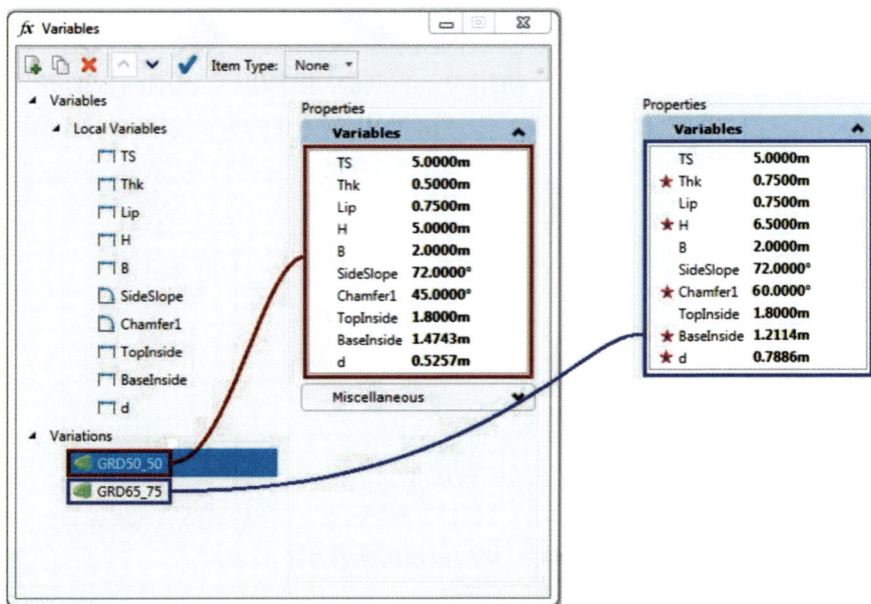

图 3-13　变量管理界面

　　最终在可视化界面就可以看到不同于之前模型的新模型（如图 3-14 所示），这种设计思路将每个尺寸参数进行变量化，通过改变变量的数值生成符合需求的新模型。

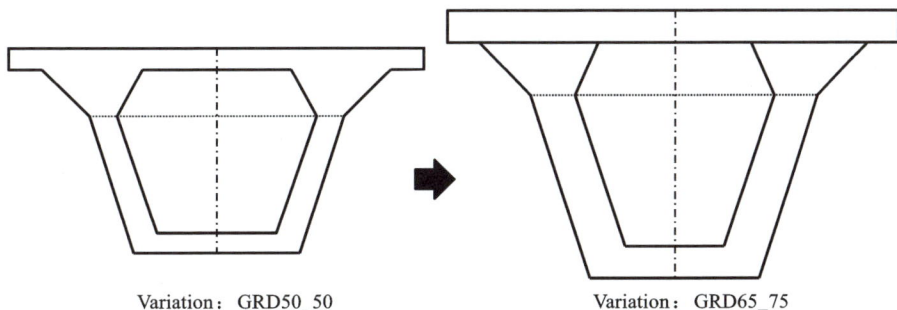

Variation：GRD50_50　　　　　　　　Variation：GRD65_75

图 3-14　修改后的模型

3.参数化设计建模属性扩展

在完成参数化模块的初步设计后，需要对三维模型或者模型文件附加相关属性信息，在实际操作中，由于部分模型结构复杂，所需要操作的属性标签数目较多。如果使用图形界面操作不能完全满足需求时，这时需要使用程序内置的一些命令代码或者对软件进行二次开发，从而实现模型属性的批量化筛选、赋值以及修改。

在使用 Microstation 进行参数化设计建模时，软件提供 3 种给图形元素附加属性的方式，分别是利用 Tag 指令、使用 DataLinkage 操作以及利用内置的开发工具包 XAttribute 进行模型属性的扩展工作。模型附加属性的方式如图 3-15 所示。

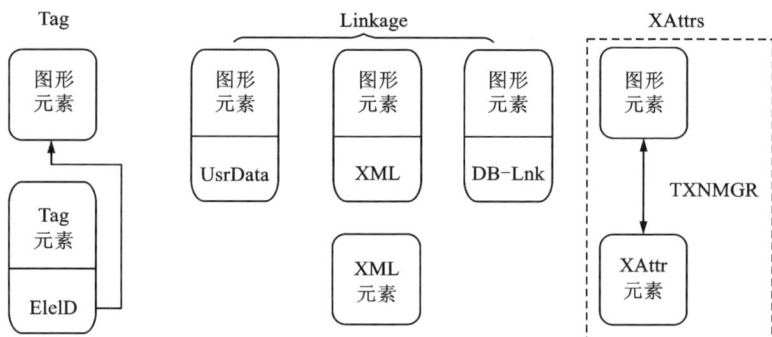

图 3-15　模型附加属性的方式

其中 XAttribute 不同于以往的数据链接，是将属性放在目标模型的上面而不是添加到模型内部，由于不用和图形元素保存在一个数据流中，因此具有以下两个显著优点。

①XAttribute 大小不受限制。因为每个单独元素（MSElement 结构）的最大容量只能是 128K 字节，所以如果像 Linkage 那样位于图形元素的尾部时，图形元素占用了很多空间，这样留给属性的空间就很小了。例如对于 5000 个顶点的 Linestring 或 Shape 元素，是没有空间留给 Linkage 的。

②修改属性时不需要重写整个图形元素。对于 Linkage，需要先将整个元素读入内存，修改 Linkage 数据，再将整个元素写入文件中。由于 XAttibute 在文件中是单独的一个数据流，修改 XAttibute 性质的属性只需根据图形元素的 ElementID 找到其对应的 XAttribute，将 XAttriubte 修改后写入文件即可。

下面用一段实例代码来展示一下使用 XAttribute 工具对目标模型或者文件进行属性扩展 XAttribute 操作代码如图 3-16 所示。

```
1   void applicationSettingTest(int condition)
2       {
3       ApplicationSettings appSet = IMstnSettings::GetCurrentSettings().GetModelApplicationSettings(ACTIVEMODEL);
4       XAttributeHandlerId handlerId(900, 800);  //MajorId, MinorId
5       UInt32          xattrId = 1;
6       char *appData = "My Application Data";
7       switch (condition)
8           {
9           case 0:  //--Create ApplicationSetting
10              appSet.SaveSetting(handlerId, xattrId, appData, strlen(appData));
11              break;
12          case 1:  //--Display ApplicationSetting
13              {
14              ElementRef elRef = appSet.GetElementRef();
15              ElementID  elId = elementRef_getElemID(elRef);
16              char tmpMsg[128];
17              sprintf_s(tmpMsg, 128, "elId=%d", elId);
18              mdlDialog_dmsgsPrint(tmpMsg);
19
20              XAttributeHandle xah(elRef, handlerId, xattrId);
21              if (xah.IsValid())
22                  {
23                  sprintf_s(tmpMsg, 128, "appData size=%d, content=%s", xah.GetSize(), xah.PeekData());
24                  mdlDialog_dmsgsPrint(tmpMsg);
25                  }
26              else mdlDialog_dmsgsPrint("No AppSetting or AppSetting has no data");
27              break;
28              }
29          case 2:  //--Remove ApplicationSetting
30              {
31              ElementRef elRef = appSet.GetElementRef();
32              XAttributeHandle xah(elRef, handlerId, xattrId);|
33              if (xah.IsValid())
34                  {
35                  ITxnManager::GetManager().CurrentTxn().DeleteXAttribute(xah);
36                  }
37              break;
38              }
39          }
40      }
```

图 3-16　XAttribute 操作代码

要测试图 3-16 所示代码，可依次调用 applicationSettingTest（0）、application SettingTest（1）、applicationSettingTest（2），它们分别演示了创建、显示和删除附加在模型上的 XAttr 属性。

这段代码首先通过 IMstnSettings：GetCurrentSettings（ ）取得静态引用 IMstnSettingsR，其下有 GetFileApplicationSettings 和 GetModelApplicationSettings 方法可分别取得文件级或模型级的 ApplicationSettings 对象。本例中取的是当前模型的 ApplicationSettings 对象。

当定义要附加的 XAttr 时，一个 XAttr 除了实际的数据，还涉及 3 个标识（ID）：MajorId、MinorId 和 XAttrId。MajorId 代表公司级信息，该 Id 原则上应该是 Bentley 给各个开发商分配的，以保证开发商间的 XAttr 最顶级不会发生冲突。MinorId 可供公司内部应用程序使用，以保证同一公司内应用程序间的 XAttr 不会发生冲突。XAttrId 当然就是同一个应用程序中不同的属性块对应的 Id 了。本例中随意给了 900、800 和 1 作为这 3 个 Id。

当要给模型或文件附加属性时，只需要调用 ApplicationSettings 下的

SaveSetting 方法即可，该方法要求 3 个 Id (前 2 个 Id 又由 handlerId 组成)、具体的数据块和数据块大小 4 个参数。本例中为简单起见用一个字符串作为附加的数据块，当然也可以自定义一个 struct 作为数据块。

从文件或模型获取其附加的 XAttr 的方法和从普通元素获取的方法是一样的，即先取得元素的 ElementRef，然后构造元素下指定 3 个 Id 的 XAttributeHandle，再调用 XAttriubteHandle 下的 PeekData( ) 方法获得。这里的关键一点是通过调用 ApplicationSettings 下的 GetElementRef( ) 方法取得了文件或模型对应的 ElementRef。

在完成参数化模型的属性附加工作后，如果需要对模型属性进行筛选或者修改时，可以利用 Scan 扫描命令遍历模型的所有元素，通过定义扫描范围，例如"图层""颜色""范围""线型"等进行过滤，从而屏蔽掉自己不需要处理的元素，示例代码如图 3-17 所示。

```
1  /*------------------------------------------------------
2  | scanNestDemo
3  +------------------------------------------------------*/
4  int scanCallback(ElementRefP elRef, void* arg, ScanCriteriaP pSC)
5      {
6      ElementHandle eh(elRef, pSC->GetModelRef());
7      WString promptStr;
8      eh.GetHandler().GetDescription(eh, promptStr, 128);
9      mdlDialog_dmsgsPrint(promptStr.GetWCharCP());
10
11     for (ChildElemIter child(eh); child.IsValid(); child = child.ToNext())
12         scanCallback(child.GetElementRef(), nullptr, pSC);
13
14     return SUCCESS;
15     }
16 void scanNestDemo()
17     {
18     ScanCriteriaP        pScanCriteria = ScanCriteria::Create();
19     pScanCriteria->SetDrawnElements();
20     pScanCriteria->SetModelRef(ACTIVEMODEL);
21     mdlScanCriteria_setReturnType(pScanCriteria, MSSCANCRIT_ITERATE_ELMREF, FALSE, FALSE);
22     pScanCriteria->SetElemRefCallback((PFScanElemRefCallback)scanCallback, nullptr);
23     pScanCriteria->Scan();
24     ScanCriteria::Delete(pScanCriteria);
25     }
```

图 3-17　Scan 操作代码

通过利用程序内置代码工具，有助于对参数化模型相关属性进行批量快速处理，将处理后的模型属性信息与三维图元相关联，从而生成可支持参数化设计的数字信息模型，为后续其他构件的模块化设计建模工作奠定了基础。

3.3 高速公路数字模块库及构件分解

按照模块化设计思路和流程,为了实现数字信息模型的模块化设计,针对具体工程项目需要构建不同的结构物的数字模块库,这一工作十分关键。现结合高速公路这一线性工程进行展开讲解。

3.3.1 数字模块库的概念

一般来说,数字模块库被认为是一个包含通用属性(参数)的集,以及包含相关构件图形模块表示的图元组。其中不同模块之间决定模块特性的部分或者全部属性可能有所不同,但是同一类别中模块的集合是相同的,同一模块类别序列下产生的子模块可以称为模块类型。为进一步说明这些概念之间的关系,在此用桥梁工程中的部分构件进行如下示例。

桥墩类别包含可用于创建不同的桥墩(如 X 形桥墩、Y 形桥墩、双柱式桥墩、单柱式桥墩等)的模块类型,如图 3-18 所示。

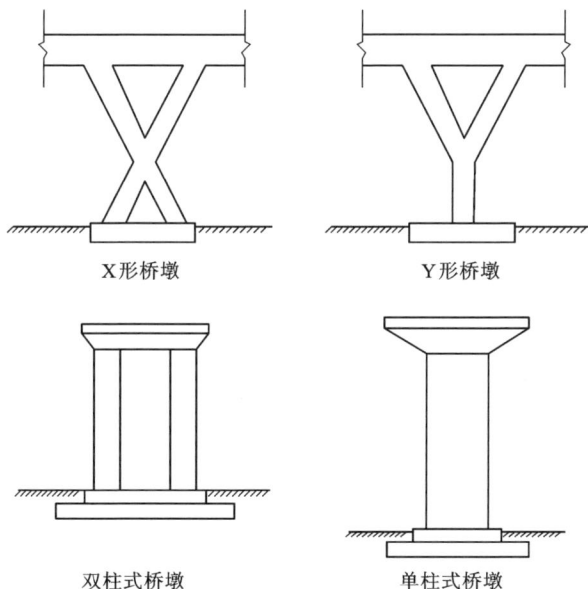

X形桥墩　　　　　　　　　Y形桥墩

双柱式桥墩　　　　　　　　单柱式桥墩

图 3-18 桥墩示意图

桥台类别包含可用于创建不同的桥台(如 T 形桥台、U 形桥台、八字式桥台和一字式桥台等)的模块类型,如图 3-19 所示。

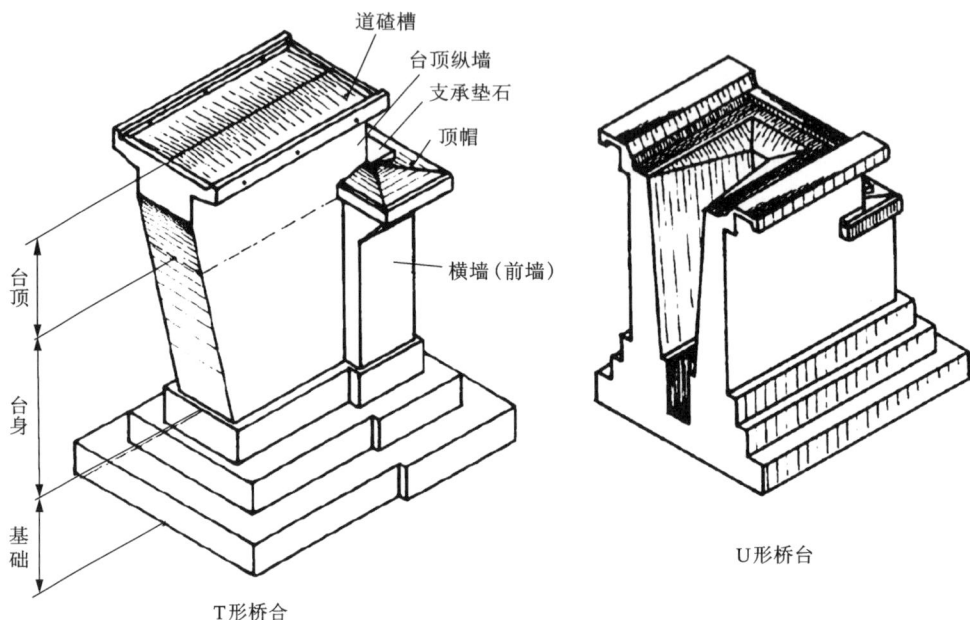

图 3-19　桥台示意图

　　尽管这些模块不是完全相同的，但根据其应用范围及功能特征可以归结为同一模块类别，数字模块库中的每一模块类别都包含一个或者多个模块类型，不同模块类型可以利用表征其功能特征的类型参数进行区分。当进行实际应用时，通过创建特定模块和模块类型，建立一个图元实例，可以在保持类型参数一致的情形下对其进行独立设计。当修改该模块类别的类型参数时，则所有使用该类型创建的模块类型都会相应发生改变。

3.3.2　高速公路数字模块库构件模型的拆分和编码

　　1. 数字模块库构件模块拆分

　　高速公路建设项目一般规模庞大，项目参与方众多，在工程项目建设决策和实施过程中产生了很多信息，这些信息具有形式多样、数目繁多、信息传递成本高的特点。针对这些不同类型和不同用途的信息，本文旨在通过研究数字信息模型的模块化设计，建立高速公路线路结构物构件数字信息模型。根据对集成信息分类和编码原则以及现有工程信息模型标准的研究，结合高速公路项目所具备的行业特点，尝试提出一种符合高速公路行业特性，针对高速公路线路结构物构件模型的拆分和编码方法。

在对各专业工程按工点进行实体结构分解后，形成一个个子库，在每一个子库下面再将结构整体进行模型拆分，进一步拆分成单个的构件，如桥梁部分可对桥拆分出梁、桥墩、桥台、桩基、承台等单独构件，此外还可拆分出独立零件组成零件库，这样方便整合结构时的调用，如图 3-20 所示。

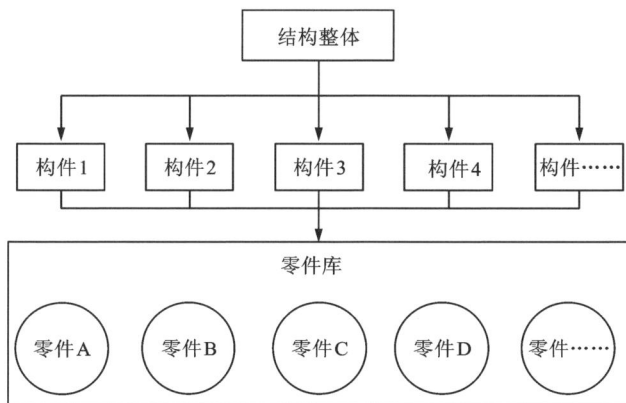

图 3-20　模型拆分示意图

以桥梁工程模块子库为例，在模型拆分过程中，首先要对构件的拆分有系统的规划，建立多级子目形成树状结构，确定拆分规则和标准。对于常规桥梁，桥台一般会有几种类型，每一种类型的桥台的构件拆分都有统一的标准，不同类型桥台一般会有共同的构件部分，如由桩基、台帽、耳背墙等，对于共同部分的构件在拆分过程中要保证拆分规则的一致性。对于桥墩，常规桥的桥墩基本都是有桩基、承台（桩顶系梁）、桥墩墩柱、盖梁组成，拆分按照既定规则执行。对于常规小箱梁，上部结构的组成可以按照设计部位拆分模型，如有预制小箱梁、现浇层及桥面铺装、护栏部分。其具体分类可参照桥梁工程构件模型拆分表（如表 3-3所示），实际建库过程可根据设计和施工建模要求进行合理增项、删减或调整。

表 3-3　桥梁工程构件模型拆分表

一级子目	二级子目	三级子目
上部结构	纵向构件	桥面板、腹板、底板、加劲肋、上下承托
	横向构件	支点横梁、横隔梁、加劲肋、上下承托
	预应力系统	锚具、钢绞线、波纹管

续表3-3

一级子目	二级子目	三级子目
下部结构	桥墩	矩形墩、圆形墩、圆端形板式墩、正顶帽斜墩身的圆端形桥墩、空心式桥墩、单圆形柱墩、双圆形柱墩、双柱式矩形墩、三柱门式桥墩、单肢薄壁桥墩、双肢薄壁桥墩
	桥台	T 形桥台、U 形桥台、埋式桥台、耳墙式桥台、矩形桥台、一字形桥台、双柱式桥台、墙式桥台
	桩基础	圆形桩、方形截面桩
	承台	
	支座垫石	
	盖梁	
附属设施	栏杆	栏杆基座、栏杆主体
	伸缩缝	型钢伸缩缝、模数式伸缩缝、梳齿板伸缩缝
	照明系统	
支座系统	简易支座	简易垫层支座
	钢筋混凝土支座	摆柱式支座、混凝土铰
	橡胶支座	板式橡胶支座、盆式橡胶支座

2. 数字模块库构件模块编码

数字编码方式一般用位置表示法来区分编码对象，每个不同的位置，都具有自己的"权"。"权"的存在让代码实现了规范性和唯一性，不同位置输入不同的数字就代表不同的编码对象，虽然纯数字码在直观性上不如其他编码方式，但是在稳定性和数据存储结构上有其独特的优势。因此，结合 2.3 节所提出的基于分项、分部、单位工程统一编码体系原则，采用 EBS 纯数字编码方式来为高速公路线路结构物进行编码，则高速公路构件模块亦采用 EBS 纯数字编码的方式进行编码，对编码对象编码使之成为连续且递增的类。

EBS 的编码一般按照系统结构分解图，按照"父码+子码"的方法编制。每个层级的编码可由数字或符号（字母）组成，层与层之间采用 1：n 的线性结构。EBS 层级码的一般结构如图 3-21 所示。

EBS 纯数字编码分类层级最多不应超过 4 级，同位类目的数量不应大于 99 个，每个层级用 2 位数字代码的形式表示，前层和后层属包含关系（父子关系）。

第一级分类对象完整编码采用 6 位数字表示，其中前 2 位为第一级代码，其余 4 位用零补齐；第二级分类对象编码采用 6 位数字表示，前 2 位为第一级代码，

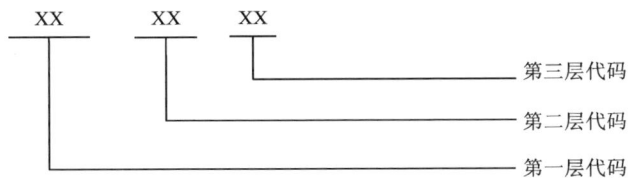

图 3-21　EBS 层级码结构示意图

中间 2 位为第二级代码，其余 2 位用零补齐；第三级分类对象编码采用 6 位数字表示，前 2 位为第一级代码，中间 2 位为第二级代码，最后 2 位为第三级代码；第四级分类对象编码采用 8 位数字表示，前 6 位为第一至三级代码，最后 2 位为第四级代码，如图 3-22 所示。

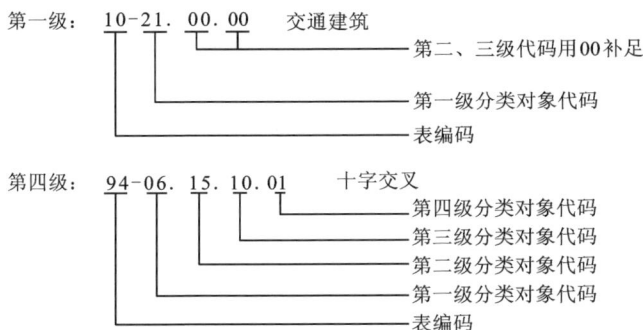

图 3-22　分级编码示意图

另外，为了在复杂情况下精确表述编码对象，对不同代码进行灵活组排，分类对象代码可借助代码标记符号联合使用。代码标记符号有"+""/"">""<"。

①"+"表示多个概念的交集，可以用"+"将一个或多个表内不同概念的编码合并在一起。例如，95-07.05.00+11-02.10.25.10+10-21.91.30 表示"特大单塔斜拉公路桥"；95-07.30.00+11-02.35.30.10+10-21.92.10 表示"特长圆形公路隧道"。

②"/"用于表示单个表中由"/"前的代码开始，直至"/"后的代码结束的连续的分类对象代码。例如：93-08.20.00/93-08.30.00 表示与"钢筋混凝土和预应力混凝土"相关的所有工项。

③"<"">"用于表示分类对象间的从属或主次关系。"<"前的对象是"<"后对象的一部分，">"后的对象是">"前对象的一部分。"<"">"用于将同一表中或不同表中的编码联合使用，表示 2 个或 2 个以上编码对象的从属或主次关系。例如：11-02.10.50>94-11.10.53 表示"悬索桥索塔"，在概念上强调索塔从属于悬索桥，悬索桥为主要概念。

3.4 高速公路数字模块库构建及应用

3.4.1 高速公路数字模块库构建思路

通过对模块化理论的阐述和对工程设计领域模块化设计的研究，针对高速公路项目，数字模块库的建设实施能充分体现数字化技术和传统工程设计管理相结合的优势。高速公路数字模块库的构建方法也应结合项目实际需求进行合理规划，结合高速公路项目的特点，现从数字模块资源的规划、构件数字模块的分解、构件数字模块的创建、构件数字模块的管理 4 个部分来分析数字模块库的建设思路。

1. 数字模块资源的规划

数字模块资源的规划是数字模块库建设的基础和前提，这也是在建设数字模块库的进程中需要最先考虑的因素。考虑到数字模块库的适用范围，虽然以设计方为主，但是业主方和施工方在其应用层面也有参与，因此建议由业主统筹，设计方和施工方参编，根据企业自身的业务特点和项目的实际需求编制相应的企业标准。这样有助于对数字模块资源的合理规划，便于统一规范数字模块的制作、审核、交付和管理等工作，最大限度地提高其开发效率。通常情况，数字模块资源规划由以下阶段组成：首先，根据实际需求对数字模块资源需求进行调研和预测，主要包括数量和质量两个方面；其次，根据需求组织专业技术人员研究数字模块资源的建设和交付规则，编制相应的企业标准。

2. 构件数字模块的分解

对于高速公路项目而言，其线路结构物构件模块分解是模块入库和管理的基础。考虑到后续的模块库管理便捷度问题，本着操作、扩充、维护方便的原则，结合线分法和面分法对高速公路线路结构物进行 2 个步骤的划分。首先，其工程实体结构分解可按照等专业工程分类，以 EBS 为基础建立的分项、分部、单位工程统一 BIM 信息编码，形成 BIM 工程树及其编码体系为基础的基础模块库；其次在基础模块库下面建立专业工程子库，进一步可依据特征、功能、材料等对各个基础模块库进行细分，建立多级子目形成树状结构，一般情况下子目分级不宜超过 3 级。

3. 构件数字模块的创建

在构件数字模块的创建过程中，需要根据模型建模深度的需要，对数字模块属性包含的工程信息进行合理的取舍优化，如构件的尺寸、材质、用量、造价等关键信息一般满足设计深度需求即可。如果不考虑建模深度控制的问题，势必会产生过多冗余信息，在后续建立数字化三维模型时占用大量设备存储运行资源，信息量过大无法有效处理等问题。对于高速公路线路结构物构件模块而言，至少应保证构件模块包含以下信息：

①构件模块的基本尺寸(长、宽、高等)信息以及是否可进行修改。

②构件模块平、纵、横 3 个断面显示是否正确以及 3 个断面的参数信息是否能修改。

③构件模块主体部分的材质、工程量参数信息以及是否可单独提取出来方便进行造价工作。

④构件模块的命名和编码规则应在之前编写的标准中有所规定，清晰的命名和编码规则可以有效避免构件模块库文件的混淆和相互覆盖。在构件模块制作完成后，应成立专业的模块库审核人测试审核，审核人需要将构件加载到实际项目环境中进行测试审核，出现问题及时反馈返工，直至测试成功后构件模块顺利入库。

4. 构件数字模块的管理

构件数字模块的管理主要有权限分配和数字模块库的维护 2 个部分。构件数字模块库作为高速公路设计、施工、运营中的重要技术资源，不同专业、部门对其的使用需求也是不尽相同的。如果不同部门拥有随意查看其他专业构件数字模块的权限，可能导致破坏数字模块库的生态性，容易产生管理混乱和数据丢失等问题。因此通常情况下，应根据不同部门、不同人员对构件模块的使用需求，设置不同的访问修改权限，此外应做好备份工作，对于老版本的构件模块应定期删除冗余数据，保障构件数字模块库的安全运营。

通过对高速公路数字模块库建设思路的整理，可以把数字模块库的构建步骤进行简单的归纳总结，流程图 3-23 所示。

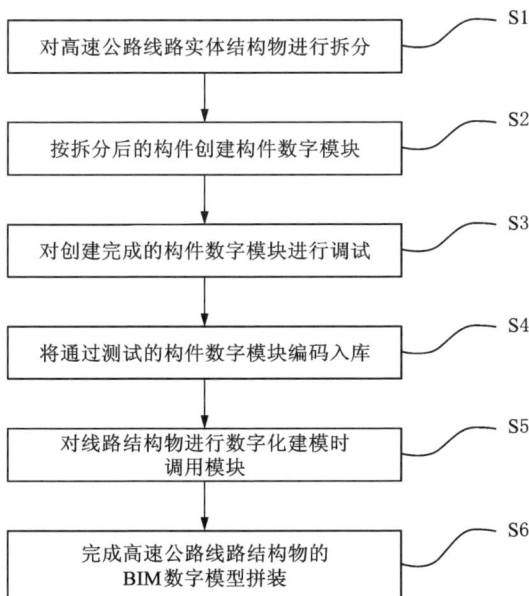

图 3-23　数字模块库构建流程

3.4.2　高速公路数字模块库的建模需求和软件选择

1.高速公路数字模块库建模需求

对于高速公路项目而言，开发高速公路构件的数字模块库的目的是为了使设计过程更加便捷和高效，以高速公路构件建模对象的特征及功能为出发点，结合实际设计工作中的建模需求，数字模块库应在建模需求方面符合以下特征。

(1)合理性

对于高速公路数字模块库的开发，应该首先充分考虑经济效益和应用预期，根据业主需求的情况具体分析，尽量保证在预算额度内进行数字模块库的建设工作。此外还要考虑数字模块库的复杂程度、运行效率以及后期的维护工作，保证其应用要求可以合理实现。

(2)继承性

设计方在各类高速公路项目的设计过程中，会产生很多包括模型、数据、方法等的设计资源，在设计建模过程中应该将此类资源合理配置、有效共享，充分挖掘设计过程中的设计信息，从而很好地帮助数字模块库的建库工作。

(3)开放性

数字模块库建设的意义不只针对一个项目，还希望其可以在不同的项目间进行共享，因此其需要良好的对外开放性，这样可以将不同的设计资源实现项目之间的流转和二次利用。此外还应该保证数字模块库应有冗余空间，为后续的进一步开发提供可能。

(4)可靠性

完成数字模块库的建设工作后，需要对各模块进行多次调试和试验，及时发现问题，并结合实际设计需求不断优化，保证模块体系在使用过程中具备足够的可靠性。

2.高速公路数字模块库建模软件选择

在进行工程设计的过程中，目前市场上有大量的 BIM 相关软件可供选择使用。在 BIM 核心建模软件领域，美国 Autodesk 公司的 Revit 系列软件是目前最出色的建筑领域设计软件，Bentley 公司基于 Microstation 平台开发的系列软件在市政和交通领域被使用广泛，此外还有 Nemetschek/Graphisoft 和 Gery Technology Dassault 公司各自旗下的系列软件(如表 3-4 所示)。针对不同的行业，应以模型的特征和功能为导向，结合专业特点和设计要求，选择合适的软件来进行设计工作。

表 3-4　BIM 建模常用软件

公司	Autodesk	Bentley	Nemetschek/ Graphisoft	Gery Technology Dassault
软件	Revit Architecture	PowerCivil	ArchiCAD	Digital Project
	Revit Structural	OpenRoads Designer	AllPLAN	CATIA
	Revit MEP	BridgeMaster Modeler	Vectorworks	—

在土木工程基础设施建设领域，Autodesk 和 Bentley 公司是国际上比较著名的软件服务商，目前在中国市场占有率也相对较高，在此着重对比分析一下这两家公司的软件产品。

（1）Autodesk 系列软件

Revit：目前最广为人知的专业 BIM 设计平台，主要针对房屋建筑、结构和机电工程专业。它是一款从概念设计到精细构件全覆盖的全生命周期 BIM 平台，支持从 Sketchup、犀牛等软件创建的体量，可以通过族类别的方式对构件进行分类设计，利用结构模块中的梁、柱、板、桁架工具直接创建模型。其还可以将创建完成的模型导入力学分析软件中进行分析计算，完成三维配筋，实现正向出图等功能。

Civil 3D：业界比较认可的土木工程三维道路设计软件、其三维动态模型有助于快速完成路线和路基的设计工作。全面集成了勘测、放坡、地块布局、道路建模、土石方计算、工程数据提取分析、断面图和平面图绘制功能，利用平、纵设计数据创建线路结构物，可以利用软件自带的分析和可视化功能评估不同的设计方案。

（2）Bentley 系列软件

Bentley 系列软件是基于 MicroStation 开发的为基础设施建设服务众多专业软件的统称，在国际上与 Autodesk 公司齐名的三维设计软件。其下的所有产品互相兼容，都基于 Microstation 平台的统一 DGN 数据格式，方便用户在整个生命周期的协同操作。Bentley 在土木交通行业软件众多，例如有针对市政公路设计的 PowerCivil、OpenRoads Designer，有针对铁路设计的 OpenRail Designer，有针对桥梁设计的 OpenBridge Designer、BridgeMaster、LEAP Bridge 等一系列软件或者专业工具包。

PowerCivil for China：一款直观的智能三维信息建模软件。它提供了丰富的建模功能，可以跟 CAD 工具、GIS 工具以及 PDF 和 i-model 等业务工具兼容。用户可以使用土木工程单元来预先配置三维几何布局，通过相关应用程序实现

MicroStation 的所有草图和绘图生成功能，支持 50 余种栅格格式，可以帮助设计师创建可视化模型，为土木和交通基础设施项目全生命周期提供支持。

OpenRoads Designer：一款功能完善的道路三维设计软件。它可以引入不同的数据源，利用勘测数据、ASCII 文件、Microstastion 图形等生产地形模型，支持大模型数据迁移，可以自建廊道编辑横断面的设计数据实现道路模型的可视化，支持创建剖面图和截面图，可以在 Project Wise 上实现数据协同。

Bridge Master Modeler：一款可以实现三维参数化建模的桥梁设计软件。它与 Bentley 的其他设计软件无差别兼容，可以校准地形、道路、入口坡道和其他相关基础设施的设计。其具有渲染和可视化、碰撞检测、动态视图、出钢筋表和施工模拟的功能。其可以利用强大的参数化截面图模板，自由创建复杂形状的模型。丰富的常用结构化和非结构化组件库可以简化日常的桥梁建模工作。

Autodesk 平台的一大优势是适用范围广，它给自己的定位是三维设计工程软件，主要针对的是普及度最高的民用项目市场。Autodesk 平台的设计建模软件缺点在于相互独立，采用不同的存储格式，不能和 Revit 达成直接的相互操作。Bentley 平台下的系列软件都是基于 Microstastion 二次开发出来的，针对不同的行业做好相应的预设模块，再把相关信息赋予这些模块，如 OpenRoads Designer 绘制的模型可以直接在 AECOsim Building Designer 中直接打开，真正实现了图形平台和数据格式的统一。在交通基础设计建设领域，项目更加复杂且更加注重协同性，Bentley 系列软件在这方面更加具有优势。

3.4.3　高速公路桥梁工程数字模块库的创建

按照之前既定的高速公路数字模块库构件模型的拆分准则，先将整体工程按专业类别拆分成路基工程、路面工程、桥梁工程、隧道工程、绿化与环保工程、交通安全设施工程、机电工程这几大类，再在每一个专业子库下对构件模块进一步进行拆分。鉴于篇幅有限，本文仅选择桥梁工程作为代表来简单说明一下其数字模块库的创建过程。

高速公路桥梁工程作为其土建工程的重要分支，是构成高速公路交通体系的重要结构物，而且桥梁承受行车动荷载、受力复杂、结构上异形构件较多，建模难度较高，建立相应的数字模块库有助于整合资源，提高数字信息模型的使用效率。通过对项目需求进行细致调研整理后，考虑到高速公路工程的特点，对各种 BIM 应用软件优缺点进行对比分析后，选择 Bentley 公司的系列软件作为数字模块库的搭建平台。

在数字模块库的建设过程中，利用 AECOsim Building Designer 软件中的集中系列工具参数模块库(parametric cell studio, PCS)建立参数化桥梁数字模块，实现对桥梁结构各构件的参数化建模，如图 3-24 所示。

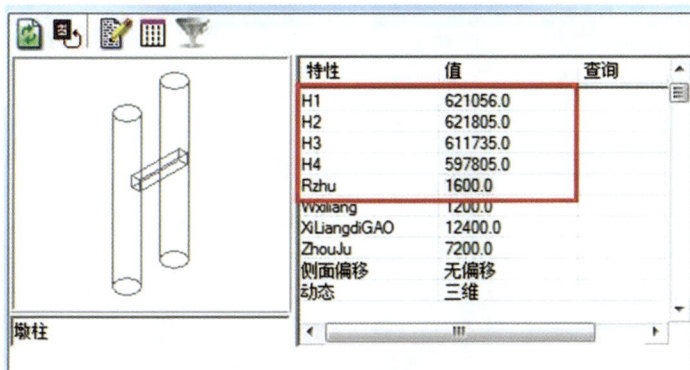

图 3-24　利用 PSC 建立桥梁参数化构件模块

在高速公路桥梁设计过程中，对于一般性常规桥梁，数字模块库可以发挥最大的价值，对于特殊桥梁结构，则需要进行独立设计，故在此先只考虑常规桥梁的数字模块库构建。通过按照既定模块拆分原则分别对常规桥梁的上部结构、下部结构、支座和附属结构等细分构件进行拆分独立建模，得到常规桥梁构件 BIM 数字模块，如图 3-25、图 3-26、图 3-27、图 3-28 所示。

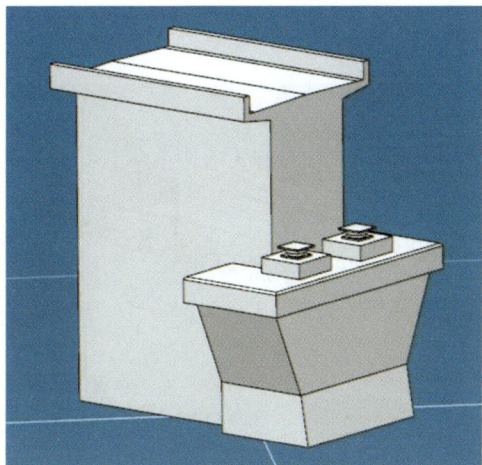

图 3-25　常规桥梁构件模块 1

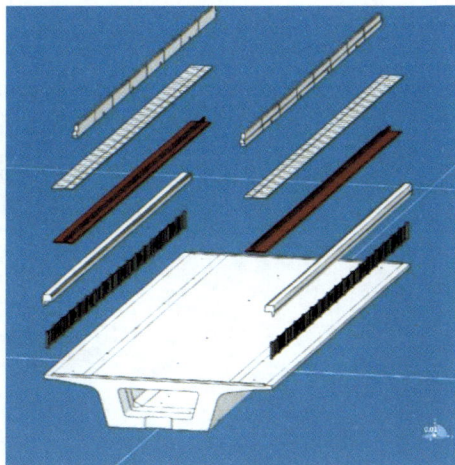

图 3-26　常规桥梁构件模块 2

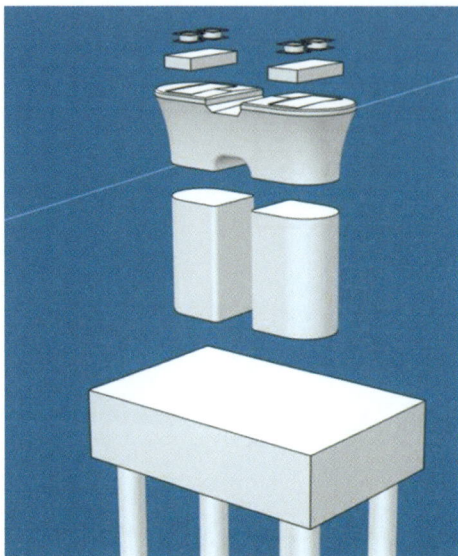

图 3-27　常规桥梁构件模块 3

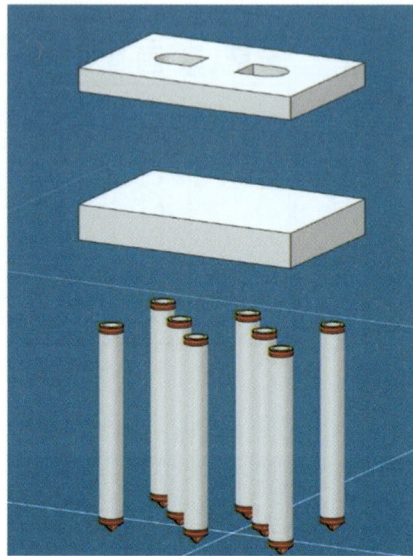

图 3-28　常规桥梁构件模块 4

在完成常规桥梁构件模块的创建工作后，需要对其拼装性、精确性和适用性进行测试，将其加载到实际项目环境中，配合设计文件进行调用、修改以及工程信息赋值等工作，如图 3-29、图 3-30 所示。

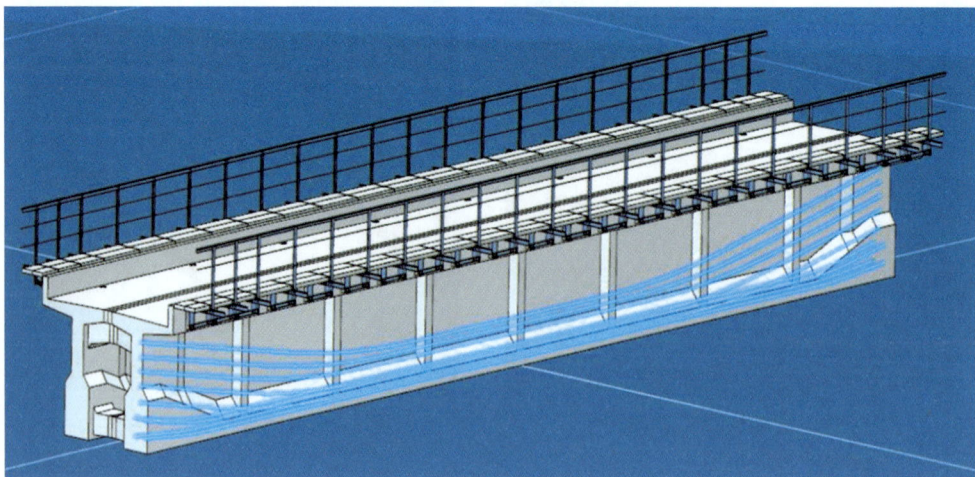

图 3-29　上部结构组合示意图

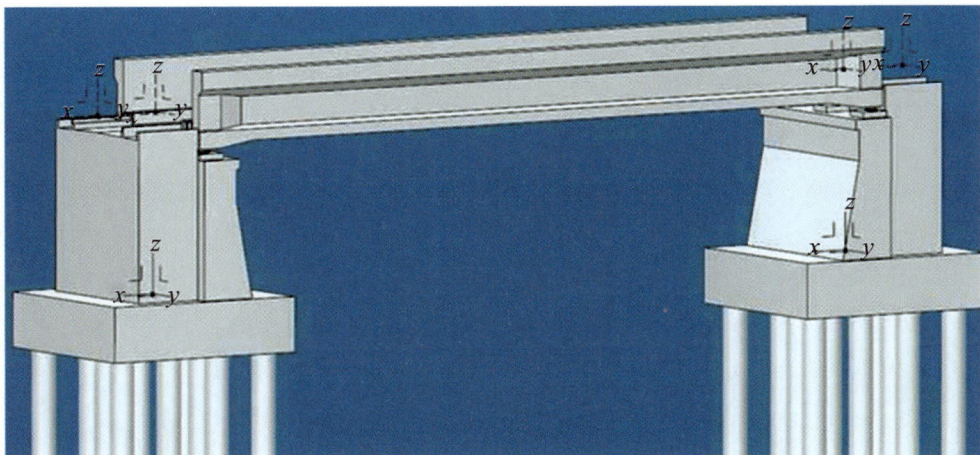

图 3-30　下部结构组合示意图

　　根据测试结果，把遇到的问题和纰漏及时反馈给设计建模人员对其进行修正和完善，对制作完成的高速公路桥梁部分各构件模块验证测试通过后，按标准中规定的命名和编码规则进行分项命名和编码，然后载入各数字模块子库中。至此高速公路桥梁构件的数字模块库的建设工作便可以告一段落了，之后需要考虑在实际项目建模和加载工程信息过程中对各模块的调运和管理工作，以及在数字模块库的基础上进行二次开发和深化设计，最后应定期做好数字模块库的更新、备份和维护工作。

3.4.4　高速公路桥梁工程数字模块库的应用

1. 项目背景

　　中山至开平高速公路起点位于中山市东部马鞍岛，与在建的深中通道相接，终点位于江门恩平市，与已建的开阳高速公路相交（对接高恩高速）。项目分两期实施，一期工程约为 96.6 km，包含中山段起点至大常山隧道的 11 km 及江门段的 85.6 km；二期工程约 33.1 km，位于中山城区，全长约 129.7 km，总投资约 452 亿元。全线设置桥梁 70102 m/102 座（含互通立交主线桥、主线上跨分离式立交桥），其中特大桥 44672 m/27 座（磨刀门西江特大桥长 610 m、银洲湖特大桥长 4701 m），大桥 24324 m/51 座，如图 3-31 所示。由此可以看出在高速公路项目中，桥梁工程的比重是非常大的，尤其是对于这类大型项目，要想在设计和施工的工程中充分发挥 BIM 技术的应用价值，数字模块库的建设与应用必不可少。

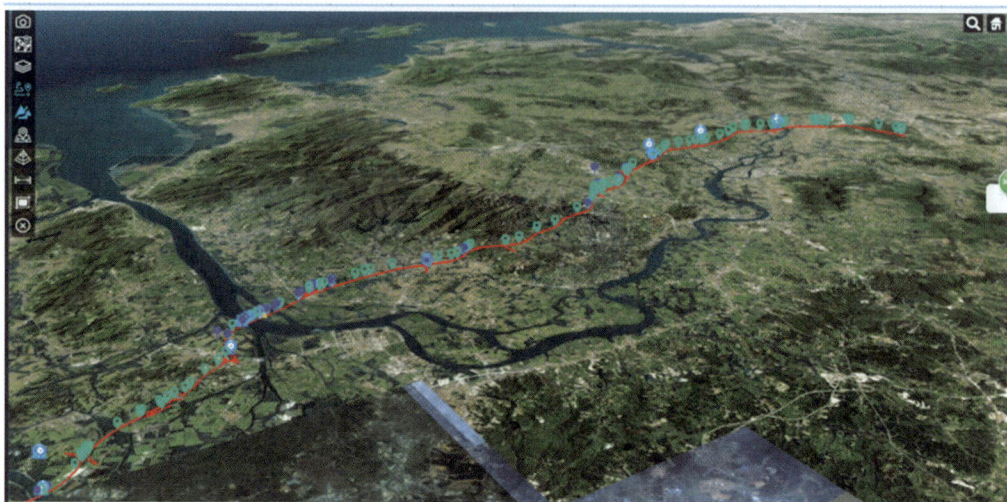

图 3-31   项目全线桥梁位置图

2. 模块化设计应用过程

在该项目的实际设计建设过程中，中开高速公路有限公司进行了顶层规划设计，综合考虑项目各层次和要素，在理论层次上构建了完整的管理体系和一系列规范标准。同时建设了企业自主安全的协同管理云平台，构建了面向交通基础设施全生命周期管理的云计算服务模式，打造了中开高速公路有限公司的 BIM 中心和云计算中心，为高速公路建设、运营提供了快速、便捷的数据支持。在高速公路全线的数字信息模型的建设过程中，高速公路线路结构物构件数字模块库发挥了关键的作用。

通过对数字模块库中各构件模块进行合理调用、二次开发、深化设计，公司的 BIM 中心配合设计、施工单位并依托 BIM 云平台，成功搭建了高速公路全线三维可视化实体模型。运用数字图形轻量化技术，结合地理信息系统（geographic information system，GIS）和一种 3D 绘图协议 WebGL 分别构建宏观和微观显示界面，将各类工程信息集成到云平台系统中，实现了对其全生命周期的有效管控。

在线路的桥梁模型设计部分，主要采用 Bentley 系列软件进行模型的批量化创建和赋值，先基于路线进行布跨，然后建立桥面板、上部结构、下部结构以及附属结构，最终完成主体模型。位于直线线路上的简支梁和常规跨度连续梁结构，由于其模型重复使用率高，采用设计好的梁部尺寸直接进行模块库建模。在模块拼装完成后的模型结构中，设立局部坐标系并预留对外接口。成桥效果如图 3-32、图 3-33 所示。

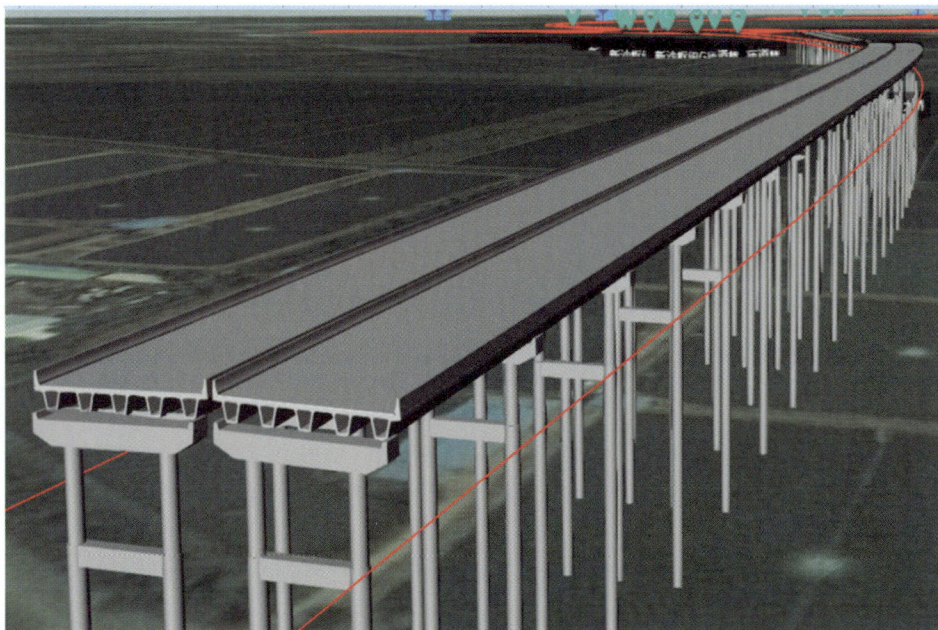

图 3-32　连续高架桥侧视图

图 3-33　连续高架桥俯视图

　　对于某些特殊桥梁，如斜拉桥、悬索桥、互通立交则一般需要进行单独设计建模，在桥梁建模过程中，对于变宽小箱梁、连续梁以及横坡有变化区段，采用传统手动建模的方式使得任务重、效率低。采用 OBM 软件桥面板工具可以快速建立变化的桥面板，在此基础上布梁可以高效地解决此类问题。

　　变高预应力箱梁在 Bentely 建模中需要在模块库定义复杂的参数，而模板定义相当复杂。即使建立出模型，对于节段的划分也需要进行一些拆分工作，没有解决预应力钢筋的建模问题，只能采用自定义线型的方式加上去。通过 Bridge master 软件调用桥梁大师软件的模型生成 dgn 文件，再导入 ORD 软件进行拆分操作，实现了变高桥梁的建模工作。同时，也可以导入预应力钢束信息，在生成一般构造模型的同时也完成了钢束的模型建立。在此过程中对构件数字模块库中的可用资源实现了合理利用，使其发挥最大价值，特殊桥梁成桥效果如图 3-34、图 3-35、图 3-36、图 3-37 所示。

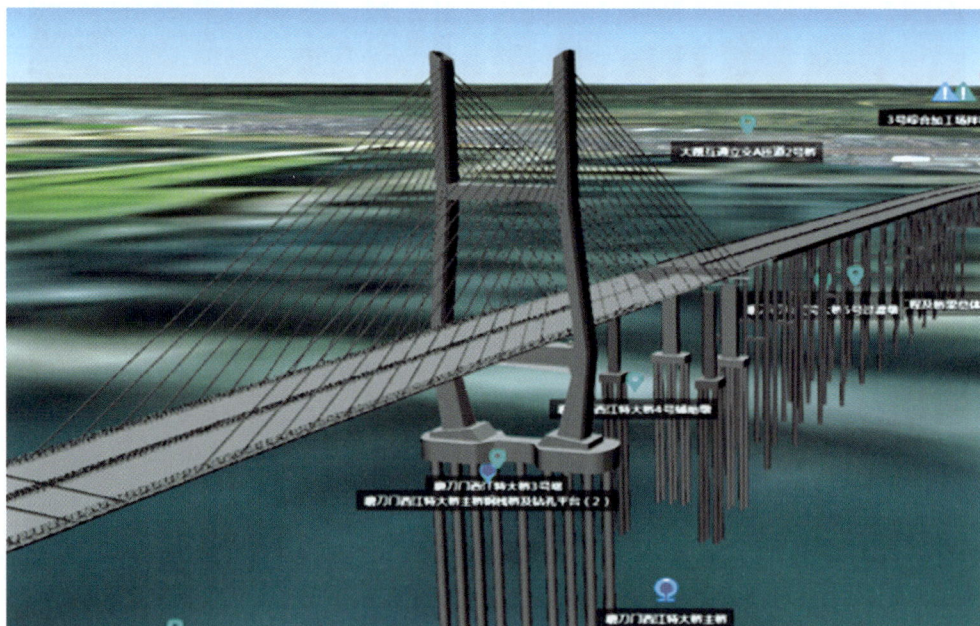

图 3-34　斜拉桥 1

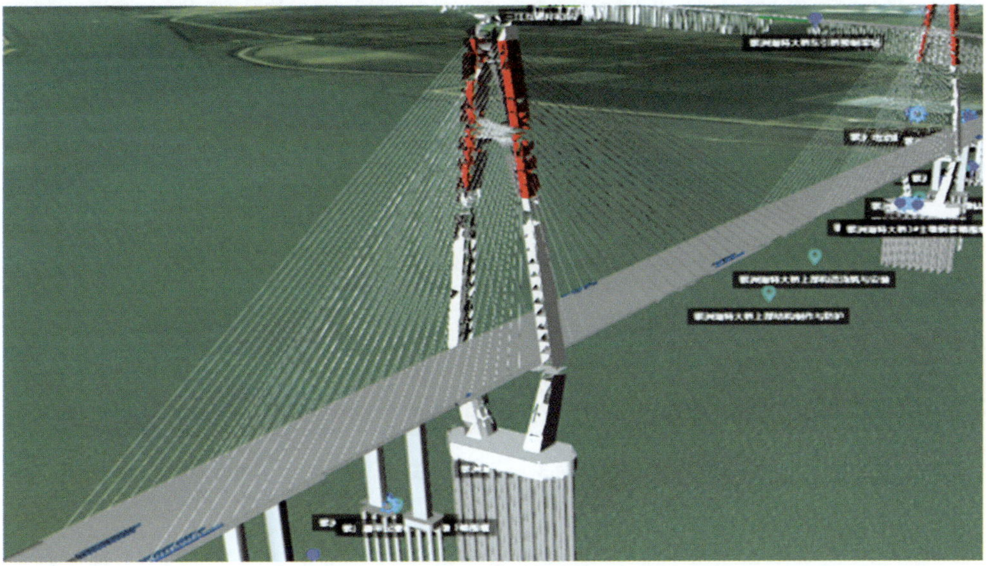

图 3-35　斜拉桥 2

图 3-36　互通立交 1

图 3-37　互通立交 2

　　通过应用实例可以看出，该项目在运用数字模块库的基础上成功实现了桥梁的快速批量化建模、桥梁设计方案可视化比选、复杂地段桥梁布置方案优化、桥梁接口系统性规划设计等工作，在设计建模过程中应用效果良好，有效地对各种资源进行充分配置，极大提高了设计建模的效率。

第 4 章

基于 BIM 和大数据技术的高速公路建设项目全过程协同管理框架体系

4.1　全过程协同管理理论基础

4.1.1　全过程管理理论概述

工程项目建设的全过程是指一个项目从立项落地到工程收尾的这段时期，对工程项目建设的全过程进行管理，包括一个项目从开始提出要求到最后报废的整个过程，中间还会经历项目建设实施和运营阶段。工程项目建设全过程主要包括设计阶段、建设阶段和运维阶段。

建设阶段又称为项目的生命周期阶段，从宏观来看项目建设的全过程管理，是以生命周期阶段为中心点向两端进行延伸，向前可以延伸至项目意向的提出，即立项阶段和决策阶段，对这 2 个阶段的管理可称为立项管理和决策管理，向后可以到运营阶段和报废阶段，与之相对应的就是运营管理和报废维护管理。

根据我国目前的工程项目建设的管理环境，结合实际工程中的基本程序，再加上国内外学者的相关研究，工程项目建设的全过程管理按照项目阶段的划分可大致分为以下 4 个阶段的管理，即项目决策阶段的管理、项目实施阶段的管理、项目运营阶段的管理和项目后评价阶段的管理，具体内容如表 4-1 所示。

表 4-1　全过程管理项目阶段及主要内容

管理阶段分类	主要内容
项目决策阶段的管理	项目建议书、可行性研究
项目实施阶段的管理	勘察设计、施工阶段、竣工验收阶段
项目运营阶段的管理	项目运行、生产制造与维护阶段
项目后评价阶段的管理	项目评价、项目总结

综上所述，工程项目建设的全过程管理可以从项目开始到最后完成报废的整个过程根据各类活动的性质划分，但具体的每个活动都要遵循一定的原则，即项目利益最大化原则，不能为了某类活动的利益而削减其他活动的利益。

工程项目建设的全过程管理应用在工程项目建设的各个方面，如全过程的进度管理、质量管理、成本管理。项目实施阶段中的施工阶段管理是项目管理的一个分支，施工阶段是从施工人员进入现场开始施工为起始点，到工程彻底竣工、验收完成为止，发生在此期间内的相关材料的制造、运输和设备的安装与调试等各种活动都属于施工过程的内容。施工阶段是项目全过程的一部分，开展施工阶段活动的施工单位便是工程项目的参与方之一，施工单位进行的工作主要发生在施工阶段，使项目管理能够切实地服务于项目的整体利益及其自身利益。进度目标、质量目标、成本目标的管理同样也体现在施工阶段的管理，因此从工程项目的全过程来看，阶段的工期-质量-成本的管理对工程项目建设的全过程管理起到举足轻重的作用。

4.1.2　协同科学与协同学理论概述

1. 协同科学理论综述

"协同科学"的思想和方法具有深刻的哲学内涵，体现了辩证法的观点。恩格斯在《自然辩证法》中写道："整个自然界形成一个体系，各物体间相互联系，相互作用"。在自然科学发展的过程中，能量守恒和转化定律的发现以及由此而得出的其他科学成果，表明自然界中的一切运动都处于普遍联系中，并不断由一种质态转化为另一种质态。整个自然界各种现象之间是一个相互联系的有机整体。不同系统、物质层次间相互作用与制约，相互依存与合作，构成一个和谐的整体。中国古代自然科学的发展也提出了"天时""地利""人和"等协同作用的观点。

"协同科学"即揭示此类学科"协同"本质，为事物向"协同"转变创造条件和环境而形成的专门科学。因此，"协同科学"作为一门研究不同物质间协同作用的综合学科，从各学科自身的研究内容出发，研究不同学科间"协同"现象。"协同科学"内含的群体协作心理和模式研究是社会学中人类社会工作协同的本质特点；它包括组织学中关于企业战略协同、战略联盟、跨国企业的文化管理研究以及组织结构和组织效率的研究、组织内部协同工作行为的研究；它也包括经济学中对经济运行各部门相互协同的研究和经济全球化、一体化的研究；随着社会的快速发展，信息技术如通信技术、网络技术和计算机软件技术等技术的发展为人类的协同工作提供丰富强大的协同工具和一体化工具，因此信息技术中的支持协同工作技术的研究也属于"协同科学"研究领域。

2. 协同学理论概述

协同学是协同科学的一个重要分支。协同学是 20 世纪 70 年代由德国斯图加特大学学者 Hermann Haken 教授创立的以研究完全不同的学科间存在的共同特征为目的的一门跨自然科学和社会科学的横断学科。协同学主要研究远离平衡状态的开放系统下的性质截然不同的各子系与外界发生物质或质量交换的情况，通过组织内协作而形成系统空间结构、时间结构。它以信息论、控制论、突变论等现代学科理论为基础，通过运用类比的方法，针对各学科广泛存在的无序到有序的现象建立了一整套数学模型和处理方案。协同学把不同学科共同存在的协同现象抽取出来，作为其研究基准对象，研究协同的本质、结构、描述模型、作用、研究方法及支撑工具等，从而可把在一门学科中所取得的研究成果，很快地应用到其他学科的类似现象中。

协同管理是一种通过对该系统中各子系统进行时间、空间和功能结构的重组，产生一种"竞争-合作-协调（competition cooperation coordination）"能力，其效应远大于各子系统之和的新的时间、空间、功能结构。借助协同学"自组织"概念，协同管理可以被定义为运用协同学自组织原理，通过建立"竞争一合作一协调"的协同运行机制，把虚拟企业系统中价值链形成过程的各要素组织成一个紧密的"自组织"体系，共同实现统一的目标，使系统利益最大化。

3. 协同管理理论的主要内容

协同管理理论的研究对象是不同的系统，但即使是不同的系统它们之间也会存在共同点，协同管理的重点就是将这些不同系统间的共同特征和具体关联作为引导，对整个系统进行协同管理。协同管理理论将系统论与控制论的指导思想和管理方法作为理论支撑，基于统计学与系统动力学的方法建立函数模型，提出相应的处理方案。系统的不同会导致催生不同的特性，但就整个环境而言，不同系统之间存在着相互作用和协作的关系。协同管理理论以管理对象为中心，进行规划、协调、组织、控制等活动。

协同学的研究内容是：研究从自然界到人类社会各种系统的发展演变，总结出发展所遵循的一般原理，支配着所有这些系统彼此协同作用。协同学的一个重要内容是自组织。其是指无序状态向有序状态的转变，或者有序状态向新的有序状态转变，在一定环境条件下，环境中的物质、能量和信息交换并未产生质的变化,这种组织结构自身在没有外界因素驱使下的状态转变就称为自组织,相应的理论即自组织理论。协同学是一种关于自组织的理论,它研究系统各要素之间、要素与系统之间、系统与环境之间协调、同步、合作、互补的关系,研究新的有序结构的形成,揭示系统进化的动力。

因此,工程项目背景下的协同管理理论的主要内容如下所述:

①项目管理内部的协调。为使组织安排有序,问题得以尽快解决,项目决策能够及时传达并执行,项目内部建立以项目经理为核心的协同管理体系。

②与建设单位和监理单位相互配合。时刻将建设单位期望的工期和质量作为工作重心,协同控制好工程进度、质量、成本三大控制目标,对监理单位提出的意见及时进行整改,质量方面精益求精,建设“精品工程”“满意工程”。

③与外部有关单位的协调与配合。其主要包括与质量、安全监督部的沟通交流,与城管部门的协调配合,与周围居民的协商沟通等。

4.2　工程项目管理下的全过程协同管理理论

4.2.1　工程项目管理的基础理论

项目管理是 20 世纪 50 年代发展起来的,以当时比较成熟的组织学、控制论和管理学为理论基础,结合建设工程和建筑市场的特点形成的一门新型管理技术学科。

项目管理理论在早期主要应用于一些发达国家的国防工程建设和工民建方面,例如在二战期间美国为研制原子弹而制定的“曼哈顿计划”,再到后来不只应用于军事、航空、建筑,而且在软件业、金融业、电信业都得到了不同程度的应用。对具体项目的管理是项目管理理论的本质和主要研究,通过定性、定量的结合,引入先进的管理理念和手段,并将其准确熟练地应用于实际项目管理中,通过这种方式来提升项目管理的效率。项目管理理论作为一门综合性、全面性的管理学科,其具备成熟的理论基础和较为完善的方法体系,已在众多实际项目管理过程中发挥了显而易见的作用。

PMBOK2000 将项目管理内容划分为九大领域,即质量管理、进度管理、成本管理、范围管理、整体管理、人力资源管理、沟通管理、风险管理和采购管理,如图 4-1 所示。

为了更好地理解项目管理的概念,主要是了解项目、项目管理和工程项目管理的定义。虽然不同的组织和机构对项目、项目管理、工程项目管理的定义基于统一的内涵有不同的表述。

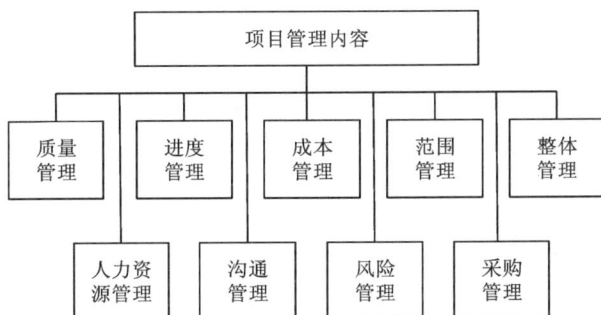

图 4-1　项目管理的九大领域

1. 项目

项目管理协会(Project Management Institute，PMI)将项目定义为"项目是为创造某个独特产品或服务所做的暂时的努力。"独特的产品是指所服务的产品对象具有和其他类别显著区别的特点，暂时性是指每个项目都有明确的开始和结束时间。

2. 项目管理

关于项目管理的定义，最早是 20 世纪 50 年代 Oisen 将项目管理定义为"项目管理是一系列工具和方法(例如关键线路法和矩阵组织)的集合应用，去指导不同资源的使用，以实现在时间、成本和质量的约束下，完成一项独特的、复杂的、不可重复的项目。"该定义中所使用的一些词语和标准依然是现代项目管理定义的核心。项目管理知识体系将项目管理定义为"项目管理是指具有特定职能的人员，为实现已经建立的相对短期的目标，对项目和资源进行计划、组织、指导和控制，以完成特定的目的和结果。"英国项目管理协会出版的英国知识体系将项目管理定义为"对项目进行全方面的计划、组织、监督和控制，实施对参与人员的激励，根据既定的时间、成本和完工标准，安全实现工程目标。项目经理是实现该目标的唯一责任人。"

3. 工程项目管理

工程项目管理作为项目管理的一个大类，是指"项目管理者为了使项目取得成功即实现所要求的功能和质量、所规定的时限、所批准的费用预算，用系统的观念、理念、理论和方法进行有序、全面、科学、目标明确的管理工程项目，发挥计划职能、组织职能、控制职能、协调职能、监督职能的作用，其管理对象是各类工程项目，既可以是建设项目管理，又可以是设计项目管理和施工项目管理等。

4.2.2　工程项目管理的特点

工程项目管理的独特性体现在工程项目的全过程管理、一次性、整体性强和写作要求高的特点。下面对工程项目管理的 4 个特点进行具体阐述。

1. 全过程

工程项目管理的全过程是指项目从可行性研究、勘察、设计、招投标、施工、采购使用和运营维护等阶段的全过程管理，各阶段有明显界限又相互衔接。每个阶段都包含了进度、质量、成本、安全的管理。

2. 一次性

工程项目管理一次性是指工程项目建设的单件性特征，不同于工业产品生产过程中的可重复性批量生产，每一个工程项目具有的不同地质环境和外在管理环境决定了工程项目管理是以某个建设项目为对象的一次性任务。每一个工程都在质量、成本、工期目标的约束下，完成既定任务。

3. 整体性

工程项目管理整体性体现在工程项目是由人、材、物、信息、空间和时间等多种要素所组成的整体系统，在工程项目实施过程中，必须以整体效益为目标，合理规划和管理各要素的排列。

4. 协同性

工程项目全过程参与人员多，工序复杂，要求各参与方在工程建设的全过程中高度协作。

4.2.3　工程项目管理的发展阶段

项目管理科学兴起于 20 世纪 50 年代，特别是 60 年代美国运用关键线路方法（critical path method，CPM）和计划评审技术（program evaluation and review technology，PERT）在阿波罗登月计划取得成功后，开始将项目管理推向全球。建设工程项目管理模式是指将管理的对象作为一个系统，通过一定的组织和管理方式，使系统能够正常运行，并确保其目标的实现。虽然国际工程项目管理的发展和中国的发展起步时间不同，但从发展的特点来看可以划分为四个阶段，如图 4-2所示。

1. 业主自行组织建设阶段

该方式被称为工程项目管理模式的基本建设方式。其特征为建设单位自己筹集资金、选择项目地点、编制工程项目建议书，自己组织设计、施工和工程材料采购，直接进行项目监督和管理等。这种模式下，建设单位兼具项目发包人、融资主体、设计方、监理方和施工方等所有角色。随着国际工程建设项目越来越复杂，这种完全依靠项目发包人的项目管理模式受到冲击。

阶段一	业主自行组织建设阶段
阶段二	业主委托承包商承包建设（传统模式）阶段
阶段三	业主委托承包商建设和聘请管理承包商建设阶段
阶段四	业主与承包商高度协同阶段

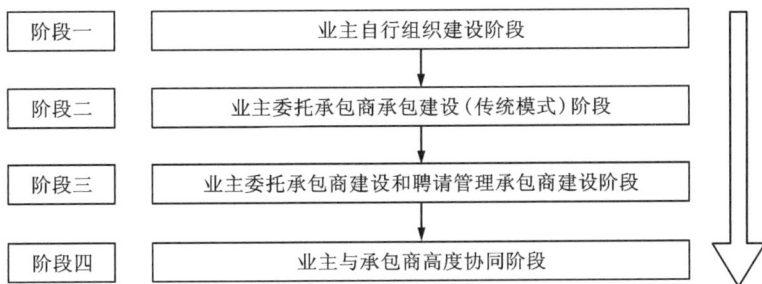

图 4-2　工程项目管理的 4 个发展阶段

2. 业主委托承包商承包建设（传统模式）阶段

传统建设工程采购模式是指设计-招标-建设（design-bid-build，DBB），其是一种国际上出现最早、最通用、最广泛的工程管理模式，并在现在的工程项目管理中占有一席之地。该种模式业主与设计方、承包方分别签订合同，一般由业主委托设计单位对工程项目进行设计，在完成施工详细设计后，进行施工招标和工程建设。该模式具有建设周期长、设计和施工脱离、设计变更较多等特点。

3. 业主委托承包商建设和聘请管理承包商建设阶段

21 世纪后，随着全球经济飞速发展，项目规模越来越大，复杂程度越来越高，参与者越来越多并且越来越国际化。为适应项目复杂化的特征，建设工程采购模式逐渐向专业化分工，由此出现的设计施工工程总承包（design-build，DB）模式、项目管理承包（project management contract，PMC）、建筑工程管理（construction management，CM）模式，交钥匙（engineering，procurement and construction，EPC）模式等。这些建设工程采购模式的特征是业主交易成本低，管理简单，协调工作量少，建设周期短；工程风险大部分转移到承包商，工程总承包商风险增大，对承包商能力要求高。

4. 业主与承包商高度协同阶段

业主、承包商、设计方等各方相互割裂，信息隔离等问题导致的冲突和争端，一方面使工程建设成本增加，工期延长；另一方面设计不清楚业主需求，承包商不了解设计方的设计意图，导致工程最终结果不符合业主的最终要求。随着工程难度的增加、参与人员的增多和工程约束条件更加严格，工程项目的发展逐渐向多方协同方向发展。协同合伙（partnering）模式、一体化采购（integrated project delivery，IPD）模式等都强调工程项目参与方利益共享、风险共担，将其贯穿工程全过程的协同工作方式。

项目团队协同（一体化）可以定义为"具有各自目标、需求和文化的不同专业或组织紧密结合、相互支持成为目标一致的组织整体，组织内部建立协同文化，致力于工程全过程的高度协作。建筑业中，协同通常指建设过程、建造方法和工作方式的协同一致创建各方信息自由共享的协同环境，在此环境下各方专业知识和信息的共享，打破传统采购模式各阶段的信息隔离，实现设计与建造阶段统一，提高项目采购效率。

4.2.4　工程项目管理下的全过程协同管理

工程项目管理下的全过程协同管理是现代建设项目的需求和发展的产物，它将项目管理的理论和实践提高到一个新的阶段，其核心在于运用协同的理念，保证工程项目管理对象和管理系统完整的内部联系，提高系统的整体协调程度，以形成一个更大范围的有机整体。

1. 工程建设项目的全过程协同管理体系要素分析

工程项目管理下的全过程协同管理的核心目标是打破人、财、物、信息以及流程等各种资源间的壁垒，力求各种资源间协调运作，同时对各种资源的价值进行最大限度的运用、开发及提升，最终实现工程的协同效应。因此，工程项目管理下的全过程协同管理，需要全面合理地分析和构建多目标协同管理体系，本节将工程项目管理下的全过程协同管理要素分为 5 个部分，以下对各要素的具体内容进行详细说明。

(1)过程要素——工程项目全过程协同

过程要素包括从工程项目立项决策开始，贯穿工程项目的整个过程，一直到工程竣工验收并且运营维护的过程，也就是工程中所谓的项目全寿命周期。根据项目全寿命周期的阶段划分，全过程可以分为以下 4 个部分，即项目决策过程、项目实施过程、项目运营过程和项目后评价过程。工程项目管理的复杂环境和众多相互关联的环节，使各个活动环节之间犹如一个整体，牵一发而动全身，任何一个活动环节由于决策失误或者管理不当而出现了问题，必然会影响下一个环节的运营和目标的实现，进而影响整个工程项目目标的实现。由此可见，工程项目全过程协同管理必须建立在项目决策阶段和项目运营阶段中各个目标协同实现的基础上，只有这样才能做到决策零失误，保证工程各阶段的活动有条不紊地进行。

(2)组织要素——工程项目各参与方协同

工程项目的所有参与主体和各主体之间相互联系构成的组织结构是构成组织要素的主要内容，考虑到一个具体工程有众多参与方，如勘察设计单位、建设单位、监理单位、施工单位等多个主体，并且项目持续时间长，因此明确划分各个主体之间的权利、责任和义务，督促各个主体能够按时按量地完成自己的工程任务，这都直接或间接地影响到多目标协同管理体系的构建并对管理目标能否顺利进行起到了不可替代的作用。各主体形成的合理组织结构以及各个主体之间协同合作能极大地促进信息传递、沟通交流和任务安排工作，按照合理的组织架构，多目标协同管理中几大组织要素的主要构成主体有建设单位、设计单位、施工单位、和物业管理单位，这些主体存在着相互依存、相互制约的关系，它们通过这种关系组成一个管理团队对项目实施全过程的多目标协同管理工作。

（3）目标要素——工程项目多目标协同

作为管理体系的关键要素，工程项目多目标协调管理体系的最终目的就是要实现如进度目标、质量目标、成本目标、安全目标、环境目标等多目标协同，即工程的预期目标，在上文中提到要想实现目标要素，要想找到工期、质量、成本三者之间关系曲线的交点，达到三者的"共赢"就要对工程项目的主要控制目标进行协同控制。在管理体系构建前，需要清楚各个目标之间的影响关系、利益关系，明确地划分出这些目标要素各自在工程合同上所需要达到的目的，只有实现单目标的最优解才能进一步达到整个项目的利益最大化。安全目标关乎人员的生命财产安全，一切工程活动都必须建立在安全生产的基础上才能顺利进行，环境保护目标是迎合我国可持续发展和绿色建筑的必要目标。

（4）资源要素——工程项目资源协同

作为工程项目多目标管理必不可少的要素之一——资源要素，这里所说的资源是广义资源，泛指各种包括人力、物力、财力的一系列资源，对资源的管理要真正做到调配合理和利用充分，只有将资源处置合理到位，才能保证进度，这也是多目标协同管理所要求的关键环节之一。资源要被合理利用，做到物尽其用才真正发挥出资源的作用，特别是对于物质类资源如材料、设备的使用是否达到合理规范要求，都有可能或大或小直接或者间接地对项目的工期、质量、成本造成影响，一旦管理不当就会影响目标要素的实现。

（5）信息要素——工程项目信息协同

项目管理团队进行管理活动的基础与支撑就是来自信息要素，信息是一项从活动开始到结束一直贯穿其中的基本要素。在实际的工程项目管理中，管理环境尤为复杂，项目中所包含的工程信息量巨大，信息的收集、传递、利用就会变得尤为重要，因此主体之间的信息获取、传递以及消息的有效回复都可能直接关系到决策者们所做出的决定是否合理以及协同管理活动能否平稳顺利地进行。在信息化时代，计算机技术已成为社会的主流，工程领域也普遍使用计算机技术进行相应的数据处理与工程管理。对于多目标协同管理方面，通过信息技术，搭建一个工程项目的信息交流平台，在此平台上可以进行工程信息的集成与交流，对构建工程项目的全过程协同管理体系有较大的推动作用。

2. 工程建设项目的全过程协同管理体系框架

根据以上 5 点要素的分析，将其作为构建工程建设项目的全过程协同管理体系的出发点和落脚点，得到的管理体系，如图 4-3 所示。

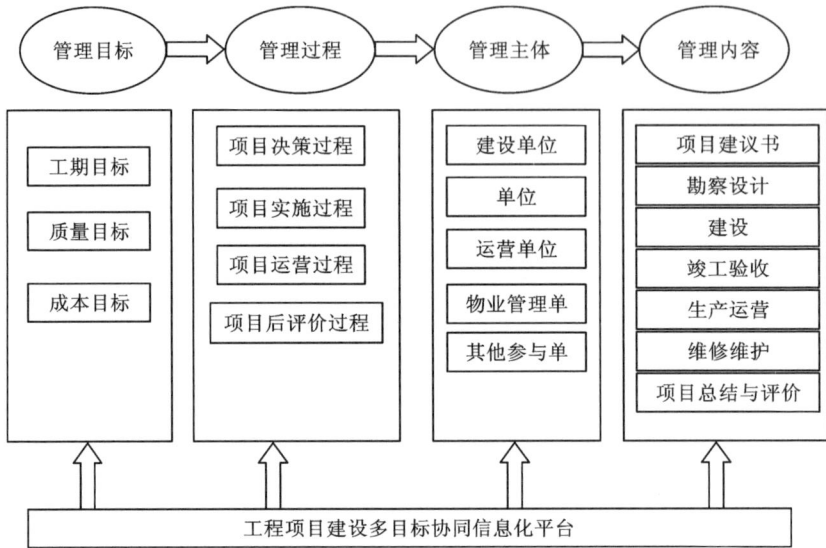

图 4-3　工程建设项目的全国工程协同信息化平台

从图 4-3 可以看出，工程项目多目标协同管理体系包含 5 个子系统，分别为管理目标、管理过程、管理主体、管理内容和信息化平台。

（1）管理目标

本书中提到的管理目标子系统主要针对的是工程项目的工期目标、质量目标、成本目标，其中包含确定既定目标、实施管理控制、信息资源反馈、目标修正等具体工作。进行项目管理的关键是先要设定好主要目标和确定各个目标的主要内容，不同的项目类型会产生不同的目标要求。对关键目标的分析、确定，是构建协同管理体系之初需要最先考虑的问题；然后要在几个关键的节点对目标实现情况及时进行跟踪，这些关键节点包括项目的立项、实施等活动。分解各个目标，跟踪控制由分解而形成的各个子目标，将项目的实际施行状况进行汇总，同预定的目标进行分析比较，当两者存在脱节的情况时，要及时采取相应的对策，并对目标做出合理的修改。

（2）管理过程

项目各阶段之间相关工序的衔接和管理协调与运行阶段的划分是管理过程子系统的主要内容。项目的管理过程与项目的全过程各个阶段有着一一对应的关系，包括决策阶段、实施阶段、运营阶段和后评价阶段，有的可能还会存在报废阶段等，对于以往陈旧的管理方法，通常会单独把各阶段分离出来进行管理，这样经常会造成各个阶段的工程进度无法统一、责任界限划分不明确、管理成本无限制的增长等问题，管理过程子系统的作用就是针对这些可能发生的问题进行统一管理规范，做到协同管理各个阶段以及各个目标，避免顾此失彼，要同时兼顾多个阶段，使整体过程实现效益最大化。

（3）管理主体

对一个工程项目而言，协同管理体系的行动者是指管理主体子系统，对管理体系在工程中的成功应用起着举足轻重的作用，主要负责协同管理体系的制定、运行与修订，管理主体的子系统主要包含各个管理主体及组织结构，管理主体又包括参与工程项目的单位或个人，组织结构相当于一个联合项目管理团队，由各个单位组合而成，对工程项目的活动与工作进行统一指挥和协调管理。

（4）管理内容

管理内容作为协同管理体系的主要组成部分和多目标协同管理体系的管理对象，是体系的核心部分。对于如何实现项目的预期目标，采取的手段有对具体管理内容范围进行界定、划分和控制。针对项目履行过程可以对管理内容中的管理对象进行划定，在决策过程中有前期项目建议书的制订和项目实施之前的项目调研，其常被称为可行性研究，根据出具的可行性研究报告，在实施过程中进行勘察设计、施工建设、竣工验收等一系列工程活动。项目运营过程含有竣工后的项目运营收益过程和后期的维修加固等。对项目进行总结与评价是项目后评价的内容。此外，还可以根据具体的工作阶段再进行细分。这种对管理内容细致、明确的划分方便了项目在建设过程中对全过程相应阶段以及各分项目标的管理控制，为多目标的协同管理提供可能。

（5）信息化平台

协同管理体系运行的基础和支撑是信息化平台，各管理主体可以利用信息化平台完成各种信息的获取、传递、交流和反馈。建立信息化平台是当今工程项目建设环境下的必然要求，它不仅促进了项目参与方之间的沟通交流，而且为项目管理的顺利实施提供了条件，使项目朝着准确、合理的方向进行。信息化建设子系统可依据管理的目标建立相应的数据库，如针对三大管理目标的数据库（工期、质量、成本数据库）等，并根据项目帝施程度对相应的数据进行实时分析与跟踪，使项目决策者能了解项目整体进展情况，并及时针对现场情况做出正确、合理的管理策略。利用信息化建设子系统可及时、准确的发现项目管理中的短板环节，做到实时记录，能够掌控全局，使各项活动都能有理有据。

综上所述，各子系统内部要素可以独立为相关系统进行相应的管理协调，除此之外两两系统之间依然存在相互作用的关系，如管理主体子系统中的相关主体单位负责执行管理过程子系统所确定的管理内容，目的是实现目标子系统的各项内容。工程项目全过程的多目标协同管理体系在时间和空间上都对工程项目所能提及的各个方面进行了涵盖，时间跨度上，它涵盖了工程项目从立项到后评价阶段的整个过程；空间跨度上，各类项目的各个阶段以及各类活动的参与主体都包含于此，为了顺利地完成各个目标，处理好各目标之间的制约作用，势必要应用工程项目的多目标协同管理体系进行工程项目多目标管理，从而使整个项目在全寿命周期内达到利益最大化。

4.2.5　工程项目管理下的全过程协同管理存在的问题

工期、质量、成本、安全、环境是贯穿工程项目全过程的 5 个主要控制目标，5 个目标能否协同一致的进行才是项目成功的关键，在此目标的驱使之下，实现工程项目的工期最短、成本最小、质量最优、过程安全、绿色环保是必不可少的工作。工期、质量、成本、安全、环境 5 个目标不仅对项目的全过程起着举足轻重的作用，而且它们同样也是工程项目全过程各个主要活动阶段的基本工作内容。业主、承包商和监理单位的工作都要围绕这 5 个目标展开。

但是，我国工程项目的管理能力并没有随着工程建设投资的加大而提高，而是处在一个相对滞后的阶段，因此并没有发挥出其在建筑业行中应该起到的作用。迄今为止，工程项目建设全过程的多目标协同管理所存在的主要问题如下：太过于注重单一目标的实现，从而忽视了多目标协同管理。例如有些工程项目只重视成本或者工期而忽视工程质量水平；还有工程项目过分重视工程质量水平导致工期大大延长，成本远远超出预算。

在工程建设的全过程中，对工程项目中的重要因素规划不够合理，特别是对工期、质量、成本因素的规划不合理，从而导致资源分配不合理和工期延迟问题的发生。

4.3　基于 BIM 和大数据的高速公路建设项目全过程协同管理框架体系

4.3.1　框架体系构建的背景及现状

近年来，我国交通基础设施建设管理逐步完善，高速公路作为交通基础设施中的主要部分之一，为进一步贯彻"使交通成为发展的先行官"的发展要求，在高速公路建设管理过程中也需要坚持创新协调等的发展理念，不断更新高速公路建设管理理念，从全寿命周期视角系统规划高速公路建设。《交通运输标准化"十三五"发展规划》提出，"十三五"是交通运输转型升级、提质增效的关键期，应加快综合交通运输体系建设，提高交通运输服务品质。作为现代化科学管理的重要手段之一，标准化建设是交通运输行业的基础性工作，在高速公路建设管控中推进标准化建设，完善标准体系，促进标准实施，有助于大力推进高速公路建设的现代化管理，更好地推动信息化、智能化技术与传统基础设施建设管理理念的深度融合。

当前我国高速公路建设管理大多还是基于传统的管理模式，难免在建设过程中出现人力、材料、资金等浪费，同时会出现因考虑不周造成的返工甚至延误工期等现象。随着信息化的不断发展，BIM 技术应运而生，该技术的应用能够极大促进标准化建设在建筑、交通等领域的发展。目前，在多数发达国家，BIM 技术已经在建筑领域得到了较为深入的研究及工程应用，其研究大多涉及建筑信息集成化管理、工程资源管理、建筑成本管理等方面，而工民建行业由于其模型相对规则，构件化程度高，项目数量较多，故这一行业也出台了较多 BIM 技术标准。BIM 技术在建筑领域的成功应用使高速公路建设全寿命周期的 BIM 应用理念也被提了出来，但目前我国公路建设中 BIM 技术应用还不成熟，针对全寿命周期的高速公路建设方面的 BIM 技术应用研究还相对较少。

在我国，基于高速公路全过程的 BIM 技术研究与应用尚处于初级阶段，现阶段存在如下问题：

（1）未能全面系统分析 BIM 技术在高速公路建设各阶段主要应用方向。

BIM 技术作为一种现代化信息模型，能够将实体工程数字化、可视化，而高速公路建设过程具有工程量大、管理难度大、资源消耗多等特点。当将 BIM 技术应用于高速公路建设中时，也未能充分结合不同阶段建设特点合理应用 BIM 技术优势，未能系统分析 BIM 技术在各个阶段的应用方向。

（2）在高速公路建设全生命周期前期未充分发挥 BIM 技术优势。

采用 BIM 技术能够在建设过程进行可视化、信息化的工程管理，有利于消除后期建设阶段的碰撞消除、资源管理及其工期安排等。近年来，高速公路建设工程虽然已有逐渐从全寿命周期层面进行系统管理的趋势，但 BIM 技术的引入尚不成熟，基于 BIM 技术的公路前期管理仍有待完善。

（3）缺乏完善的基于 BIM 的高速公路工程建设全过程协同管理框架体系。

全过程协同管理框架的构建能够促使建设管理过程更加系统化、规范化，能够为建设过程中某些可重复性工作提供指导，高速公路建设管理 BIM 标准构件库建设仍处于初期阶段，在此基础上的高速公路全过程协同管理框架的建立对促进 BIM 技术成功应用到高速公路工程实际建设中具有重要现实意义。

4.3.2　框架体系构建的必要性

全过程管理应用在工程项目建设的各个方面，如全过程的进度管理、质量管理、成本管理。高速公路工程建设周期长，参与部门多，工程建设及运行管理复杂。在高速公路建设项目全过程管理中融入协同管理理念，对优化工程运作流程，提高工程管理效率，实现互利共赢具有重要作用。

1. 协同管理有利于提高项目管理效率及建设效益

工程项目建设过程是一个复杂的系统工程，是集前期策划、可研评估、方案报批、工程设计、施工管理、竣工验收以及运维管理于一体的复杂活动。在工程项目建设全生命周期的实施过程中，项目建设过程管理方和参与方众多，项目信息格式多样、内容复杂、数据庞大，在工程项目协同管理过程中，经常出现文档资料和信息数据传输不及时、信息失真或丢失等严重情况，导致了项目文档资料和信息数据在各参与方之间未能被及时有效传递和共享的情况，极大降低了项目的管理效率和建设效益。

2. 协同管理是行业发展的必然趋势

由于越来越多的工程项目向体量大型化、工程复杂化方向发展，目前的项目建设信息化水平已无法满足当前建筑行业发展的需要，可见构件高速公路建设项目全过程管理体系是很有必要的，也是行业发展的必然趋势。

①为高速公路建设项目各参与方建立统一的数据源，确保数据的准确性和一致性。

②为高速公路建设项目全过程中各参建方提供一个信息交流和互相协作的虚拟网络环境，满足各参建方在统一平台上进行协同管理。实现各方的沟通和交流，对数据和信息进行交换、集成、共享和应用。各方通过共享数据和信息解决了多业务系统间的"信息孤岛"和传统纸质交流的"信息断层"等问题。

③平台系统管理功能设计，符合适用性与先进性统一的原则。平台也提供了基于 BIM 的计算机辅助设计、工程量清单的自动生成、虚拟建造等先进工具，为高速公路建设提供现代化的管理手段，推动了计算机辅助设计的应用，实现设计的数字化、智能化、网络化和集成化。

④促进高速公路项目建设全过程管理，实现各阶段的集成化管理。对高速公路建设项目全寿命周期各管理要素进行动态控制和决策支持。

⑤基于 BIM 和大数据技术的管理平台，可以为全路工程建设和所有参建单位提供知识服务，满足各种各样的知识支持需求，并在知识内容和支持方式等方面具备多样性和灵活性。系统提供的资料管理和知识管理平台、数字化的竣工资料等，有利于推进知识的形成和应用，推进数字化高速公路的建设。

4.3.3　基于 BIM 的协同管理工作模式及特征

在土木工程领域中，项目建设过程由诸多利益方共同参与，并通过相互配合，合理组织追求各自利益最大化并完成建设目标，整个过程体现协同思想。但由于土木工程项目建设周期长、一次性、复杂性等特点，各参与方的协同工作在实际建设中并没有落到实处，亟须技术与管理上的创新，将"协同"贯彻项目全寿命周期。

在工程技术领域中，BIM 不仅是一项技术应用，更是"协同"理念的载体，BIM 作为包含大量信息的资源处理中心，在信息处理过程中必然有信息的多方交流与相互关联，因此 BIM 也是多方协作的平台，通过信息处理中心，紧密联系项目各参与方。

1. 传统信息交流模式

土木工程项目持续时间较长，建设过程中产生大量的信息，传统的信息交流模式下，各参与方通过信息方式进行信息交流，如图 4-4 所示。

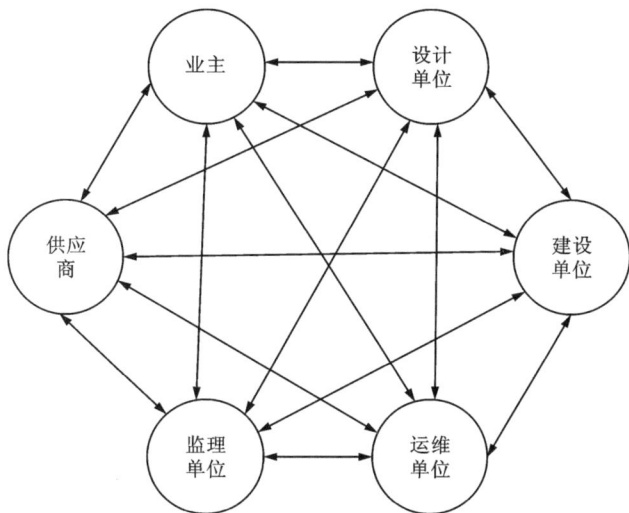

图 4-4 传统模式下各参与方信息传递图

但该模式存在的弊端有以下几点。

（1）信息传递方式落后

在土木工程项目建设过程中，绝大多数信息以二维形式进行传递，例如施工图纸、签证、工程变更单等，应用较广泛的 CAD 模型也只能表达工程的二维形状，没有包括时间、资源等多维度信息，该模式增加成本的同时在信息传递过程中又不可避免地发生遗漏和失误问题，为后续的项目管理带来诸多不便。

（2）信息传递效率低

项目具有一次性、周期长、界面众多的特点，由于沟通方式的落后，加上项目各参与方专业不同，甚至可能分布在不同地域，使信息不能及时传递给对方；同时各参与方代表不同的利益主体，在信息传递与反馈中带有一定的个人主观意识，对不利的消息可能形成延误等情况。

（3）信息传递失真

在项目全寿命周期中，处于项目不同建设阶段的参与方一般不同，加上信息传递方式的落后，在建设各阶段之间，不同参与单位之间的信息传递会在衔接处发生大量流失。

（4）信息不能有效共享

"信息孤岛"现象广泛存在于土木工程项目建设过程中，各参与方从本单位利益出发，以自身的管理目标为主，加上项目信息具有阶段性的特点，传统的信息交流媒介主要是纸质文件，繁荣庞杂不利于信息的有效管理与共享。

2. 基于 BIM 的协同管理工作模式

为有效解决传统信息交流方式落后、效率低、信息失真、不能有效共享等弊端，BIM 作为一个全新的理念和方法，能够克服目前土木工程建设行业信息管理中存在的问题，本书提出的基于 BIM 理念的协同工作框架如图 4-5 所示。

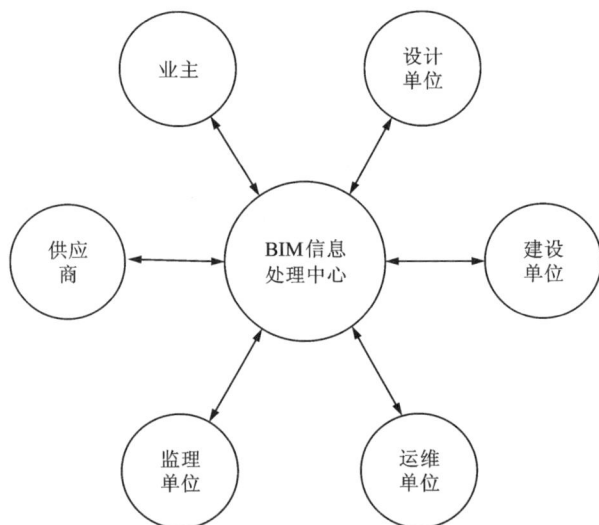

图 4-5　基于 BIM 理念的协同工作信息传递图

基于 BIM 理念的协同工作，具有以下特征。

（1）信息动态变化的特征

项目都有完整的生命周期，项目实施过程中有大量的不确定因素，信息始终处于动态变化中。项目管理需要及时收集信息和更新信息，信息呈现动态变化的特征。

（2）信息数量庞大的特征

工程全寿命周期的信息量是非常巨大的，包括规划设计、建筑设计、结构设计、给排水设计、结构分析、能耗分析、各种技术文档、工程合同等信息。这些信息随着工程的进展呈递增趋势。施工协同管理目标的实现，需要将数量庞大的信息作为基础，

（3）信息来源分散的特征

工程项目参与方众多，各参与方根据自己负责环节和内容产生不同的信息，具有信息源多、存储分散的特点。

（4）信息类型多样的特征

工程项目实施过程中产生的信息可以分为两类，一类是结构化的信息，这些信息可以存储在数据库中，另一类是非结构化或半结构化信息，包括设计资料、音频图片、项目文档资料等。数据类型的多样化特征，增加了信息处理的难度。

基于图 4-5，结合土木工程建设全寿命周期各阶段工作及 BIM 模型功能，构建 BIM 协同工作框架，如图 4-6 所示。

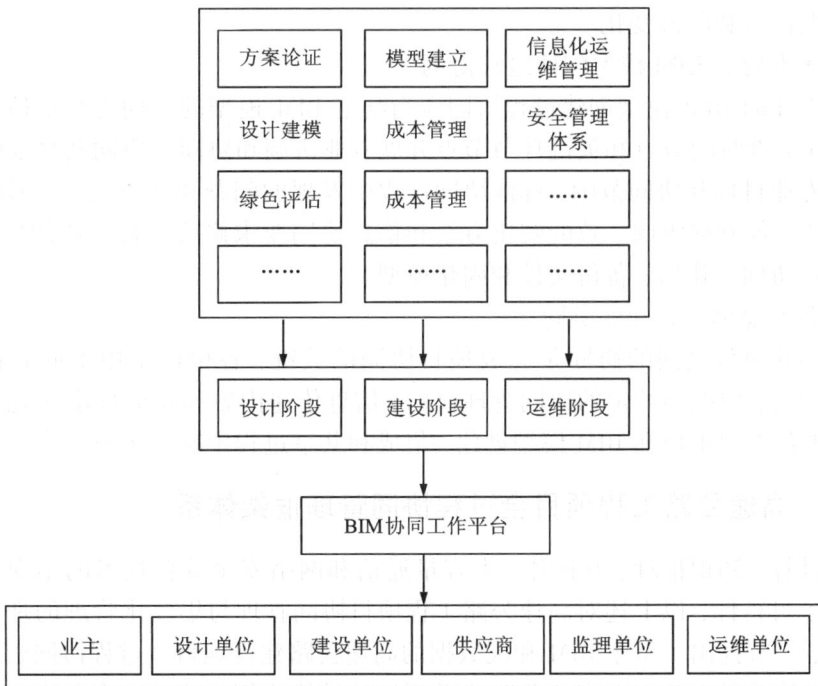

图 4-6　BIM 协同工作框架

4.3.4　基于 BIM 的全过程协同管理目标

为了保证 BIM 软件的工程引用和信息实时共享，应对项目各专业、各阶段和各参与方之间的协同管理目标和信息交换内容进行详细定义。定义信息交换的目的是为项目团队成员特别是信息创建者和信息接收者明确 BIM 要交换的内容、格式和标准。

基于 BIM 的协同管理平台既包括设计单专业模型创建协同，又包括多专业间工作协同和各参建单位间管理协同。因此，结合 BIM 模型创建、BIM 数据集成与管理平台实施的需要，应制定相应的协同管理目标、信息传递内容和 BIM 系列技术标准，确保利用协同管理平台的效果和工程项目应用的效益。

1.单专业的 BIM 模型创建过程协同

单专业的 BIM 模型创建过程协同应当制定 BIM 模型信息共享规则和共享途径，实现模型数据在创建过程中的相互校核和共享，随时记录项目各阶段 BIM 模型的修改内容和阶段变化。

2.多专业的 BIM 模型创建过程协同

多专业的 BIM 模型创建过程协同应当制定 BIM 模型的定期交互审核和共享规则，在关键时间节点和关键环节节点开展专业协调和协同。协同共享前明确各阶段的专业目标和协同范围，标注协同过程中发现的问题和修改记录，形成即时工作报告；各方按协调一致的解决方案和信息协同要求修改各自专业的模型；完成阶段性协同工作后，备份文件和固化模型。

3.各参建单位之间的协同

各参建单位之间的协同是完成项目协同的关键，各单位采用不同软件创建 BIM 模型时，应按照约定的协同管理目标、信息传递内容和相应标准实施相关工作，实现各参建单位在 BIM 模型创建、集成和共享过程中顺利实施。

4.3.5　高速公路工程项目全过程协同管理框架体系

云计算、知识推理、互操作、大容量通信和网络安全等新技术的出现为数字化提供了可行性，以上述对高速公路工程项目协同管理与集成化管理的理论研究为基础，本节提出了基于 BIM 和大数据的高速公路建设项目全过程协同管理框架体系，该体系是大数据在高速公路建设项目的具体应用，目的是改变传统管理方式，实现高速公路工程项目全过程的协同管理。

高速公路工程项目全过程协同管理框架体系以 BIM 为基础，以全过程管理理论与协同管理理论为理论依据，以整体涌现现象为目标导向，以接口的协同管理为研究重点，以关系数据库存储为支撑，以高速公路建设项目数字化管理平台为核心，符合高速公路专业技术标准和统一编码体系，通过集成门户（portal）展现方式，集成编码结构管理、规划组织管理、招投标与合同管理、知识管理、利益相关者管理、过程控制与目标管理、资源配置管理、综合调试与竣工验收管理、决策支持等管理要素和功能，使政府主管部门、建设单位、施工单位、监理单位、设计单位、咨询单位等利益相关者可在高速公路建设项目全过程进行基于统一信息模型的数据采集、整理、统计、分析，有效开展决策支持、多目标综合管理及知识管理。高速公路工程项目全过程协同管理框架体系总体结构如图 4-7 所示。

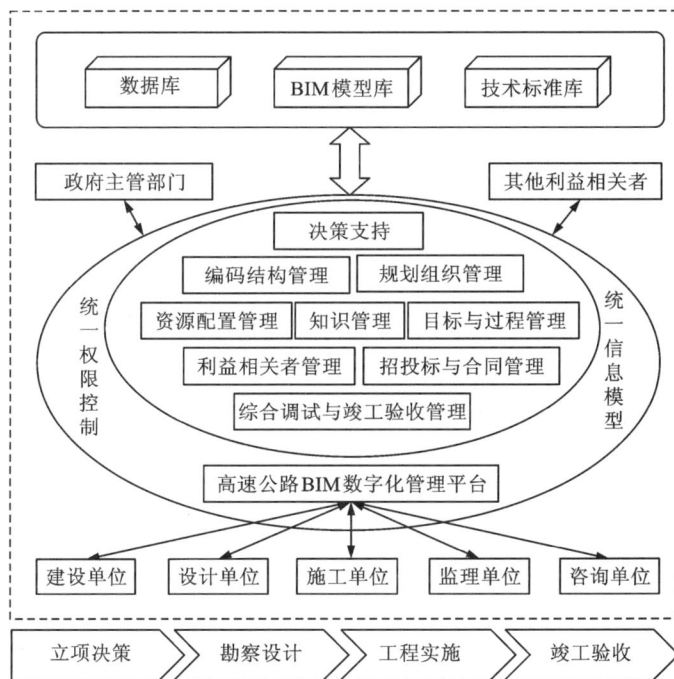

图 4-7　基于 BIM 和大数据的高速公路工程项目全过程协同管理平台框架

　　高速公路工程项目全过程协同管理平台框架的应用可以使政府主管部门、建设单位、施工单位、监理单位、设计单位、咨询单位等利益相关者在统一平台上实行各种管理手段和措施。

　　高速公路工程项目全过程协同管理平台框架的核心是 BIM 数字化管理平台，平台由规划组织管理、编码结构管理、招投标与合同管理、知识管理、利益相关者管理、过程控制管理、资源配置管理、综合调试与竣工验收管理、决策支持 9 个子系统构成，系统构成如图 4-8 所示。

　　高速公路建设项目全过程协同管理在项目全过程管理中加强了立项决策阶段的规划组织管理、勘察设计阶段的招投标与合同管理、工程实施阶段的目标管理

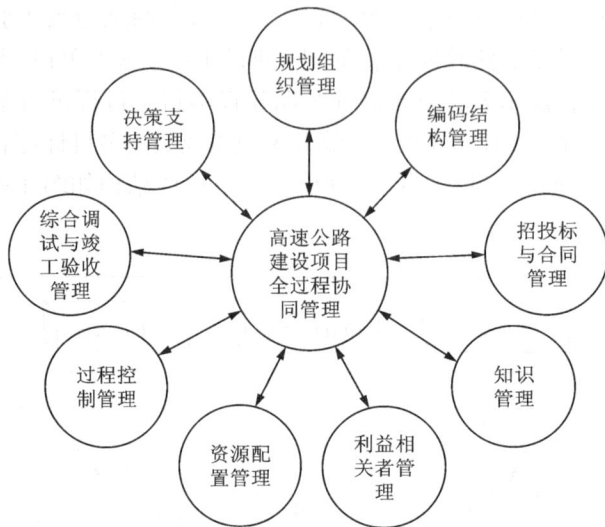

图 4-8　高速公路建设项目全过程协同管理组成

与资源配置管理以及竣工验收阶段的综合调试与竣工验收管理，并且涵盖了进度、质量、投资、安全、环保等目标控制内容和管理要素，设计、监理和咨询单位可通过利益相关者管理子系统进行管理协作，将编码结构管理子系统、知识管理子系统、决策支持子系统作为平台的全局化应用为各项知识提供了规范化和标准化的统一处理过程。

1. 项目规划与组织管理

项目规划与组织管理子系统囊括了项目建设初期的所有准备工作，着重强化了项目立项决策阶段的功能，即项目的整体规划管理。在建设项目实施前，通过编制和确定项目实施管理规划，建立实现项目总目标的目标体系和实施策略，形成包括项目管理各个方面、着眼于项目实施全过程、综合性的总体计划。通过制定项目实施管理规划，建设单位要研究和明确项目管理目标的分解和落实、项目范围管理和项目的结构分解、项目组织与任务分配、项目管理工作程序和采用的步骤方法、项目管理的实施策略和需要使用的资源以及其他需要处置的问题。

2. 编码结构管理

编码结构管理是指与高速公路建设项目管理要素相关的编码进行管理的过程。应包括工作分解结构编码、组织结构编码、项目成本管理编码/概预算编码、项目进度管理活动编码、项目设计资料编码、项目技术资料编码、文档函件编码等。系统编码结构的划分借鉴了国际招标项目的划分，同时也基于概预算章节表和定额体系，满足了统一定额对成本的总体控制和投标报价的需要。

3. 招投标与合同管理

招投标管理是高速公路建设项目数字化管理平台中一个非常重要的业务管理模块，为高速公路建设的招投标管理科学化、规范化，建立一套完整、科学、规范的招投标管理流程。合同管理则要求在遵守国家法律、法规、政策规定和建设单位的有关规章制度的前提下，坚持平等、自愿、公平、诚实信用的原则，以上级批准文件、经过审批的设计文件、招标投标文件及其他论证资料为依据，对合同的签订、履约、变更和解除进行督查，并对履约过程中的争议和纠纷进行协商处理，确保合同管理依法合规。

4. 知识管理

知识管理是对一个企业集体知识与技能的捕获，目标是力图将最合适的知识在最合适的时间传递给最合适的人，便于其做出最优化决策。知识管理也是知识在某个组织内部获取、传递、共享、应用的过程，这种知识流动过程使组织的知识资源在生成经营活动中得到增值，能显著地提高组织效率、提升组织记忆、减少重复劳动，最终创造更大的组织价值。

知识管理贯穿于高速公路建设项目管理点寿命周期的始终，且发挥着重要作用。首先，高速公路建设单位参建方由各管理单位的临时团队组成，各组织个体的管理模式和知识结构体系有很大差异，不利于知识的交流和共享，而高速公路建设项目是一个必须从全局上统筹规划的巨型复杂系统，个体的沟通障碍势必导致无法协同管理；其次，随着高速公路建设项目的竣工验收，临时性的建设组织机构随之解散，建设过程中积累的大量知识、经验无法转移给运营维护单位，造成在运营维护阶段的无据可依、重复劳动以及知识浪费现象；最后，高速公路建设项目有着独特性和唯一性，对于国家行业主管部门而言，每个高速公路项目建设阶段都有着丰富的知识积累，必须进行有效的整理和归纳，以形成合理解决某种问题和快速推动项目进展和的固有模式，从而提高整个行业的生成效率和生产力，建立良好的社会形象。因此，高速公路建设项目的全过程管理必须运用数字化协同管理体系，帮助项目各利益相关者共享和应用在项目执行过程中所积累的经验和技术等知识，完成高速公路建设项目知识的获取、转移、共享和应用。

5. 利益相关者管理

在高速公路建设项目管理过程中渗透了各方的利益诉求，由于各自的组织独立性，必然存在各种利益的冲突和矛盾。将利益相关者理论应用到高速公路建设项目管理活动中，有利于分析各利益相关者的价值需求，使各方满意，并得到各利益相关者的支持，保障项目的顺利完成。

本框架体系只对主要的社会性利益相关者的管理行为进行研究，建设单位是工程的发起者和最终责任者，是各参与方的总协调者；设计单位、施工单位、监理单位、咨询单位等是高速公路建设项目的直接参与方，是高速公路建设项目数

字化管理平台的直接用户

利益相关者管理子系统包括设计管理、监理与咨询管理、施工方管理等子模块。其中，设计管理子模块构建了基于 BIM 的协同设计平台，支持项目全寿命周期的设计管理，其产生的 BIM 模型可应用于项目各个子系统中。从应用层面与系统规模角度来看，应把协同设计平台与各子系统归为同一层面。但数字化平台的各个子系统都基于 BIM 的应用，如基于 BIM 的实施阶段动态目标控制、竣工验收阶段的动态检测与调整等。

6. 资源配置管理

由于高速公路建设工程的特点是线长面广，系统实施涉及众多的应用主体，而且管理模式也存在一定差异。从组织机构来看，高速公路建设项目一般分为数个标段，一个标段对应一个施工合同，一个施工合同由一家施工单位或联合体组成施工指挥部(二级管理单位)负责执行，施工指挥部下设项目分部或施工队(三级管理单位)。因此，结合工程项目管理实际，提供一整套能够满足工程项目资源配置管理关键业务处理需求的应用系统，实现完整、规范、高效和集成化的资源配置管理信息处理。

资源配置管理子系统主要服务于高速公路建设单位和施工单位物资、设备、劳动力等资源管理，在此基础上满足公路主管部门物资方面的信息需求。该系统将施工单位项目部所属的项目分部作为资源配置核算基本单位，依此考核资源的需求计划、供货情况、消耗(调拨/领用)情况等，以追溯资源的来源和去向。

7. 过程控制与目标管理

高速公路建设项目全过程协同管理框架从投资、进度、质量、安全、环保五大方面进行过程控制与目标管理。

（1）投资控制

高速公路建设项目管理投资(成本)过程控制是在批准的投资限额内完成工程项目建设。换言之，投资控制就是在与质量、进度、安全、环保等其他控制目标协同的基础上，为提高工程建设投资效益和资金使用效率，采用科学方法，确保实现投资和成本控制目标进行的一系列过程控制活动。

（2）进度控制

高速公路建设项目管理进度控制是将项目的各个阶段和先后顺序进行统筹规划和协调，对人力、物力、财力等资源进行合理安排和充分利用，达到在预定的工期内以最优的时间和资源消耗完成工程项目建设的目标。进度控制要求建设单位按照制订计划、监控实施、积极调整的原则对工程建设全过程进行控制。

（3）质量控制

高速公路建设项目管理的质量控制是依据国家和公路主管部门有关工程质量管理政策和法规、技术标准、规范、规程和验收标准等，辅助建设单位对高速公路建设工程项目进行全过程、全方位、全员参与的全面质量管理。质量控制的结果直接影响工程进度的顺利进行，进而引发项目投资的亏损与盈利，由此可能导致的工程项目计划调整、变更又会对当前的项目质量、进度、投资、安全、环保过程控制产生连锁影响

（4）安全管理

安全管理是根据国家和部委颁布的有关安全生产、劳动卫生等方面的法律、法规和规定，在工程项目实施过程中组织安全生产、实施安全状态控制，预先清除建设项目过程内外的不安全因素和行为并保证工程结构和人员生命的安全性而进行的一系列过程控制活动，目标是避免人员伤亡和项目经济损失。

（5）环保管理

环保管理是指采取有利于环境保护的工程建设项目的实施、技术政策和处置方法，确保高速公路建设项目环保相关的设施与工程主体同时设计、施工和投产使用，为达到环境保护工作与工程建设、经济建设、社会发展相协调的目的而进行的一系列过程控制活动，目标是保护和改善工程项目建设中的生活、生态环境。

8. 综合调试与竣工验收管理

综合调试与竣工验收是项目全面性的考核建设工作，检查高速公路工程建设项目是否与设计要求和质量相符合的重要环节，对于促进项目完工后及时转交运营，总结建设经验有重要的推动作用。要实现高速公路建设与运营管理的有机衔接，提交的数字化竣工资料，应成为构建高速公路运营管理信息系统的可靠基础。

9. 决策支持

传统的建设工程项目管理系统通过对建设全过程、全寿命同期的数据进行采集、存储、分析和管理，使管理人员能够及时准确地了解工程的质量、进度、安全、成本等动态数据，并及时做出反馈与决策。但是，此类系统缺乏对数据的深入分析与综合利用，导致大量的信息资源被闲置，而各项决策也在很大程度上依赖管理人员的直觉和经验。为了提高工程决策的质量和效率，"专家系统"被提出，其主要运用专家经验及知识进行快速决策，然而，此类系统的知识输入过多依赖于人工采集和维护，且其适用范围及智能化水平非常有限，因而难以大范围推广应用。

高速公路建设项目全过程协同管理框架体系结合高速公路工程建设项目管理和行业管理的实际情况，为目标管理和加强动态过程控制提供了有效工具，能够采集、存储和积累项目建设的进度、投资、质量、安全、合同等各方面的信息，将各类数据集成起来，经过抽取、转化、装载，可以整合对数据不同理解，结合专家系统进行智能分析，为用户提供辅助决策支持。决策支持系统与一般项目管理信

息系统的主要区别，是其能够采集、管理，并可提供决策相关的项目内部和外部的关联信息，与决策有关的各种模型、各种方法，能灵活应用模型及方法对数据进行加工、汇总、分析、预测，得出所需信息，能够以方便灵活的接口和界面进行问题求解，并以直观的方式显示结果。

4.4　基于 BIM 和大数据的高速公路建设项目全过程协同管理框架体系的构建实施

4.4.1　框架体系构建步骤

高速公路建设全过程管理框架的构建是一项复杂的系统工程，涉及高速公路建设项目全过程的有效协同管理，而 BIM 便是实现有效创建信息、管理信息和共享信息的关键。基于 BIM 的数字化协同管理平台框架体系的构建步骤流程图如图 4-9 所示。

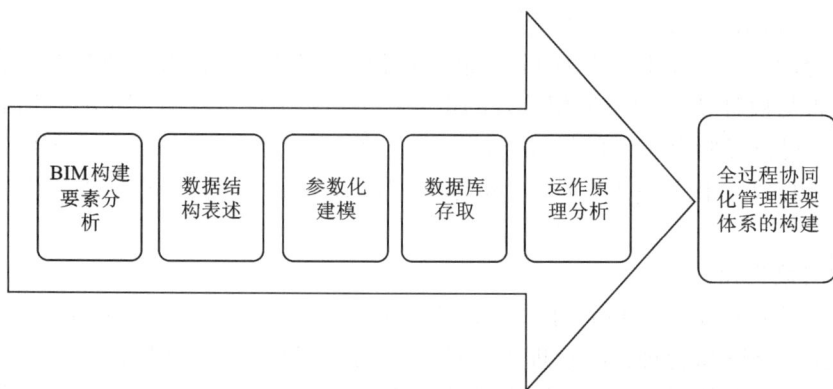

图 4-9　基于 BIM 的数字化协同管理平台框架体系构建步骤

基于 BIM 的数字化协同管理平台框架体系的构建总共可以分为 4 个步骤：①分析基于 BIM 的公路建设项目数字化管理平台的架构；②通过基于 IFC 的模型数据标准构建了 BIM 数据结构；③支持参数化建模进行图形展现；④通过数据库的数据存储与访问方面的研究，对数据结构做持久化处理，并且对参数化建模进行数据保障；⑤通过工程结构分解、统一编码管理、N 维管理模型、动态过程控制、虚拟现实等具体实现阐述了平台的运作原理，从而实现了基于 BIM 的数字化协同管理平台框架体系的具体构建。本章的后续章节将会对以上步骤逐个进行深入阐述。

4.4.2　基于 BIM 和大数据的高速公路全过程管理体系的架构组成

在前述已对 BIM 标准和参数化建模技术等探讨的基础上,本节主要对全过程协同管理平台的架构进行阐述。

1. BIM 构建要素分析

基于 BIM 的数字化管理平台可支持公路建设项目全过程的数据管理,通过科学的数据集成模型,使数据能进行有序的组织和有效的追踪,使各利益相关者实现管理同步,减少错误的发生,进而提高整个行业的生产力。要实现此目标,必须建立面向高速公路建设寿命全周期各应用的 BIM 信息的集成平台,包括与此相关的 BIM 数据的存储与访问机制,从而对各寿命全周期的工程数据进行有效集成。BIM 的构建要满足以下要素,如图 4-10 所示。

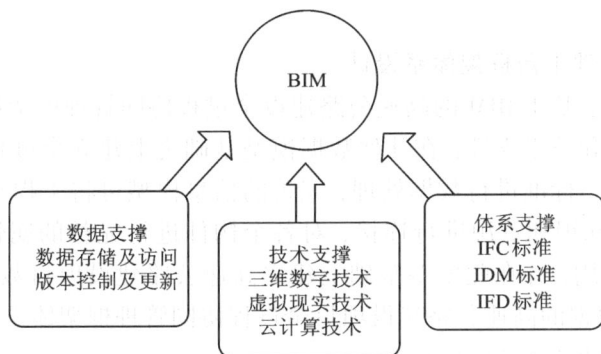

图 4-10　BIM 构建要素

（1）BIM 数据支撑

BIM 数据支撑是指数据的存储及访问技术。

高速公路建设项目数据结构复杂、数据关联强、数据量非常大,既包括结构化关系模型和对象模型数据,也包括非结构化的文件数据。这些数据一般符合 IFC 标准表示方法,目前通用的方式是通过 STEP 文件、ifxXML 数据文件进行存储,但信息资源的管理需要利用大量 IFC 数据,数据文件管理方式效率极为低下,必须选用数据库存储方式,以满足管理需要。

（2）BIM 技术支撑

BIM 技术支撑是指三维数字技术、虚拟现实技术、云计算技术等技术保障。

三维数字技术能基于 3D 模型的构建方式发挥 BIM 的信息集成可视化的优势;虚拟现实技术能实现虚拟建造,并能利用 BIM 模型对建设工程中的施工过程、人、物体以及各种信息进行虚拟仿真,增加各参与方的综合决策、控制与优化能力；云计算技术能为庞大的 BIM 系统提供轻量级的服务，从而减少用户的使用成本，节约投资。

（3）BIM 体系支撑

BIM 体系支撑是指 BIM 数据交换标准。BIM 的交互性是其重要特性，而交互性的实现条件是对数据信息和其关联关系的标准化表述和标识，使数据交互双方对数据的语义理解和内涵达成一致。

IFC 标准是建筑产品数据表达与交换的国际标准，支持建筑工程全过程中的数据共享与转换以及横向上各应用系统之间的数据交换；IDM 标准（ISO TC59 SC13）定义了建设工程全过程中各个阶段所需的信息及其与整个建筑信息模型之间的关系；IFD 标准（ISO 12006-3）定义了 IFC 模型所包含各类信息、术语的识别和翻译，其功能是对 IFC 标准进行补充和完善；此外，还有定义 IFC 文件格式的 STEP File 标准（ISO 10303-21）、定义标准的数据访问接口的 SDA Ⅰ 标准（ISO 10303-22）等。

2. 全过程管理平台框架体系设计

由前文可知，基于 BIM 的高速公路建设全过程协同管理框架体系要具备数据支撑、体系支撑和技术支撑，在几何数据模型基础之上建立全过程的工程信息模型，且能基于统一标准进行数据处理，完善的信息模型可将工程建设各阶段的不同信息、数据、知识和资源进行连接，对各个构件进行完整的属性描述，为工程建设各参建方使用，并在此模型基础上建立高速公路建设项目数字化管理平台。基于 BIM 和大数据的高速公路建设项目全过程协同管理框架体系包括核心层、模型层和服务层，如图 4-11 所示。

（1）核心层

核心层包括 IFC 标准、数据结构和数据库。

信息标准化是实现 BIM 的基础，IFC 标准具有大量的实体类型，各实体类型间互相关联，可采用面向对象方法进行构建，将实体进行映射，实体的实例是信息共享和交换的载体，而 IFC 中的其他类型可作为属性值在实例中体现，从而形成基本的数据结构。BIM 实体的实例是基于对象模型的结构化的 BIM 数据，通过对象模型与关系模型的映射关系，实现从对象模型到关系模型的转换，从而利用DB2、ORACLE、SQL Server 等企业级关系数据库进行管理和存储。

（2）模型层

模型层通过基于 AutoCAD 平台的参数化建模形成结构物的实体模型、表面模型、线框模型等，不同模型应用于不同的范围和领域，如实体模型适合设计阶段的结构物实体设计，但对于虚拟建造则过于复杂而不适用，这时用表面模型较为合适。此外，模型层封装了一些底层的方法和操作，如数据库的存取、增加、删除等数据管理操作和 IFC 文档的解析方法等。

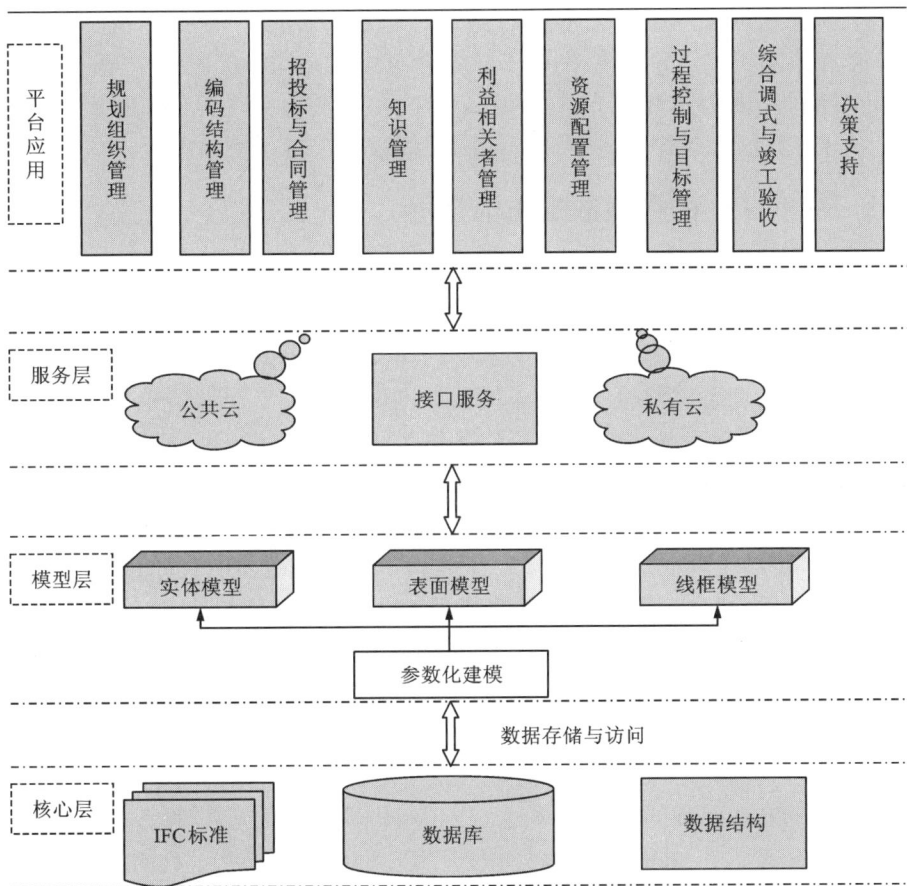

图 4-11　基于 BIM 和大数据技术的高速公路建设全过程协同管理体系架构

（3）服务层

服务层的设计基于软件设计模式中的 Facade 模式数字化平台的各个应用子系统/模块与 BIM 的大量模型是复杂的多对多关系，必须通过接口服务进行分离，使得应用子系统/模块无须关注 BIM 模型的运算细节和相互关系，将系统中原有的复杂业务逻辑提取到一个统一的接口，简化应用端对 BIM 模型的访问。接口服务也可为其他非系统内应用程序提供信息接口，如财务管理系统、碰撞检测系统、能耗分析系统、风险评价系统等。此外，服务层采用 SaaS（软件即服务）理念，在基于分布式的云端部署 BIM 模型，使用户通过因特网可以获得云计算提供的 BIM 服务，支持项目各参与方分布式的协同工作模式。

在上述 BIM 架构中，BIM 的数据积累、模型创建、接口提供的实质是为数字化平台的各项应用提供数据和集成的过程。面向对象数据模型和面向关系数据模型的映射,有效解决了通过关系型数据库对基于 IFC 标准的 BIM 模型数据的保存、扩充和跟踪机制,并提供了 BIM 数据分布式和异构性的解决方案;面向应用的不同三维模型的创建和分布式的接口服务为 BIM 的实现提供了可行性。通过标准、技术、数据等支撑对各寿命周期的工程数据进行了有效集成。

4.4.3　基于 IFC 的模型数据结构分析

IFC 标准是以面向对象的理念对建筑构件进行表述,和传统方法相比,面向对象技术的应用有利于构建统一的建筑信息模型,并将复杂问题简单化。因此,可以运用面向对象技术对建筑信息模型的数据结构进行构建,生成的 3D 模型对象可拥有灵活的动态属性值,为成本基线、进度计划、工程量清单等的生成以及空间、能源、光照等分析提供良好的数据基础。

面向对象的 IFC 模型表述方式是将高速公路工程建设产品抽象定义为各种"类",其属性(如几何信息、成本信息、性能数据、进度信息等)即为"类"的属性,其行为即为"类"的方法(函数)。在对某个"类"进行实例化(具体对象的生成过程)后,可得到某个工程构件在计算机系统中的抽象表现形式,并通过属性赋值或调用方法来模拟工程构件的具体行为(如改变工程构件的长度或颜色、标识当前进度完成情况等)。工程建设中复杂的"类",可以由几个简单"类"进行聚合,如"桥梁类"可由"墩台类""桥面系类"等共同组成。

通过映射到面向对象程序语言,如 C++、C#、Java 等语言,可以对各个工程构件进行基于 IFC 标准的程序化描述,以下举例说明:

工程材料实体 IfcMaterialResource 位于 IFC 标准的领域层,其附属 IFC 属性集为材料资源信息属性集;材料采购单实体 IfcMaterialPurchaseRecord 基于 IfcProxy 扩展而来,利用属性 Supplier 关联到其供应方 IfcOrganization 实体和所属项目 IfcProject 实体,材料采购单的 IFC 描述如表 4-3 所示。

表 4-3　材料采购单的 IFC 描述

IFC 实体	IFC 实体属性	属性类型	属性信息
IfcMaterialPurchaseRecord	Global Id	文本类型	ID
IfcMaterialPurchaseRecord	RecordName	文本类型	记录名称
IfcMaterialPurchaseRecord	PurchaseDate	日期类型	采购日期
IfcMaterialPurchaseRecord	UnitPrise	单位类型	采购单价
IfcMaterialPurchaseRecord	Amount	单位类型	采购数量

续表4-3

IFC 实体	IFC 实体属性	属性类型	属性信息
IfcMaterialResource	Name	文本类型	材料名称
IfcMaterialResource	Material ID	文本类型	材料编号
IfcProject	Global ID	文本类型	项目编号
IfcOrganization	Name	文本类型	供应方名称

4.4.4　参数化建模

参数化建模的解决方案是通过关系数据库建立的行为模型来管理所需信息。所有构件实体都具有其客观世界的属性、行为和关联，数据库对构件实体的数据结构进行管理，使三维模型能模拟客观世界的实体并进行智能化运作。例如，在参数化的 BIM 模型中，如果公路隧道施工的支护参数发生变化，要求相应的围岩等级也进行变更，同时相关的成本、进度、工艺等数据也随之自动调整。在模型上的操作基于单一数据源，所有构件实体的外在表现方式都与数据源相关，当在图形化界面中对构件进行修改时，构件的数据在数据库中进行自动更新。由此可见，BIM 的参数化模型可在图形化的编辑平台中，将构件模型的几何数据、工程信息、行为关联等属性通过数据库统一进行管理。

BIM 的参数化建模具有以下特点和优势：

①为计算机辅助设计提供了直观有效的方法。参数化设计是对构件实体的特征值即属性进行操作，从而实现图形的编辑，在此基础上通过数据库的关联性管理进行图形的交互式编辑，例如对站房的外墙坐标数据进行更改，内墙将自动延伸，站房面积也随之更改，相应的平面图、立面图及工程量清单也在数据库中进行更新。这就使设计人员只需关注设计而无须把精力耗费在如何绘图中。

②可基于注释进行交互式编辑。注释是图形和模型之间维持联系的重要元素，传统的 CAD 技术中注释仅仅是简单的文字，而参数化模型的注释是包含在 BIM 信息中的。例如，表号和图号通过数据库在相应的图纸中保存；门窗表中删除了一个窗，则图纸中对应的窗将被删除，且对应的剖面也会更新；传统 CAD 软件中 1：1000 比例的图纸必须以 5 m 为文字高度来使计算机上显示的文字是 5 mm 高度，而在参数化模型"了解"构件元素和图形注释之间的区别，无须对尺寸重新计算。

③可进行图纸建档。参数化技术应用于整个 BIM 系统和其所有的外部表现方式，可用表达细致且逻辑严密的图形表述建筑的各部分，而各个图形或图纸通过数据库进行关联，形成一整套数字图纸。目前基于参数化建模的软件较多，如

Grasshopper、Rhino、Autodesk Revit Architecture 等，其中 Autodesk Revit Architecture 是基于 Autodesk CAD 构建的 BIM 开发平台，提供可二次化开发并支持主流面向对象编码语言(如 C++、C#等)的 API，其成果可在 AutodeskCAD 软件中进行导入和导出。

4.4.5　BIM 数据存储与访问研究

BIM 数据库的创建需要满足非结构化和结构化的数据存储要求，结构化数据是指前文所述的基于 IFC 的数据结构的工程各项信息；非结构化数据指的是一些文档内容，如可行性研究文件、招投标文件、政策法规文件、视频文件等。如图 4-12 所示，结构化数据可通过 IFC 数据库进行存储，非结构化的文档通过文件数据库进行保存，而文档本身的属性即元数据在两者间建立关联，使得 IFC 数据库能通过 IFC 的关系实体 IfcRelAssociateDocument 调用相关文档。

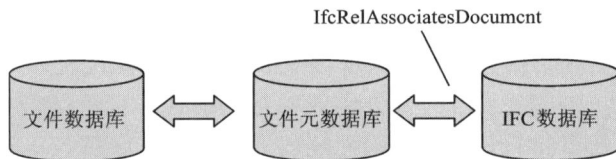

图 4-12　BIM 数据库的构成

文件元数据库的创建可参照 Windows 操作系统的目录管理方式，可建立虚拟的目录索引数据表及访问控制数据表，虚拟目录及访问控制使文件可以按需分类。文件元数据的数据表可基于文件属性定义其字段，如用于标识文件的全局唯一标识符、文件创建人、保存位置、最近更新日期等。

IFC 数据库可通过面向对象数据库或关系数据库实现。由于 IFC 模型本身即是基于面向对象理念构建，故面向对象数据库的模式转换更为直接，但目前面向对象数据库的技术尚不成熟，数据模式及接口没有形成标准化，应用也不广泛。

4.4.6　框架体系运作关键技术

本节通过工程结构分解、统一编码管理、N 维管理模型、动态过程控制、虚拟现实、云计算等具体实现，进一步阐述框架的运作原理，从而实现框架的具体构建。

1.工程结构分解

高速公路工程建设具有点多线长、技术标准高、施工难度大的特点，要实现对项目有效管理，必须将工程项目准确形象地描述出来，这就需要对项目进行结构化分解。工程管理结构分解借鉴项目管理"上统下分、统分结合"的思想，"上"

层结构是在全项目所有专业公共的基础结构, 企业项目结构(enterprise project structure, EPS)和项目分解结构(project breakdown structure, PBS)的联合分解, 一般分解到单位工程一级; "下"层结构是质量、进度、投资等管理要素在"上"层公共结构 EBS/PBS 基础上定义各自的工作分解结构(work breakdown structure, WBS), 确保了整体系统具有统一的数据基准, 体现了高速公路工程建设精细化和统一管理的核心目标。

2. 统一编码管理

数字化管理平台采用统一编码体系, 遵循唯一性、规范化、系统化原则, 编码按属性系统化分类, 具备足够的容量, 能包含规定范围内的所有对象, 且分类具备一定的柔性, 以避免变更时破坏分类的结构。根据分解结构本系可分为: ①企业项目结构编码、②项目分解结构编码、③工程分解结构编码。

3. N 维管理模型

N 维是指建设工程在各个寿命期表现出的各个方面, 如进度维、成本维、质量维、安全维等。N 维管理模型是建立在三维信息模型基础上实现多阶段和多专业数据共享的管理模型, 通过信息技术和工程项目管理理论, 把工程的多维进行集成化和过程化动态协同管理, 是三维信息模型的延伸和拓展。

多维集成管理研究的核心内容是基于 BIM 的 ND 集成化管理的实现方式, 其中包含的关键技术是研究(基于工程项目管理特征)和(BIM 的建筑构件数据结构、构件与数据的关系系统模型、工程量自动生成机制)。对 N 维集成管理模型具体研究步骤如下: ①实现工程量清单的自动生成; ②实现进度维的 4D 集成; ③实现成本维的 5D 集成; ④实现 N 维集成。

工程的实体数量是工程项目管理多维度管理工作的基础, 实现多维集成管理需要依据工程计量方法, 揭示从 BIM 模型中自动产生工程量清单的方法, 从而提供"三维管理+进度管理(4D)+成本管理(5D)+其他维管理 = N 维集成管理"的解决方案。

4. 动态过程控制

项目管理过程中存在各种不确定因素, 对项目目标的实现构成风险。在现代高速公路建设项目管理中, 必须有效进行动态过程控制, 确保对实施过程的动态控制, 做到及时检查、比对、分析、预警和调整。过程控制的实质是将各种活动的进展情况与计划要求进行比较, 分析出现的偏差, 进行必要的调整。高速公路建设项目管理主要从投资、进度、质量、安全、环保五个方面进行管理, 需要对每一个过程进行监控、比对、调整和优化等活动, 同时运用多目标决策支持方法达到项目整体最优, 以确保最终全面实现项目的总体目标。

过程控制从自动过程原理角度可分为以下几种方式:

①主动控制。主动控制强调事前的控制, 结合对项目资料的分析和历史经

验，依据规范和标准使项目的具体实施与项目预期尽量保持一致，最大限度地减少偏离。

②被动控制。被动控制强调事后比较和调节，由于有信息的及时反馈，能随时了解工程的进展状况，能及时发现计划和实际的偏差，因此可及时采取措施进行调整。

③主被动复合控制。这种过程控制既具有主动控制的事前预测、分析和调节的特征，又结合了被动控制的信息及时反馈、对比和调节的优点。两种方法互相配合，使项目过程控制能够更有效实现。

5. 虚拟现实

虚拟建造是虚拟现实技术应用于工程建设领域的实践探索，其采用先进的计算机仿真技术与虚拟现实技术，对建设工程中的施工过程、人、物体以及各种信息进行虚拟仿真，这种仿真可包括项目整体规划、施工组织设计、性能分析、应急演练、安全质量检查等建筑活动，也可包括工程建设各参与方的各级管理过程，目的是预先发现各种管理活动或过程中存在的问题，防患于未然，从而可以节约投资、提高质量、降低风险、缩短工期，同时增加各参与方的综合决策、控制与优化能力。

将传统的纸质平面图转换为三维可交互的动态立体影像，并通过交互与渲染，让高速公路建设项目各利益相关者"身临其境"地进行全方位、多角度的浏览整个工程，包括在实际工程中难以到达的方位或一些隐蔽工程，完全沉浸在不受时间地点限制的虚拟环境中。虚拟现实技术能为用户提供一个能进行可视化设计并创建三维可交互的虚拟世界的工具。高速公路工程项目全过程协同管理体系的虚拟现实功能可根据管理主体的不同，在项目的各个寿命周期发挥重要作用。

6. 云计算

云计算是一种分布式计算，计算任务分布在大量的计算机资源库中，使各类应用程序都可以根据需要取得计算能力、软件服务和存储空间。云计算技术有如下特点：①在较大规模的相对较为经济的服务器群集基础上进行架设。②协作开发底层服务与各项应用，尽可能地利用各项资源。③通过多个较为经济的服务器间的冗余使系统具备较大可用性。

BIM 能改变高速公路建设行业落后的建设方式，但研究和实践表明 BIM 远远低于 CAD 的推广效率，BIM 的实施严重受到地点的限制，而公路建设覆盖距离长，影响了各参与方的协同工作。此外，BIM 的实施成本过高也是阻碍 BIM 推广的因素之一。云服务中的 SaaS 是一种软件传输方法，提供了基于网络的软件访问服务。SaaS 的概念可以应用到基于 BIM 的数字化管理平台中，通过采用虚拟方式整合分支机构的计算机基础设施资源，形成基于云计算的 BIM 平台。在这个平台中，高速公路建设项目各参与方通过网络可以随时随地对平台进行访问，用户不必学习如何管理云端资源，且云计算技术对接入云的终端配置要求较低，用户可以通过笔记本电脑、台式机、手机、平板电脑等即可访问 BIM 平台、使用云服务，可以整合企业资源、有效降低成本。目前，公路行业 BIM 的推广还处于起步阶段，而云计算与 BIM 的结合尚属空白，由此可见，基于云计算的 BIM 数字化管理平台会有很大的发展空间。

第 5 章

基于大数据和 BIM 的高速公路建设管理云计算平台构建

5.1　大数据的相关理论

5.1.1　大数据的概念与特征

大数据是指无法在一定时间范围内用常规软件工具进行捕捉、管理和处理的数据集合，而需要新处理模式才能具有更强的决策力、洞察力和流程优化能力的海量、高增长率和多样化的信息资产。其内涵可以从以下角度进行解读：从对象角度，大数据是数据规模超出传统数据库处理能力的数据集合；从技术角度，大数据是从海量数据中快速获得有价值信息的技术；从应用角度，大数据是对特定数据集合应用相关技术获得价值的行为；从商业模式角度，大数据是企业获得商业价值的业务创新方向。

大数据，不仅有"大"这个特点，它还有很多其他特点。业界对此都有各自独特的见解，但是总体而言，可以用"4V+1C"这 5 个单词来概括，"4V+1C"分别代表了多样化（variety）、海量（volume）、快速（velocity）、灵活（vitality）以及复杂（complexity）。

1. 多样化

大数据一般包括以事务为代表的结构化数据、以网页为代表的半结构化数据和以视频和语音信息为代表的非结构化等多类数据，并且它们的处理和分析方式区别很大。

随着传感器、智能设备以及社交协作技术的激增，企业数据也变得更加复杂，因为它不仅包含传统的关系型数据，还包含来自网页、互联网日志文件（包括单击流数据）、搜索索引、社交媒体论坛、电子邮件、文档、主动和被动系统的传感器数据等原始、半结构化和非结构化数据。简言之，种类表示所有的数据类型。

2. 海量

如今存储的数据数量正在急剧增长，毫无疑问我们正深陷在数据之中。我们存储所有事物：环境数据、财务数据、医疗数据、监控数据等。有关数据量的对话已从 TB 级别转向 PB 级别，并且不可避免地会转向 ZB 级别。现在一些企业经常使用存储集群来保存 PB 级别的数据。随着可供企业使用数据量的不断增长，可处理、理解和分析的数据比例却不断下降。

通过各种智能设备产生了大量的数据，PB 级别可谓是常态，一些客户每天处理的数据量都在几十 GB、几百 GB 左右，估计国内大型互联网企业每天的数据量已经接近 TB 级别。

3. 快速

大数据要求快速处理，因为有些数据存在时效性。例如电商的数据，假如今天数据的分析结果要等到明天才能得到，那么将会使电商很难做类似补货这样的决策，从而导致这些数据失去了分析的意义。

就像我们收集和存储的数据量和种类发生了变化一样，生成和需要处理数据的速度也在变化。不要将速度的概念限定为与数据存储库相关的增长速率，应动态地将此定义应用到数据——数据流动的速度。大数据的有效处理需要在数据变化的过程中对它的数量和种类执行分析，而不只是在它静止后执行分析。

4. 灵活

在互联网时代，和以往相比，企业的业务需求更新的频率加快了很多，那么大数据相关的分析和处理模型必须快速地适应新的业务需求。

5. 复杂

虽然传统的 BI 已经很复杂了，但是由于前面"4V"的存在，使大数据的处理和分析更艰巨，并且过去那套基于关系型数据库的 BI 已经开始不合时宜了，同时也需要根据不同的业务场景，采取不同的处理方式和工具。

除此之外，还可以从以下 4 个角度去阐释大数据的内涵。

①从对象角度：大数据是数据规模超出传统数据库处理能力的数据集合。

②从技术角度：大数据是从海量数据中快速获得有价值信息的技术。

③从应用角度：大数据是对特定数据集合应用相关技术获得价值的行为。

④从商业模式角度：大数据是企业获得商业价值的业务创新方向。

5.1.2　大数据的应用流程

为了充分挖掘出蕴含在大数据中的价值，从大数据中挖掘出更多的信息，一个比较完整的大数据应用流程至少应该包括 c 下 4 个步骤。

1. 数据采集

大数据的采集是指利用多个数据库接收来自不同客户端的数据，如网页、手机应用或者传感器等产生的数据，并且用户可以通过这些数据库进行简单的查询和处理工作。在大数据时代，企业、互联网、移动互联网和物联网等提供了大量的数据源，这不同于以往数据主要产生于企业内部的情况，增大了数据采集难度。同时，为了对这些不同种类的数据进行预处理，需要对这些数据进行清洗、过滤、抽取、转换、加载以及不同数据源的融合处理等操作。如电商会使用传统的关系型数据库 MySQL 和 Oracle 等来存储每一笔事务数据，除此之外，Redis 和 MongoDB 的 NoSQL 数据库也常用于数据的采集。

在大数据的采集过程中，其主要特点和挑战是并发数高，因为有可能会有成千上万的用户同时进行访问和操作，例如火车票售票网站和淘宝，它们并发的访问量在峰值时达到上百万，因此需要在采集端部署大量数据库才能支撑。如何在这些数据库之间进行负载均衡和分片是需要深入的思考和设计的。

2. 数据导入和储存

虽然采集端本身会有很多数据库，但是如果要对这些大数据进行有效的分析还是应该将这些来自前端的数据导入一个集中的大型分布式数据库，或者分布式存储集群，并且在导入基础上做一些简单的清洗和预处理工作。也有一些用户会在导入时使用来自 Twitter 的 Storm 对数据进行流式计算，以满足部分业务的实时计算需求。导入过程的特点和挑战主要是导入的数据量大，每秒钟的导入量经常会达到百兆级别，甚至是千兆级别，其主要依赖于硬件传输能力和后台处理器运算能力。

这些海量的数据还需要有足够的空间来储存它们，这就涉及数据的储存问题。除了传统的结构化数据，大数据面临更多的是非结构化数据和半结构化数据存储需求。非结构化数据主要采用分布式文件系统或对象存储系统进行存储，如开源的 HDFS(hadoop distributed system)、Lustre、ClusterFS 和 Ceph 等分布式文件系统可以扩展至 10 PB 级别甚至 100 PB 级别。半结构化数据主要使用 NoSQL 数据库存放，结构化数据仍然可以存放在关系型数据库中。

3. 数据处理与分析

在对数据进行采集与储存之后，下一项工作需要对数据进行处理与分析，关于数据处理要求如表 5-1 所示。统计与分析主要利用分布式数据库，或者分布式计算集群来对存储于其内的海量数据进行常用的分析和分类汇总等，以满足一般分析需求。数据统计与分析的过程也是一个数据处理的过程，在这方面，一些实时性需求会用到美国易信安公司(EMC)的 GreenPlum、Oracle 的 Exadta 以及基于 MySQL 的列式存储 Infobright 等，而一些批量处理，或者基于半结构化数据的需求则可以使用 Hadoop。

表 5-1　数据处理要求

特性	说明
高度可扩展性	Scale-out 方式扩展，支持大规模并行数据处理
高性能	快速响应数据查询与分析需求
较低成本	基于通用硬件服务器，性价比较高
高容错性	查询失败时，只需要做部分工作
易用且开放接口	既能方便查询，又能进行复杂分析
向下兼容	支持传统商业智能工具

数据仓库是处理传统企业结构化数据的主要手段，其在大数据时代产生了以下 3 个变化。

（1）数据量

由 TB 级别增长至 PB 级别，并仍在继续增加。

（2）分析复杂性

由常规分析向深度分析转变，当前企业已不仅满足对现有数据的静态分析和监测，而更希望能对未来趋势有更多的分析和预测，以增强企业竞争力。

（3）硬件平台

传统数据库大多是基于小型机等硬件构建，在数据量快速增长的情况下，成本会急剧增加，大数据时代的并行仓库更多是转向通用 X86 服务器构建。

首先，传统数据仓库在处理过程中需要进行大量的数据移动，在大数据时代代价过高；其次，传统数据仓库不能快速适应变化，大数据时代处于变化的业务环境，其效果有限。因此为了应对海量非（半）结构化数据的处理需求，以 MapReduce 模型为代表的开源 Hadoop 平台几乎成为非（半）结构化数据处理的事实标准。当前开源 Hadoop 及其生态系统已日益成熟，降低了数据处理的技术门槛，基于廉价硬件服务器平台，可以极大降低海量数据处理的成本。

统计与分析这部分的主要特点和挑战是分析涉及的数据量大，其对系统资源特别是输入及输出时会占用极大的内存空间。

4. 数据挖掘

与前面统计和分析过程不同的是，数据挖掘一般没有什么预先设定好的主题，主要是在现有数据上面进行基于各种算法的计算，以期达到预期的效果，进而满足更高级别的数据分析需求。比较典型的算法有用于聚类的 K-means、用于统计学习的 SVM 和用于分类的 Naivelayest 等。该过程的特点和挑战主要是用于挖掘的算法很复杂，并且计算涉及的数据量和计算量都很大，常用数据挖掘算法都以单线程为主。一般数据挖掘系统的模式如图 5-1 所示。

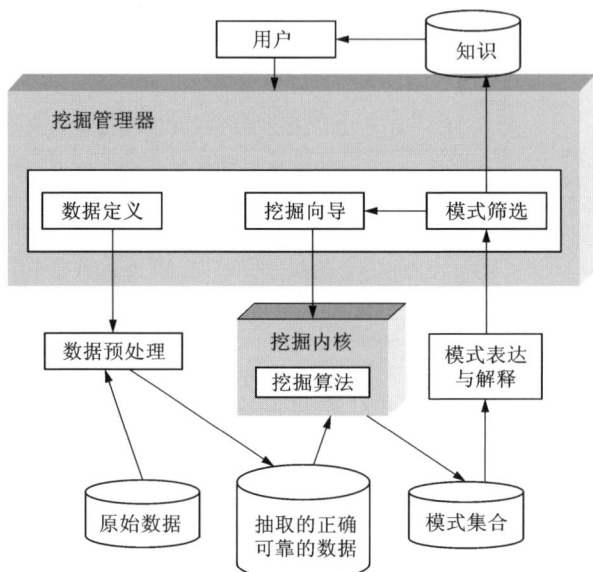

图 5-1　数据挖掘系统模式图

5.1.3　大数据技术体系

1.大数据储存和处理技术

面对大数据的多样性，在储存和处理这些大数据时，我们必须知道两个重要的技术，分别为数据仓库技术和 Hadoop。当数据为结构化数据，来自传统的数据源时，则采用"数据仓库技术"来储存和处理这些数据；当数据为非结构化数据时，Hadoop 则是最适合的技术。

（1）数据仓库

数据仓库是指具有主题导向、整合性、长期性与稳定性的数据群组，是经过处理整合，且容量特别大的关系数据库，用于储存决策支持系统（design support system）所需的数据，供决策支持或数据分析使用。

结构化数据，包括企业的企业资源计划（enterprise resource planning，ERP）、客户关系管理（customer relationship management，CRM）、供应链管理（supply chain management，SCM）和人力资源管理等应用系统，以及支持日常业务应用的核心系统等。这些系统产出的结构化数据保留在关系数据库，按照事先设定的格式或结构所组成。但一个企业可能同时拥有好几个数据库，若这些数据库间各自独立，数据就等同于被拆散在不同的数据库中，因此将会很难拼凑出营运的全貌。此时，数据仓库就变成了重要的角色。

（2）Hadoop

Hadoop 是由 Apache 软件基金会（Apache Software Foundation）所开发出来的开放源代码分布式计算技术，是以 Java 语言开发，专门针对大量且结构复杂的大数据分析所设计，其目的不是为了瞬间反应、撷取和分析数据，而是通过分布式的数据处理模式，大量扫描数据文件以产生结果。其在效能与成本上均具有优势，再加上可通过横向扩充，易于应对容量增加的优点，因而备受瞩目。

Hadoop 的组成主要分为 3 个部分，分别为分布式文件系统（HDFS）、并行计算与程序设计框架（MapReduce）、储存系统（HBase）等组件。

HDFS 用于数据切割、分散储存，它会把一个文档切割成好几个小区块并制作副本，然后在 Hadoop 的服务器群集中跨多台计算机储存副本，文档副本通常预设为 3 份，该设定可以自行更改。除此之外，HDFS 的理念是其认为移动运算到数据端通常比移动数据到运算端的成本低，这是由于数据的位置信息会被考虑在内，因此运算作业可以移至数据所在位置。

MapReduce 是由 Map 和 Reduce 组成，Map 为分布式计算数据，Reduce 则是责汇整 Map 运算完的结果并输出。由于将一份数据分成多份储存和运算，本来一台计算机的工作可以被分工合作，这样速度当然可以快很多。

HBase 是一种分布式储存系统，并具备高可用性、高效能，以及容易扩充容量及效能的特性。HBase 适用于在数以千计的一般等级服务器上储存 PB 级别的数据，其中以 Hadoop 分布式文件系统（HDFS）为基础，提供类似 Bigtable 的功能，HBase 同时也提供了 MapReduce 程序设计的功能。

2. 大数据查询和分析技术

目前大数据存储都不属于关系数据库，因此通过传统的 SQL 语言来操作数据的方式无法直接使用。如对于 Hadoop 储存的数据是无法直接通过 SQL 来查询的。为了让 SQL 专业分析人员能通过 SQL 语言来操作和分析大数据，SQL on Hadoop 技术发展起来了。

SQL on Hadoop 技术是直接建立在 Hadoop 上的 SQL 查询，既保证 Hadoop 的性能，又利用 SQL 的灵活性。SQL on Hadoop 正处于起步阶段，Hadoop 解决方案对于 SQL 语言支持的深度与广度各不相同，技术实践方式也很多样。最基本的工作是将传统的 SQL 语言进行中间转换后操作，如 Hadoop 中的 Hive，就是把 SQL（HiveQL，Hive 中的 SQL 语句）编译成 MapReduce，从而读取和操作 Hadoop 上的数据。这是很多 SQL on Hadoop 技术的基础，它提供了一种能力，让企业把信息管理能力从结构化的数据延伸到非结构化的数据。

3.数据挖掘技术

数据挖掘技术主要包括并行数据挖掘、搜索引擎技术、推荐引擎技术和社交网络分析等。

（1）并行数据挖掘

挖掘过程包括预处理、模式提取、验证和部署 4 个步骤，对于数据和业务目标的充分理解是做好数据挖掘的前提，需要借助 MapReducei 计算架构和 HDFS 存储系统完成算法的并行化和数据的分布式处理。

（2）搜索引擎技术

搜索引擎技术可以帮助用户在海量数据中迅速定位到需要的信息，只有理解了文档和用户的真实意图，做好内容匹配和重要性排序，才能提供优秀的搜索服务。

（3）推荐引擎技术

帮助用户在海量信息中自动获得个性化的服务或内容，这是搜索时代向发现时代过渡的关键动因，冷启动、稀疏性和扩展性问题是推荐系统需要直接面对的永恒话题，推荐效果不仅取决于所采用的模型和算法，还与产品形态、服务方式等非技术因素息息相关。

（4）社交网络分析

从对象之间的关系出发，用新思路分析新问题，提供了对交互式数据的挖掘方法和工具，是群体智慧和众包思想的集中体现，也是实现社会化过滤、营销、推荐和搜索的关键性环节。

5.2　云计算的相关理论

提到大数据，就不得不提到另一个名词——云计算。云计算是大数据的 IT 基础，而大数据是云计算的拓展与应用。本质上，云计算强调的是大数据计算，这是动的概念；而数据则是云计算的对象，这是静的概念，前者强调计算能力，或者看重存储能力。大数据挖掘及知识生产的基础大数据技术对存储、分析、安全的需求，促进了云计算架构、云存储、云安全技术快速发展和演进。

5.2.1　云计算的特点与分类

1.云计算的特点

（1）资源共享

云计算可以类似于水电等基础设施行业，提供公共计算能力，能够充分利用配置的资源，通过共享方式进行服务。

（2）按需分配

云计算可以依据云应用的资源情况，主动调整、调度资源分配，支持根据应用要求快速配置资源，并能适应要求性分配资源。

（3）弹性调度

云计算通过虚拟化技术实现资源的快速迁移，减少故障的风险。

（4）服务可扩展

"云"的规模可以动态伸缩，满足应用和用户规模增长的需要。

（5）普遍接入

云计算接入的地域不受限制，可以在任意位置使用各种终端获取应用服务。

（6）系统安全

云计算可以保障数据传输的安全，并选择适合的加密手段保证系统的安全。

（7）地理分布

云计算提供的资源地理是分布式的，通过虚拟技术统一融合。

2. 基于部署方式的云计算分类

目前按照部署方式分类，云计算包括私有云，公有云（也称公共云）以及混合云。其分类如图 5-2 所示。

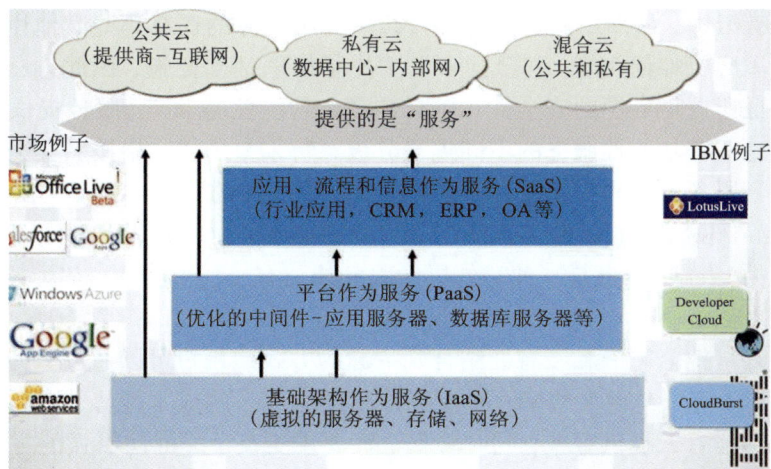

图 5-2　云计算的分类

（1）私有云

商业企业和其他社团组织不对公众开放，仅为本企业或社团组织提供云服务（IT 资源）的数据中心被称为私有云。与传统的数据中心相比，云数据中心可以支持动态灵活的基础设施，降低 IT 架构的复杂度，使各种 IT 资源得以整合、标准化，并且可以通过自动化部署提供策略驱动的服务水平管理，使 IT 资源能够更加容易满足业务需求的变化。相对于公有云,私有云的用户完全拥有整个云中心设施(如中间件、服务器、网络和磁盘),可以控制哪些应用程序在哪里运行,并且可以决定允许哪些用户使用云服务。由于私有云的服务提供对象是针对企业或社团内部,私有云的服务更少地受到在公有云中必须考虑的诸多限制,如带宽、安全和法规遵从性等。而且通过用户范围控制和网络限制等手段,私有云可以提供更多的安全和私密等专属性的保证。

私有云提供的服务类型也可以是多样化的。私有云不仅可以提供 IT 基础设施服务,而且也支持应用程序和中间件运行环境等云服务,如企业内部的管理信息系统(management information system,MIS)云服务。中国中化集团的"中化云计算"就是典型的支持 SAP 服务的私有云。

(2)公有云

云设施向公共开发使用,即将云服务提供给大众时,称之为公有云。公有云由云提供商运行,为最终用户提供各种各样的 IT 资源。云提供商可以提供从应用程序、软件运行环境到物理基础设施等方面的 IT 资源的安装、管理、部署以及维护。最终用户通过共享的 IT 资源达到自己的目的,并且为其使用的资源付费(pay-as you go),通过这种比较经济的方式获取自己所需的 IT 资源服务。

在公有云中,最终用户不知道与其共享使用资源的还有哪些其他用户,以及具体的资源底层如何实现,甚至几乎无法控制物理基础设施。因此,云服务提供商必须保证所提供资源的安全性和可靠性等非功能性需求,云服务提供商的服务级别也因这些非功能性服务的不同进行分级。特别是需要严格按照安全性和法规遵从性的云服务要求来提供服务,更高层次、更成熟的服务质量。公有云的示例包括 Google App Engine,Amazon EC2 和 IBMDeveloper Cloud。中国无锡的云计算中心建立的"太湖云"也是一种对外提供服务的公有云。

(3)混合云

混合云是把公有云和私有云结合到一起的方式。用户可以通过一种可控的方式部分拥有,部分与他人共享。企业可以利用公有云的成本优势,将非关键的应用通过外部公有云提供服务,同时将安全性要求更高、关键性更强的主要应用通过内部的私有云提供服务。这些云可以由企业创建,而管理职责由企业和云服务提供商共同承担。当企业需要使用既是公有云又是私有云的服务时,选择私有云比较合适。然而由于私有和公共服务组件间的交互和部署会带来更多的网络和安全方面的要求,这会相应带来较高的设计和实施难度。混合云的示例包括运行在荷兰的 iTricity 的云计算中心。

5.2.2　云计算的基本架构

关于云计算,它有自己的一套架构或者说分类,根据美国国家标准和技术研究院提出的观点，云计算基本架构（服务模式）分为基础设施即服务（infrastructure as a service，IaaS），平台即服务（platform as a service，PaaS）以及软件即服务（software as a service，SaaS）3 个方面，如图 5-3 所示。本小节将详细地介绍这 3 种架构的基本内容。

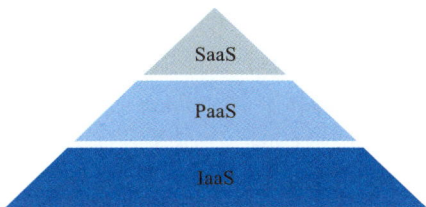

图 5-3　云计算层次

1. IaaS

IaaS 只涉及租用硬件，位于云计 3 层服务的最下端，是一种最基础的服务，即把 IT 基础设施像水、电一样以服务的形式提供给用户，以服务形式提供基于服务器和储存等硬件资源的可高度扩展和按需变化的 IT 能力。

该层提供基本的计算和存储能力，以计算能力的提供为例，其提供的基本单元就是服务器，包含 CPU、内存、存储、操作系统及一些软件。为了让用户能够定制自己的服务器，需要借助服务器模板技术，即将一定的服务器配置与操作系统和软件进行绑定，并提供定制的功能。服务的供应是一个关键点，它的好坏直接影响用户的使用效率及 IaaS 系统运行和维护的成本。自动化是一个核心技术，它使得用户对资源使用的请求可以以自行服务的方式完成，无须服务提供者的介入。一个稳定而强大的自动化管理方案可以将服务的边际成本降低为 0，从而保证云计算的规模化效应得以体现。在自动化的基础上，资源的动态调度得以成为现实。资源动态调度的目的是满足服务水平的要求。比如根据服务器的 CPU 利用率，IaaS 平台自动决定为用户增加新的服务器或存储空间，从而满足事先跟用户订立的服务水平条款。在这里，资源动态调度技术的智能性和可靠性十分关键。此外，虚拟化技术是另外一个关键的技术，它通过物理资源共享来极大提高资源利用率，降低 IaaS 平台成本与用户使用成本；而且，虚拟化技术的动态迁移功能能够大幅度提高服务可用性，这一点对许多用户极具吸引力。例如，IBM 为无锡软件园建立的云计算中心以及 Amazn 的 EC2.

有了 IaaS，你可以将硬件外包到别的地方去。IaaS 公司会提供场外服务器，存储和网络硬件，你可以租用，从而节省了维护成本和办公场地，公司可以在任何时候利用这些硬件来运行其应用。

一些大的 IaaS 公司包括 Amazon，Microsoft，VMWare，Rackspace 和 Red Hat。这些公司都有自己的专长，比如 Amazon 和微软给你提供的不只是 IaaS，他们还会将其计算能力出租给你来运行经营你自己的网站。

2. PaaS

第二层就是所谓的 PaaS，位于云计算 3 层服务的最中间，某些时候也叫作中间件，被称为云计算操作系统。在硬件的基础上，租用一个特定的操作系统与应用程序，来自行开发应用软件，另外也包括数据库和中间件。公司所有的开发都可以在这一层进行，节省了时间和资源。PaaS 公司在网上提供各种开发和分发应用的解决方案，比如虚拟服务器和操作系统，这节省了你在硬件上的费用，也让分散的工作室之间的合作变得更加容易。

它提供给终端用户基于互联网的应用开发环境，包括应用编程接口和运行平台等，并且支持应用从创建到运行整个生命周期所需的各种软硬件资源和工具。一般情况下按照用户或登录情况计费。在 PaaS 层面，服务提供商提供的是经过封装的 IT 能力，或者说是一些逻辑的资源，如数据库、文件系统和应用运行环境等。

一些大的 PaaS 提供者有 Google App Engine，Microsoft Azure，Force. com，Heroku，Engine Yard。最近兴起的公司有 AppFog，Mendix 和 Standing Cloud。

3. SaaS

软件即服务是最常见的云计算服务，位于云计算 3 层服务的顶端，也就是所谓的 SaaS。在云平台提供的定制软件上，直接部署自己的应用系统。这一层是和你的生活每天接触的一层，大多通过网页浏览器来接入。任何一个远程服务器上的应用都可以通过网络来运行，就是 SaaS。你消费的服务完全是从网页如 Netflix，MOG，Google Apps，Box. net，Dropbox 或者苹果的 iCloud 那里进入这些分类。尽管这些网页服务是用作商务和娱乐或者两者都有，但这也算是云技术的一部分。用户通过标准的 Web 浏览器来使用 Internet 上的软件。服务供应商负责维护和管理软硬件设施，并以免费(提供商可以从网络广告之类的项目中生成收入)或按需租用方式向最终用户提供服务。这类服务既有面向普通用户的，如 Google Calendar 和 Gmail；也有直接面向企业团体的，用于帮助处理工资单流程、人力资源管理、协作、客户关系管理和业务合作伙伴关系管理。这些产品的常见案例包括 IBM Lotuslive、Salesforce. com 和 Sugar CRM 等。这些 SaaS 提供的应用程序减少了客户安装和维护软件的时间和技能等代价，并且可以通过按使用付费的方式来减少软件许可证费用的支出。

在 SaaS 层面，服务提供商提供的是消费者应用或行业应用，直接面向最终消费者和各中企业用户。这一层面主要涉的技术有 Web2. 0、多租户和虚拟化。Web2. 0 中的 JAX 等技术的发展使得 Web 应用的易用性越来越高，它把一些桌面应用中的用户体验带给了 Web 用户，从而让人们更容易接受从桌面应用到 Web 应用的转变。多租户是指一种软件架构，在这种架构下，软件的单个实例可以服务于多个客户组织(租户)，客户之间共享一套硬件和软件架构，它可以极大降低每个客户的资源消耗，降低客户成本。虚拟化也是 SaaS 层的一项重要技术，与多租户技术不同，它可以支持多个客户共享硬件基础架构，但不共享软件架构，这与 IaaS 中的虚拟化是相同的。

以上的 3 层，每层都有相应的技术支持提供该层的服务，具有云计算的特征，如弹性伸缩和自动部署等。每层云服务既可以独立成云，也可以基于下面层次的云服务。每种公既可以直接提供给最终用户使用，也可以只用来支撑上层的服务。3 层云计算服务架构如图 5-4 所示。

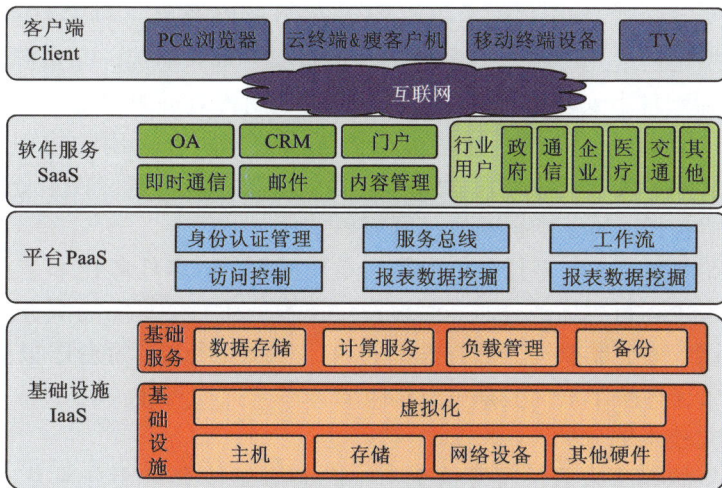

图 5-4　云计算服务架构

5.3　基于虚拟化技术的云平台系统实现

5.3.1　虚拟化技术

1.虚拟化基本概念

在大数据产业发展和变革的背后，云计算作为架构的底层，用于支撑上层海量数据的存储和计算。传统的操作系统都是直接运行在物理服务器的硬件上，因为性能和容量的限制无法应对大规模数据处理。为了应对日益增加的海量数据，在硬件和操作系统中间引入了虚拟化层。具体来讲，虚拟化是指将资源以一种抽象的形式来表述，既可以将整体的物理资源划分成多个逻辑单元去表示，也可以将多个物理资源用单一的整体的一个逻辑单元去表示。虚拟化技术将主机的计算资源的物理特性拆分成多个以逻辑化表示的虚拟资源，同样也可以将一些物理资源整合成整体的虚拟资源。

学者 Christopher Strachey 在其论文 *Time Sharing in Large Fast Computer* 中第一次被提出虚拟化技术的概念。1960 年开始，IBM 首先在大型机上将操作系统虚拟化，该技术充分利用了机器物理资源。在硬件性能大幅度提高的背景下，为了减少管理维护费用，同时为了提高资源的利用率，研究人员通过在一台物理机器上运行多个应用程序和操作系统，充分发掘物理资源的性能潜力，虚拟化技术因此在许多不同的领域得到应用。

虚拟化技术的本质可以看作是一个概念的产物，将真实的物理资源逻辑化表示，它的最终目标就是最大化的提高资源利用率以及以一种灵活的方式提供 IT 资源。虚拟化技术允许用户把多台 X86 设备集合起来做成一个资源池，再在这些 X86 服务器硬件上安装虚拟化层，在虚拟化控制台对资源池进行统一调配，来搭建虚拟机（virtual machine），这些虚拟机可以共享所有可用的物理资源（包含 CPU、内存、I/O、网络资源等），使得操作系统和应用从传统硬件上分离出来，打包成独立的虚拟机，易于维护而且部署简单。

但是，虚拟化技术与多任务技术是有本质区别的，多任务技术是在一个操作系统上运行多个运行程序或任务，而虚拟化技术是在一个真实的服务器主机上虚拟出多台机器，每个虚拟机上都有虚拟的内存等硬件资源，每台虚拟机上运行着操作系统，在这些操作系统上都可以运行着许多个应用程序。

2.虚拟化技术的分类

从虚拟化的资源来看，通常情况下，将虚拟化技术主要分成基础设施虚拟化、系统虚拟化和软件虚拟化三类。

基础设施虚拟化通常来说有文件虚拟化以及网络虚拟化等，其中网络虚拟化就是指对网络连接进行一个虚拟化，将网络分层中的一些硬件功能分离出来，如路由器、交换机、子网等，通过软件模拟的方式，进行组网。模拟出的虚拟网络，同样具备物理网络的功能，能够为云计算中提供的虚拟主机提供网络服务。给人的感觉就是连接着网线，远程用户能够通过虚拟网络去连接公司或者企业的网，通常来说，这种情况一般是虚拟专用网络，也叫作 VPN，它有很大的优势，让用户可以很多并且安全的去访问网络。存储虚拟化就是对存储设备的一个虚拟化，整合云平台中的硬件资源，对外提供块存储、对象存储和数据库等多种存储功能服务。通过存储虚拟化可以虚拟出很多存储器，实现功能的一个集成作用，相比传统的单一的存储有很大的优势。

系统虚拟化就是通过虚拟化软件将一台物理主机虚拟成相互不受影响的多台

虚拟机，其中对服务器进行虚拟化是系统虚拟化的一种。服务器虚拟化就是将一台服务器虚拟成多台服务器，它们将并发的去运行，共享那台物理主机，并提供给不同的租户使用，这样这些机器就不只受限于物理资源，通过云计算可以将多台物理主机虚拟成一个逻辑资源池，从而给虚拟机提供底层的资源，这样可以充分的利用硬件资源，不会造成硬件资源的浪费，从而提高服务器的性能，实现一种按需提供计算能力的一种方式，非常灵活和方便。采用服务器虚拟化技术去构建云平台有着很多优点。

软件虚拟化是相对于应用软件环境的虚拟化技术，可以分为应用级别虚拟化和操作系统虚拟化。采用应用虚拟化技术的应用程序，会在操作系统上再构建一层虚拟化层，使得应用运行能够脱离底层操作系统，用户就不用在客户端安装软件，也就是将应用程序运行在虚拟环境中，其计算逻辑和显示逻辑是分离的。当用户去访问虚拟化的服务或软件时，客户端需要把用户与机器相互传输的数据发送到服务器端，服务器建立单独的路径进行逻辑运算，此计算逻辑是属于被使用的服务，之后服务器将要显示的信息发送回给客户端，这样用户就能够有像操作本地服务的感觉。典型例子有虚拟桌面、Java 虚拟机等。操作系统虚拟化，是指在一台物理机器上运行多个操作系统，目前常见的 KVM、Xen 都是属于这一级别的虚拟化。软件虚拟化可以提高应用安全性、可移植性，简化应用部署。

虚拟化技术将物理资源分割成多个虚拟的逻辑资源，包括硬件计算、存储仪器和计算机网络资源等。通过这种方式，能够将物理资源充分利用，将一份物理资源共享给多个用户使用，提高效率，降低成本。同时如果虚拟化技术在云计算的基础设施层中得到充分的应用，租户可以直接使用云供应商提供的云主机，如此可以节省开支和人员消耗，加快产品开发进度。

5.3.2　系统虚拟化实现

不管采用哪种架构，系统对服务器虚拟化都要从至少 3 个方面进行虚拟化，即 CPU 虚拟化、内存虚拟化和 I/O 虚拟化。此外，对于云计算基础架构的系统而言，还需要对网络资源和存储进行虚拟化。

1. CPU 虚拟化

CPU 虚拟化把物理 CPU(必须支持虚拟化，即 Intel-VT 或者 AMD-VT)转换成虚拟 CPU，通过虚拟控制台把这些虚拟 CPU 分配给不同的虚拟机，任何一台虚拟机可以使用一个或者多个虚拟 CPU，不同虚拟机所使用的虚拟 CPU 相互隔离，可以极大地提高物理 CPU 的使用效率。通过优化过的指令集控制虚拟过程，虚拟机监视器(virtual machine monitor, VMM)的虚拟实现方式会更大程度提高性能。虚拟化技术同时提供基于芯片的功能，借助兼容 VMM 软件改进纯软件解决方案。虚拟化硬件提供全新的架构来支持操作系统不经过二进制转换而直接在硬件上运行，提高了硬件性能，极大地简化了 VMM 软件的设计，进而使 VMM 软件性能更加强大。另外，纯软件 VMM 不支持 64 位客户操作系统，在 64 位处理器不断普及的今天，这一问题也日益突出，严重影响了纯软件 VMM 的发展。CPU 的虚拟化技术很好地解决了这个问题，不仅支持大部分的传统操作系统，也支持 64 位客户操作系统。目前 CPU 的两大厂商 Intel 和 AMD 均有自己的 CPU 虚拟化技术。

2. 内存虚拟化

内存虚拟化是指通过虚拟机监控程序增加一个虚拟的内存虚拟化层，将物理内存整合成一个内存资源池，对物理内存进行统一管理，使所有的虚拟机可以使用虚拟化后的虚拟内存，而且每台虚拟机都拥有自己的独立虚拟内存。内存虚拟化的重点在于 VMM 对物理内存有最终的控制权，它必须控制将客户物理地址空间映射到主机物理地址空间的操作，才可以顺利地实现内存虚拟化。

内存虚拟化的方法是 VMM 软件维护一个虚拟机内存管理数据结构——镜像页表（shadow page table）。VMM 通过镜像页表给不同的虚拟机分配机器的内存页，如操作系统虚拟内存一样，VMM 能将虚拟机内存换页到磁盘，因此，虚拟机申请的内存可以超过机器的物理内存。VMM 可以根据每个虚拟机的要求，动态地分配相应的内存，更新虚拟主机逻辑地址和物理主机内存地址之间相对应的关系，利用其中虚拟机的内存管理单元来实现这一目标，如图 5-5 所示。

在服务器虚拟化技术中，因为内存是虚拟机最频繁访问的设备，所以内存虚拟化与 CPU 虚拟化具有同等重要的地位。在内存虚拟化中，服务器为了能运行多台虚拟机，虚拟机平台监控器具有管理虚拟机内存的机制，也有虚拟机内存管理单元。因此，虚拟机中看到的内存并不是真正的物理内存，而是被虚拟机平台监控器管理的物理内存。

3. I/O 虚拟化

除了 CPU 虚拟化与内存虚拟化，虚拟化技术中最重要的就是设备与 I/O 虚拟化，I/O 虚拟化是通过软件 I/O 虚拟化层，将真实的物理硬件打包成虚拟设备，供虚拟机之间进行使用，为虚拟机提供 I/O 请求。虚拟机控制台作为实际硬件和虚拟设备之间的平台，为虚拟机提供了丰富的虚拟设备。

目前，实现 I/O 虚拟化有三种方式：全设备模拟、半虚拟化和直接 I/O。

全设备模拟是实现 I/O 虚拟化的第一种方式，通常来讲，该方法可以模拟一些知名的真实设备。一个设备的所有功能或总线结构（如设备枚举、识别、中断和 DMA）都可以在软件中复制。该软件作为虚拟设备处于 VMM 中，客户操作系统的 I/O 访问请求会进入 VMM，与 I/O 设备交互。I/O 虚拟化的半虚拟化方法是 Xen 所采用的方法，即广为熟知的分离式驱动模型，由前端驱动和后端驱动两部分构成。前端驱动运行在 Domain U 中，而后端驱动运行在 Domain 0 中，它们通过一块共享内存交互。前端驱动管理客户操作系统的 I/O 请求，后端驱动负责管

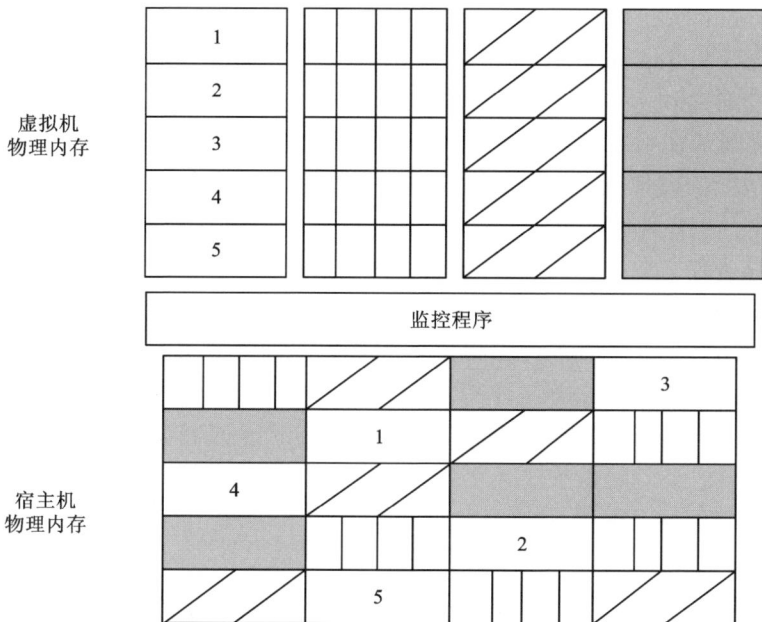

图 5-5　内存虚拟化原理

理真实的 I/O 设备并复用不同虚拟机的 I/O 数据。尽管与全设备模拟相比，半 I/O 虚拟化的方法可以获得更好的设备性能，但其也会有更高的 CPU 开销。直接 I/O 虚拟化让虚拟机直接访问设备硬件。它能获得近乎本地的性能，并且 CPU 开销不高。然而，当前所实现的直接 I/O 虚拟化主要集中在大规模主机的网络方面，对商业硬件设备仍有许多挑战。例如，当一个物理设备被回收以备后续再用时，它可能被设置一个未知状态，引起工作不正常，甚至让整个系统崩溃。由于基于软件的 I/O 虚拟化要求非常高的设备模拟开销，硬件辅助的 I/O 虚拟化很关键。Intel 的 VT-d 支持 I/O DMA 传输的重映射和设备产生的中断。VT-d 结构提供了支持多用途模型的灵活性，可以运行未修改、拥有特殊目的、虚拟化感知的客户操作系统。

4. 网络虚拟化

网络虚拟化是指对网卡、网络交换机等网络设备进行的虚拟化，通过网络虚拟化，可以在同一个实际网卡上运行多个虚拟网络设备。在一台物理服务器上运行多台虚拟机时，所有虚拟机的网络数据包如何快速而安全的通过物理网卡，这就是网络虚拟化的难点所在，上层业务对网络的需求除了基本的数据转发，还包含了安全隔离和 QoS 两个方面，这两点实现的关键是要对数据流量进行清晰的区分，再根据业务类型匹配不同的保障等级，最终实现网络安全和 QoS。

对于外部网络，以 Cisco 为首的网络厂家提出了 VN-Tag 的解决方案，通过给数据帧打上 VN-Tag 标签，识别不同虚拟机的网络流量，从而在上联物理交换机上实现安全隔离和 QoS，这就是"虚拟接入"。"虚拟通道"，即在物理服务器内部，虚拟化网卡在不破坏现有业务机制的前提下，为每个虚拟机提供一个具备独立的 I/O 功能的模拟通道，可以模拟在非虚拟化环境中的一切网络机制，并且对虚拟机透明。"虚拟通道"是在物理网卡上对上层软件系统虚拟出多个物理通道，每个通道具备独立的 I/O 功能；"虚拟接入"是利用标签，在全网范围内区分出不同的虚拟机流量，这就是网络虚拟化的两大关键技术，其基本原理如图 5-6 所示。从图 5-6 中可以看出，虚拟机产生的数据通过虚拟通道进入网卡，打上 VN-Tag 标签后通过虚拟接入送往外部网络；网卡接收到外部网络送来的带有 VN-Tag 标签的数据，然后根据标签将数据送往对应的虚拟通道，发送给对应的虚拟机网卡。这样，上层的业务丝毫感受不出 I/O 的变化，所有的数据行为与运行在独立的物理服务器上毫无区别。

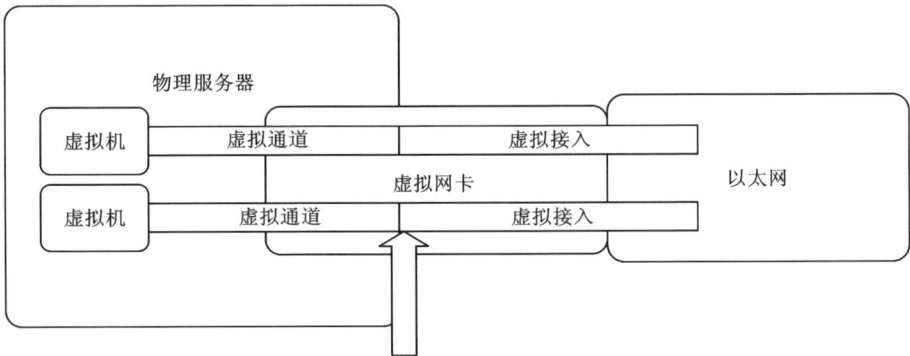

图 5-6　网络虚拟化原理

5. 储存虚拟化

简单来说，存储虚拟化就是对存储硬件资源进行抽象化的表现。通常将一个或者多个目标服务功能集成，统一提供有用的全面功能服务。随着信息业务的不断发展，存储虚拟化将贯穿整个 IT 环境、用于简化本来相对复杂的底层基础架构技术。它把存储资源看成一个巨大的"存储池"，而不用关心具体的磁盘、磁带以及数据从哪个路径通往哪个存储设备上。

阵列技术是最初的存储虚拟化模型，它通过将多块物理磁盘驱动器条带化后以阵列的方式组合起来，为操作系统层提供了统一的逻辑磁盘。继 RAID 之后，又出现 NAS、SAN，i SCSI、NFS 等。存储虚拟化被赋予了更多的含义，它可以使逻辑存储单元在广域网范围内整合，在不停机的情况下就能从一个磁盘阵列移动到另一个磁盘阵列上，并且可以根据用户的实际使用情况来分配存储资源。在虚拟化环境中，在硬件和传统操作系统之间插入一层虚拟化层，通过抽象将资源和物理设备解耦合，通过抽象整合，从而将不同的硬件设备形成一个整体逻辑设备来提供服务。存储虚拟化通过将分散的抽象整合成单一的逻辑资源池，既方便了管理员和 VMM 的管理，又整合了分散资源，起到了节约资源和提高效率的双重作用。存储虚拟化的过程避开了存储资源的物理特性，解除了存储数据对存储设备的物理依赖关系。用户看到的是一个巨大容量的存储资源池，而不用在意这个资源池使用的存储是哪个厂商、在哪个物理位置，用户只要考虑自己需要的存储空间大小和自己的文件结构，而不必考虑自己的文件存储在哪一个具体的存储和磁盘上。传统的存储直接跟物理主机相连，管理员需要管理复杂的硬件连接、排除硬件故障等，相比之下，存储虚拟化大降低了管理的复杂程度，并且提高了磁盘利用率，避免了存储资源的浪费。这两种存储架构的区别如图 5-7 所示。

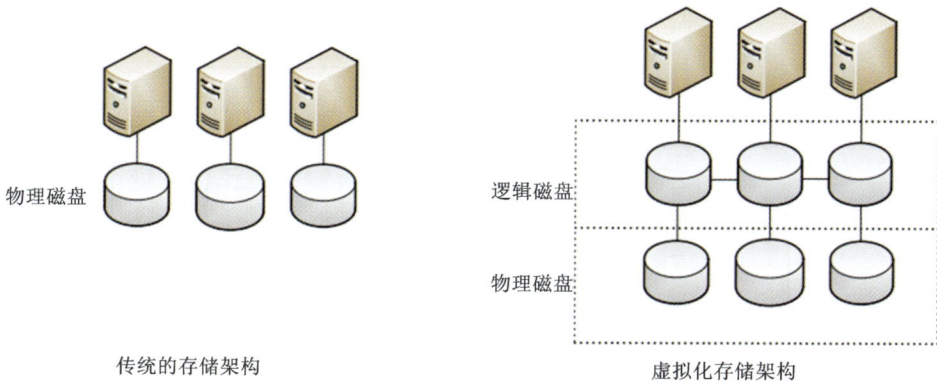

物理磁盘

传统的存储架构

逻辑磁盘

物理磁盘

虚拟化存储架构

图 5-7　储存虚拟化原理

5.3.3　系统虚拟化工具——VMware vSphere

系统虚拟化工具——VMware vSphere 是一组虚拟化套件，基于云计算平台的新一代数据中心。其提供了集中管理、高可用性、虚拟化基础架构和监控等一整套解决方案。利用 Vmware vSphere 这个数据中心虚拟化平台可实现关键业务应用程序与底层硬件设备分离，让所有应用程序和服务拥有最高级别的可用性和速度，从而达到高可靠性和高灵活性。VMware vSphere 的虚拟基础架构如图 5-8 所示，由 X86 架构的虚拟化服务器、存储器网络和阵列、IP 网络、管理服务器和桌面客户端 4 部分构成。

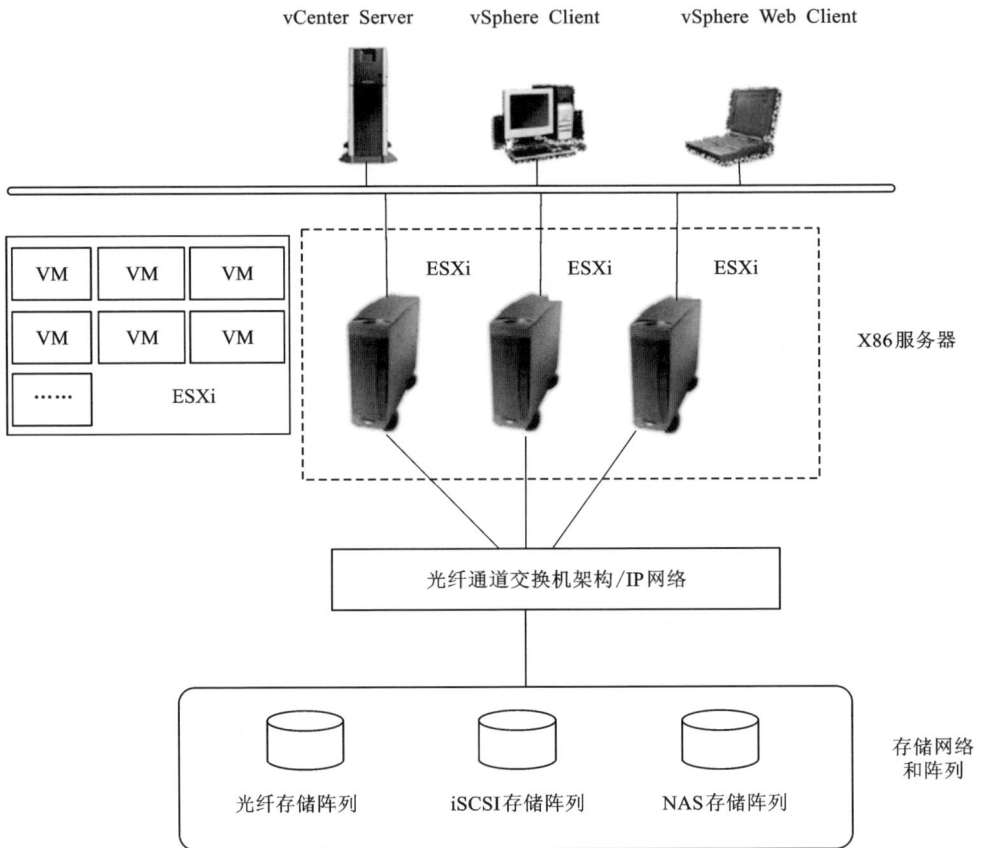

图 5-8　VMware vSphere 和虚拟化基础架构

VMware vSphere 构建了整个虚拟基础架构，该虚拟基础架构可充当云计算的基础，将数据中心转化为可扩展的聚合计算机基础架构。VMware View 是 VMware 的桌面虚拟化产品，桌面虚拟化技术最早由 VMware 提出，并且现在 VMware View 是 VMware 除了 vSphere 的主打产品，也有很高的市场占有率。

1. VMware vSphere 重要组件

（1）VMware ESXi

ESXi 是 vSphere 产品套件中重要的一部分，是 VMware vSphere 的操作系统，负责将计算机的物理资源转化为逻辑资源，保证计算机资源的高效利用，其他组件都建立在 ESXi 之上。ESXi 是高效灵活的虚拟主机平台，具有高级资源管理功能，运行在物理服务器的虚拟化层，它可以将计算机资源分成若干个逻辑资源，按需分配物理服务器中的处理器、内存、存储器和资源,将其虚拟化为多个虚拟机可使用的硬件资源。

（2）vCenter Server

vCenter Server 用于集中管理 VMware vSphere 环境,利用单个控制台集中管理数据中心中的所有 VMware 服务器和虚拟机,拥有完整的虚拟机之间资源映射和拓扑图,是一个伸缩性和扩展性强的虚拟化管理平台。通过对服务器环境的部署、建立、启动和动态迁移虚拟机,其可以对虚拟机进行实时监控(包括服务器的硬件、网络和存储)、大规模的统一部署和动态资源分配,为虚拟化管理奠定了基础。

（3）VMware vSphere Client

VMware vSphere 的客户端,允许用户通过 PC 远程连接到 vCenter Server 或是在 ESXi 的界面上对虚拟机进行操作。

（4）VMware vSphere Web Client

VMware vSphere 的 Web 端,允许用户通过 Web 浏览器远程访问 Center Server 或 ESXi 的界面。

（5）vSphere 虚拟机系统（VMFS）

ESXi 虚拟机的高性能集群文件系统,使虚拟化技术的应用超出了单个系统的限制。

（6）vSphere Virtual SMP

使单一的虚拟机同时使用多个物理处理器。

（7）vSphere vMotion

将虚拟机从一台物理服务器迁移到另一台物理服务器,零停机,虚拟机上提供的服务不中断。

（8）vSphere High Availablility（HA）

高可用性,当一台物理服务器出现故障,运行在其上的虚拟机在同网段物理服务器(有多余资源或容量)上重新启动运行。经济有效地适用于所有应用的高可用,不需要独占的 stand-by 硬件,没有集群软件的成本和复杂性,如图 4-4 为 VMware 公司提出的虚拟化解决方案中 HA 的工作原理。

（9）Resource Scheduler（DRS）

按需自动调配资源。通过虚拟机收集硬件资源,动态分配和平衡计算容量,跨资源池动态调整计算资源,基于预定义的规则智能分配资源,使 IT 和业务优先级对应,动态提高系统管理效率,自动化的硬件维护。DRS 围绕业务进行组织和规划,而不是服务器硬件为 VMware 公司提出的虚拟化解决方案中 DRS 的工作原理。

2. VMware vSphere 平台系统架构

VMware vSphere 平台系统架构分为虚拟化层、管理层和接口层，如图 5-9 所示，通过这 3 个层次，VMware vSphere 平台充分利用虚拟化资源、控制资源和访问资源，为用户提供灵活可靠的 IT 服务。

（1）虚拟化层

位于 VMware vSphere 平台系统架构的最底层，包括应用程序服务和基础架构服务。其中基础架构服务用于分配硬件资源，包括计算机服务、网络服务和存储服务。应用程序服务针对虚拟机，保证虚拟机的正常运行。

（2）管理层

管理层位于 VMware vSphere 平台系统架构的中间。vCenter Serve 集中单点管理数据中心中所有主机和虚拟机，可以控制每个级别上虚拟机的可控性和可见性，快速部署、动态迁移虚拟机，其软件开发包支持与第三方管理工具的集成。

（3）接口层

接口层位于 VMware vSphere 平台系统架构的顶层。用户通过 VMware vSphere Client 或者 VMware vSphere Web Client 访问 VMware vSphere 虚拟平台，还可采用 SDK 自动管理数据中心。

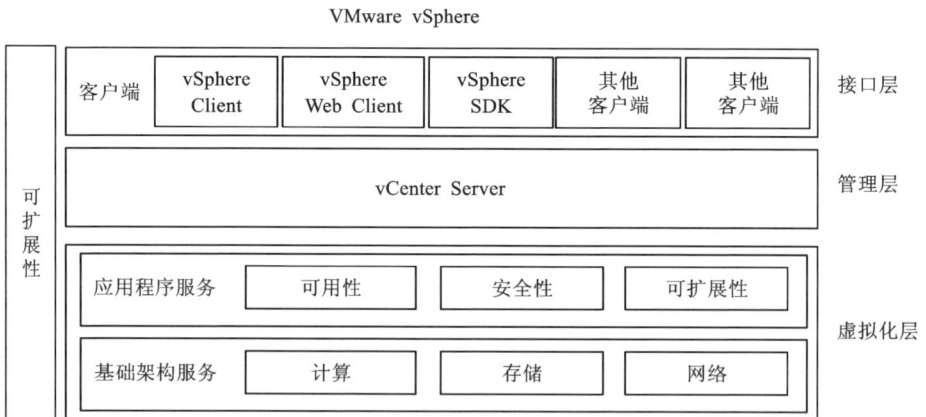

VMware vSphere

可扩展性	客户端	vSphere Client	vSphere Web Client	vSphere SDK	其他客户端	其他客户端	接口层
	vCenter Server						管理层
	应用程序服务	可用性	安全性	可扩展性			虚拟化层
	基础架构服务	计算	存储	网络			

图 5-9　VMware vSphere 平台三层系统架构

3. VMware vSphere 网络架构

在虚拟网络过程中，有一个核心的思想就是"一致性"，让用户感觉不到是在一个虚拟化的平台上工作，当一台物理机承载多台虚拟机时，多个虚拟网卡的管理需要让其与物理网卡之间引入"虚拟交换机"的抽象层，虚拟交换机与物理交换机接近主要执行虚拟网卡和物理网卡之间包的转发，转发模式如图 5-10 所示。

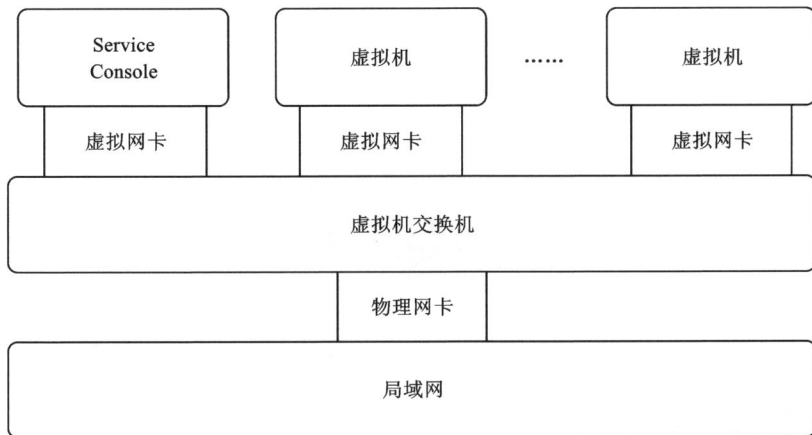

图 5-10 虚拟交换机与物理交换机转发模式

与物理机相同，每个虚拟机都有一个或者多个虚拟网卡。虚拟机操作系统通过虚拟的网卡与外部设备进行数据通信，如同真实的物理机，每个虚拟网卡也有对应的 MAC 地址和分配（动态或静态）的 IP 地址，响应 TCP/IP 协议，外部与之通信的设备不会感知到与其通信的是虚拟机还是物理机。虚拟机彼此之间形成的内部虚拟环境与外部环境之间通过虚拟交换机进行数据交换。

VMware 建立的虚拟交换机可以与主机（物理机）之间有关联，也可以通过创建多个 LAN 的方式与主机无关联，在实际使用和实现中，为了达到数据彼此通信，多数采取第一种方法。

5.4 基于大数据和 BIM 的高速公路建设管理云平台架构——以中开高速公路项目为例

顺应当前云计算的发展趋势，以软件定义数据中心的模式，建设全新的云计算数据中心，并实现云计算信息中心与传统计算方式的融合，实现数据中心的资源调度能力、应用负载均衡等能力。同时，在设计方案时，充分考虑整个大系统的安全性，实现东西、南北两个方向的防护，阻挡来自外部和内部的威胁，使业务系统随时获得更充分的资源，并且提高业务运行的持续性。中开高速项目信息化管理建设的目标是构建面向交通基础设施全生命周期管理的云计算服务模式，设计、研发和建设安全可控的统一绿色节能的云计算基础平台及相关软硬件系统，搭建交通基础设施全生命周期管理的平台基础。以下主要对云平台建设的规划和实施进行简要介绍。

5.4.1　中开高速云平台整体架构规划

中开高速云平台整体架构示意图如图 5-11 所示。

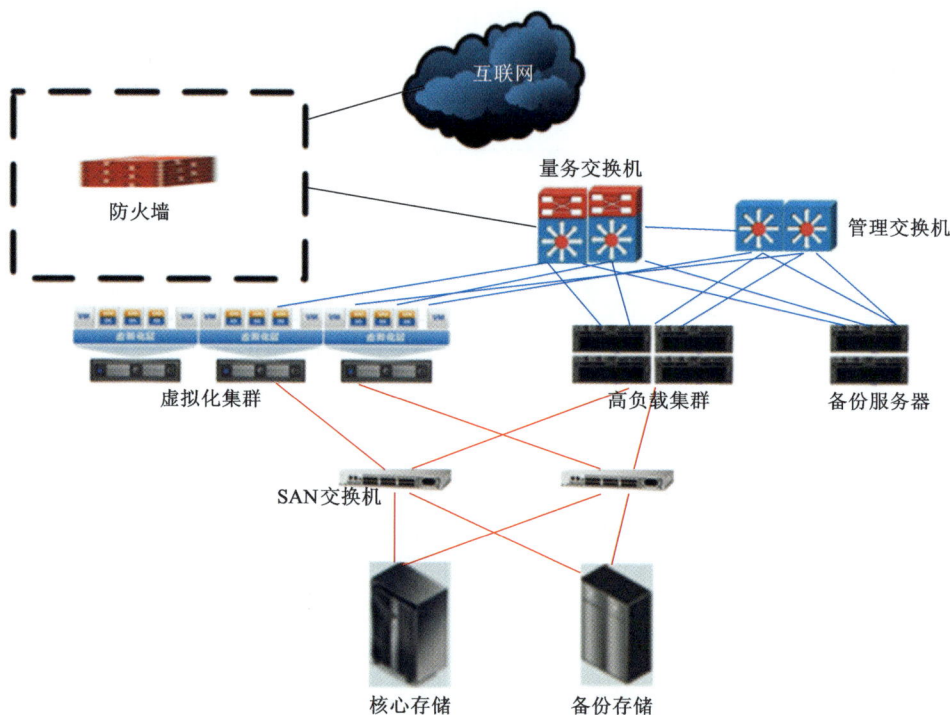

图 5-11　中开高速云平台整体架构

中开高速云平台采用分层架构设计，服务器集群通过千兆网络提供对外业务，通过 1GB 管理网络实现带外管理，存储网络通过 FC 线缆连接核心存储，备份存储连接到千兆网络。

5.4.2　中开高速云平台实施方案

1.概述

本次项目是新建平台，是对新开发 BIM 系统的虚拟化平台整体部署，与以往对虚拟化平台扩容工作不同，在网络、存储、虚拟化环境等方面需要总体规划部署，而且由于要将应用从原有平台迁移到新平台上，也需要为应用迁移准备所需的完整系统平台环境，包括虚拟化服务器、数据库服务器、磁盘阵列、网络交换机等。因此，结合项目现状和业务特点，首先需要搭建一个云计算平台，然后再迁移应用，最后实现最终设计目标。

集成项目初始环境的空间最低需求如下所述：

①3 套存储系统和 4 台 FC 交换机需要 1.5 个机柜。

②1 套备份系统需要 0.5 个机柜。

③7 箱刀片和 2 台 8 路服务器，需要 2 个机柜。

初步预估需要至少 4 个标准服务器空机柜，才能够开展实施工作，才能够统一规划设计云计算平台。

2.需求分析

迁移系统需求明细如表 5-2 所示。

表 5-2　迁移系统需求明细

序号	业务系统	应用类型	主机类型	型号	机柜位置	IP	数量	操作系统	数据库版本	数据
1	中电建路桥工程建设期/运营期智能化监控管理服务模块	应用服务器	虚拟机				2	Linux	SqlServer	
		关系型数据库	物理机	曙光 I980-G10	1F 机房	10.178.3.136 10.178.3.137	2	Windows 2012	Sqlserver	
		NAS 存储	物理机	曙光 ParaStor300	1F 机房	10.178.1.62 10.178.1.63	2	Linux	Hadoop	
		存储系统		曙光 DS800-G25	1F 机房					
2	中电建路桥工程建设期/运营期虚拟现实动态展示模块	应用服务器	虚拟机				2	Linux	Sqlserver	
		关系型数据库	物理机	曙光 I980-G10	1F 机房	10.178.3.136 10.178.3.137	2	Windows 2012	Sqlserver	
		NAS 存储	物理机	曙光 ParaStor300	1F 机房	10.178.1.62 10.178.1.63	2	Linux	Hadoop	
		存储系统		曙光 DS800-G25	1F 机房					8.25TB

续表5-2

序号	业务系统	应用类型	主机类型	型号	机柜位置	IP	数量	操作系统	数据库版本	数据
3	数据交换业务模块	应用服务器	虚拟机				2	Linux	Sqlserver	
		关系型数据库	物理机	曙光I980-G10	1F机房	10.178.3.136 10.178.3.137	2	Windows 2012	Sqlserver	
		NAS存储	物理机	曙光ParaStor300	1F机房	10.178.1.62 10.178.1.63	2	Linux	Hadoop	
		存储系统		曙光DS800-G25	1F机房					
4	大数据管理业务模块	应用服务器	虚拟机				2	Linux	SqlServer	
		关系型数据库	物理机	曙光I980-G10	1F机房	10.178.3.136 10.178.3.137	2	Windows 2012	Sqlserver	
		NAS存储	物理机	曙光ParaStor300	1F机房	10.178.1.62 10.178.1.63	2	Linux	Hadoop	
		存储系统		曙光DS800-G25	1F机房					
5	BIM标准化业务模块	应用服务器	虚拟机				2	Linux	SqlServer	
		关系型数据库	物理机	曙光I980-G10	1F机房	10.178.3.136 10.178.3.137	2	Windows 2012	Sqlserver	
		NAS存储	物理机	曙光ParaStor300	1F机房	10.178.1.62 10.178.1.63	2	Linux	Hadoop	
		存储系统		曙光DS800-G25	1F机房					

续表5-2

序号	业务系统	应用类型	主机类型	型号	机柜位置	IP	数量	操作系统	数据库版本	数据
6	设计管理业务模块	应用服务器	虚拟机				2	Linux	SqlServer	
		关系型数据库	物理机	曙光I980-G10	1F机房	10.178.3.136 10.178.3.137	2	Windows 2012	Sqlserver	
		NAS存储	物理机	曙光ParaStor300	1F机房	10.178.1.62 10.178.1.63	2	Linux	Hadoop	
		存储系统		曙光DS800-G25	1F机房					
7	征地拆迁管理业务模块	应用服务器	虚拟机				2	Linux	SqlServer	
		关系型数据库	物理机	曙光I980-G10	1F机房	10.178.3.136 10.178.3.137	2	Windows 2012	Sqlserver	
		NAS存储	物理机	曙光ParaStor300	1F机房	10.178.1.62 10.178.1.63	2	Linux	Hadoop	
		存储系统		曙光DS800-G25	1F机房					
8	施工进度业务模块	应用服务器	虚拟机				2	Linux	SqlServer	
		关系型数据库	物理机	曙光I980-G10	1F机房	10.178.3.136 10.178.3.137	2	Windows 2012	Sqlserver	
		NAS存储	物理机	曙光ParaStor300	1F机房	10.178.1.62 10.178.1.63	2	Linux	Hadoop	
		存储系统		曙光DS800-G25	1F机房					

续表5-2

序号	业务系统	应用类型	主机类型	型号	机柜位置	IP	数量	操作系统	数据库版本	数据
9	施工质量管理业务模块	应用服务器	虚拟机				2	Linux	SqlServer	
		关系型数据库	物理机	曙光 I980-G10	1F机房	10.178.3.136 10.178.3.137	2	Windows 2012	Sqlserver	
		NAS存储	物理机	曙光 ParaStor300	1F机房	10.178.1.62 10.178.1.63	2	Linux	Hadoop	
		存储系统		曙光 DS800-G25	1F机房					
10	施工安全管理业务模块	应用服务器	虚拟机				2	Linux	SqlServer	
		关系型数据库	物理机	曙光 I980-G10	1F机房	10.178.3.136 10.178.3.137	2	Windows 2012	Sqlserver	
		NAS存储	物理机	曙光 ParaStor300	1F机房	10.178.1.62 10.178.1.63	2	Linux	Hadoop	
		存储系统		曙光 DS800-G25	1F机房					
11	施工成本管理业务模块	应用服务器	虚拟机				2	Linux	SqlServer	
		关系型数据库	物理机	曙光 I980-G10	1F机房	10.178.3.136 10.178.3.137	2	Windows 2012	Sqlserver	
		NAS存储	物理机	曙光 ParaStor300	1F机房	10.178.1.62 10.178.1.63	2	Linux	Hadoop	
		存储系统		曙光 DS800-G25	1F机房					

续表5-2

序号	业务系统	应用类型	主机类型	型号	机柜位置	IP	数量	操作系统	数据库版本	数据
12	中开结构化 BIM 模型	应用服务器	虚拟机				2	Linux	SqlServer	
		关系型数据库	物理机	曙光 I980-G10	1F机房	10.178.3.136 10.178.3.137	2	Windows 2012	Sqlserver	
		NAS 存储	物理机	曙光 ParaStor300	1F机房	10.178.1.62 10.178.1.63	2	Linux	Hadoop	
		存储系统		曙光 DS800-G25	1F机房					
13	建设期/运营期视频监测业务模块	应用服务器	虚拟机				2	Linux	SqlServer	
		关系型数据库	物理机	曙光 I980-G10	1F机房	10.178.3.136 10.178.3.137	2	Windows 2012	Sqlserver	
		NAS 存储	物理机	曙光 ParaStor300	1F机房	10.178.1.62 10.178.1.63	2	Linux	Hadoop	
		存储系统		曙光 DS800-G25	1F机房					
14	Web Portal	应用服务器	虚拟机				2	Linux	SqlServer	

＊实际配置也可能与设计不同，这要根据实际情况确定。

3. 设计背景

云平台服务：中电建路桥集团有限公司信息中心。

中心一期 5 个 TC6600 刀箱，每个刀箱有 7~8 个刀片，共同来搭建中开高速 BIM 系统的云计算平台。网络设计基本原则如下所示：

①保证云管理平台和业务系统的高可用。实现云计算中心核心存储，核心存储交换机，NAS 存储系统以及应用服务器的高可用部署，无论其中任何部件故障，能够保证云服务的业务连续性。

②本方案提供的网络设计，可在实施过程中根据实际环境适当变更。

4.平台架构设计

平台虚拟化逻辑拓扑示意图如图 5-12 所示。

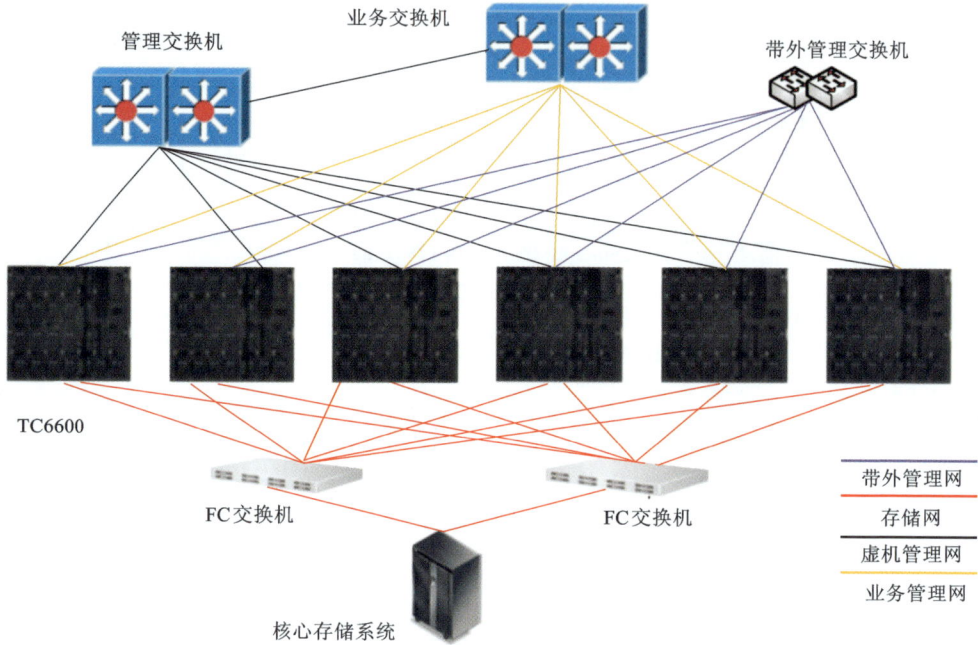

图 5-12　平台虚拟化逻辑拓扑示意图

　　中开高速云计算平台由 7 个刀片机箱、50 个刀片服务器组成计算资源池，由一套存储提供刀片服务器的共享存储，由 2 套核心存储组成数据库存储资源池，由 1 台业务交换机和 1 台带外管理交换机组成网络资源池。由两台万兆交换机构建计算资源池与 NAS 存储之间的数据网络。通过将网络分割为 3 个部分，可最大化发挥交换性能，带外管理网络平时比较空闲，且虚拟机切换发生也不频繁，因此完全可以利用带外管理网络实现 vMotion。千兆网络作为日常业务数据传输已经足够，对于文件存储 ParaStor300 的各索引及数据节点网络是采用万兆互联的。

　　虚拟化平台网络设计分为 4 个部分：

　　①带外管理网（千兆网络），包括服务器 BMC、刀片硬件管理、硬件交换机管理等各种硬件设备的管理。

　　②虚机管理网（千兆网络），即云平台管理组件和各个 CloudVisor 相互通信的网络。

　　③NAS 内部网络（万兆网络），包括非结构化存储个节点之间的数据通信以及计算资源池与 NAS 存储间的通信。

④存储网络，即通过 FC SAN 网络，磁盘阵列 DS800 为刀片服务器及高负载服务器提供存储连接。

5. IP 地址规划

此次统计的仅是云计算系统所需要的 IP 地址段，基本涵盖系统集成和运行的 IP 需求，可根据现实情况进行酌情修改。

（1）管理网

①虚拟化管理。

需求：每个刀片需要 1 个虚拟化管理地址（50）+CloudCenter 地址（1）+DNS/NTP/DHCP 等管理服务器（n）

预估：1 个/24 位网段：192.168.10.0/24

②带外管理+vMotion。

需求：每个刀箱管理（12）+交换机管理（72）

预估：1 个/24 位网段：192.168.10.0/24

（2）业务网

业务虚机 IP 地址，计算资源池刀片服务器 IP 地址，数据库服务器，通用服务器及备份系统的 IP 地址。

需求：每个业务虚机可能具有一个或者多个网卡，需要根据实际业务灵活调整。

预估：网段：10.208.26.0/24

6. 网络规划

①虚拟化管理 &vMotion ---->192.168.10.0 网段。

②带外管理--------------->192.168.10.0 网段。

③非结构化存储网络-------------------->192.168.20.0 网段。

④业务虚拟机--------->10.208.26.0 网段。

其物理拓扑图如图 5-13 所示。

7. 云平台部署规划

首先，部署云平台：在 50 个刀片中，部署 CloudVisor。

其次，虚拟化管理平台 CloudCenter 以虚拟机的型式部署在 CloudVisor 主机中，并开启高可用功能，生成的辅助 CloudCenter 放在另外的 CloudVisor 主机中。CloudCenter 管理站点的所有 CloudVisor 主机。

最后，使云管理服务平台 CloudManager、云监控平台 SVM operation Manager 以虚拟机的形态部署在站点中，依靠 CloudVirtual HA 功能实现高可用。

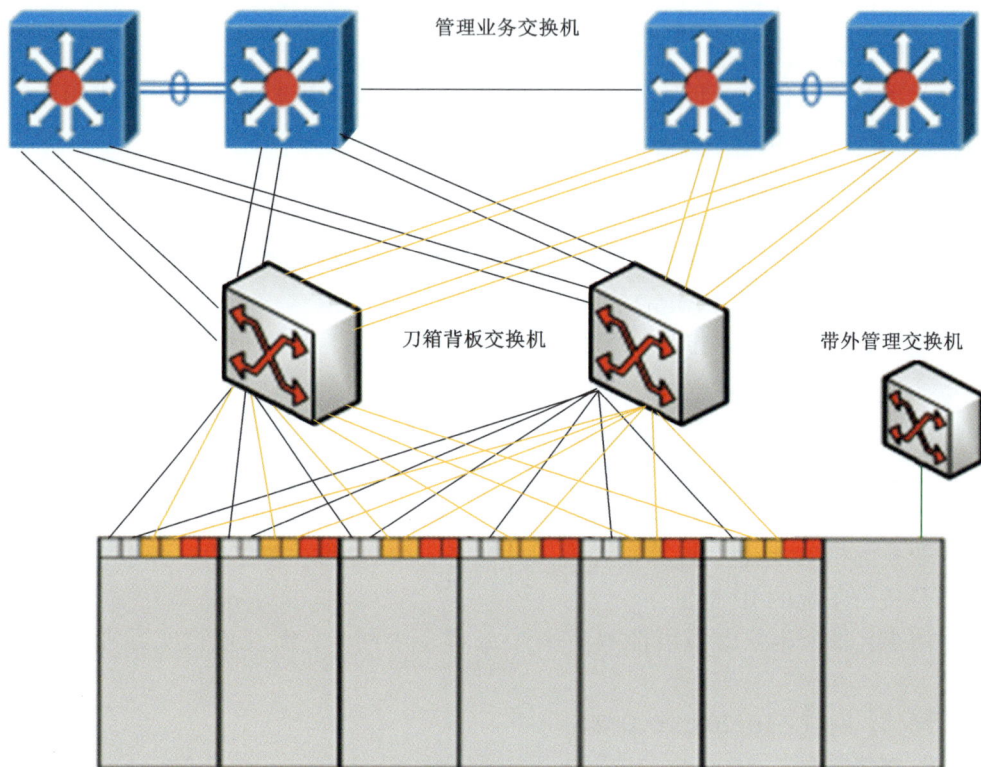

图 5-13　网络规划物理拓扑图

5.4.3　数据库存储高可用实施方案

1. 域控制器

数据库的域控制器放在 Cloudview 云平台中, 负责对数据库双机热备群集提供域认证服务。

2. 数据库服务器

数据库服务器为 2 台物理机, 部署了双机热备群集, 使用 windows 自带的远程桌面连接, 连接对应的数据库服务器 IP 地址即可登录。

数据库服务器 1: 10.208.26.1。

数据库服务器 2: 10.208.26.2。

3. 数据库

数据库分别安装在 2 台数据库服务器上, 并通过双机热备群集的 MSDTC 以及 SQLserver 2 个服务对外提供应用软件服务，2 个服务需要在同一个节点。

5.4.4　数据库数据备份实施方案

考虑到存储故障及人为操作失误或业务需要，为了保障数据安全及业务的可操作性，利用现有存储设备资源为用户制订完备的数据备份和恢复方案，构建简单、经济、可靠的备份及恢复系统，增强系统的可用能力，最大限度地减少损失。

数据备份及恢复系统是应用系统的补充，起到将应用系统中的数据（如数据库中表的数据）形成副本，最终存放到适合的存储介质（备份服务器）中，在应用系统数据损坏或者应用系统本身出现问题需要进行重建时，数据的副本为重建提供完整的数据来源，从而为应用系统提供最后一道安全防线。

1. 方案拓扑架构

曙光公司基于多年在数据备份恢复领域的深厚技术积淀，推出软件和硬件一体的完整解决方案 DBstor，省去客户选择软、硬件所要经历的烦琐兼容性测试过程，提供软硬一体的设计和维护服务，具有极高的性价比。

曙光 DBstor 备份存储系统，可以对关键数据进行保护。数据在本地进行备份，需要时可快速恢复。DBSTOR 备份存储系统通过一个统一的管理界面，对所有关键数据统一管理，实现数据保护，保证用户的业务连续性。其数据备份方案拓扑架构图如图 5-14 所示。

备份方案首先使用 DBstor 设置合适的备份策略在本地进行备份。备份的数据类型是数据中心应用中的数据库。备份通过以太网络，将数据库数据直接复制到 DBstor 的备份空间里。本地局域网的带宽较大，可适当加大备份的频率。

如果应用系统出现人为误操作或是不可恢复的硬件故障所导致的数据错误，可以利用本地的备份数据进行恢复。

2. 备份模式介绍

LAN 备份模式架构图如图 5-15 所示。DBstor 一体化备份设备通过自身配置的千兆以太网卡接入数据库服务器所属的 LAN 以太网络；数据库服务器均需要安装 DBstor 异构客户端，数据库备份还需要安装专有的数据库插件许可；备份策略推荐设置为每周日进行一个全备份，周一到周六进行增量或是差异备份即可；需要备份的关键数据根据备份策略通过 LAN 以太网络自动备份到 DBstor 所配置的存储空间。

3. 方案优势介绍

该方案基于数据备份技术实现，主要用于解决实时数据保护不能解决的问题：人为误操作、恶意性操作等。这类操作，计算机系统是不能区分的，一旦执行，将造成数据中心数据修改；但通过本地系统的备份，可以尽可能减小损失。

曙光软硬一体的备份容灾方案具有如下特色和优势：

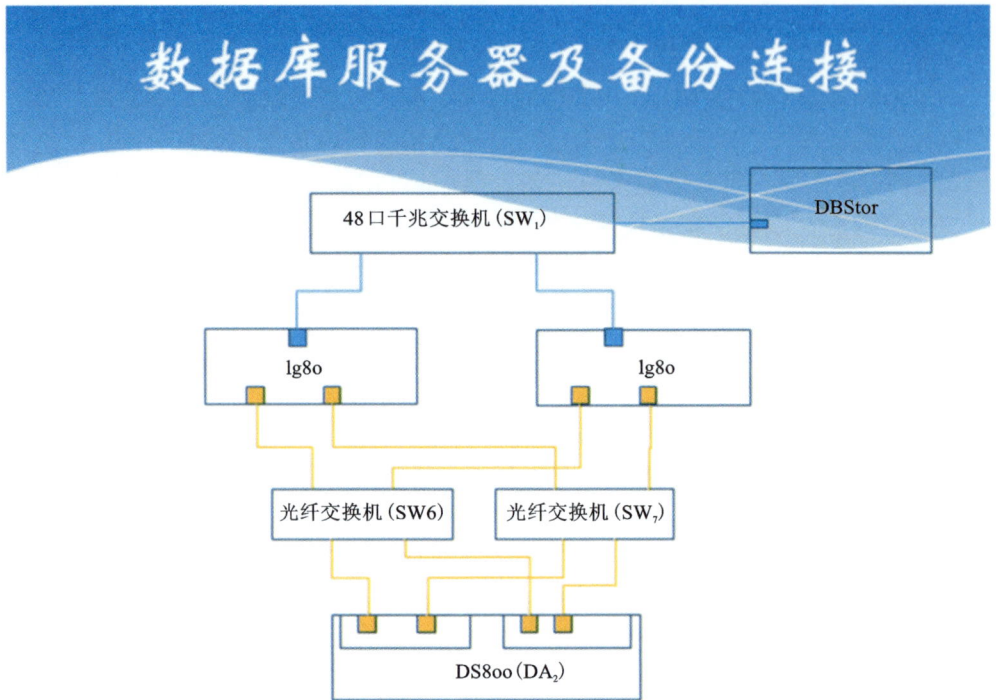

图 5-14　备份恢复系统连接拓扑图

我们能给客户提供完整的软件、硬件一体化的备份恢复系统，实施、使用、维护简单，显著减轻用户的工作负担和人力资源投入。

DBstor 独有集成 VTL 模块，不需要单独 VTL 设备的支撑，减少用户的投入成本，简化管理工作；同时由于 DBstor 可以虚拟任意多的驱动器，进而实现多台数据库同时备份，拥有较高的备份频率，实现 RPO 很小；利用千兆网络，可以得到很高的备份和恢复速度。

DBstor 还可以提供性价比最好的 SmartDisk 备份存储介质，具备重复数据删除技术，凭借其强大的基于软件的字节级可变数据块去重技术，可以减少存储成本。

DBstor 具有良好的兼容性，支持 Windows、Linux、AIX、HP-Unix、Vmawre 等各种异构客户端，同时支持 Oracle RAC（LINUX 版本）、SQL Server、Sybase、MySQL 等数据库的备份，并且对 VMWare、Hyper-v 等其他虚拟化平台也有很好的支持。

简单，自动化，无须脚本。将文件备份、数据库备份、操作系统备份集中在

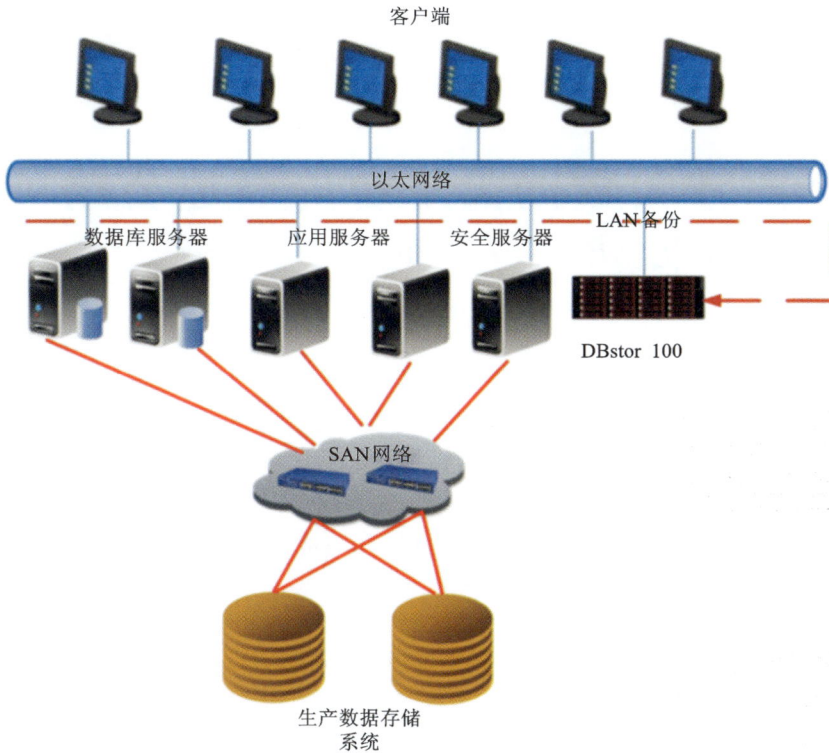

客户端

以太网络

LAN 备份

数据库服务器　　　应用服务器　　　安全服务器

DBstor 100

SAN网络

生产数据存储
系统

图 5-15　LAN 备份模式架构图

一个统一的管理界面下，对各种介质的管理，各种备份设备的管理，策略的管理，集中在一个统一的软件中；支持数据库在线联机备份，定制策略和恢复过程纯图形界面，不需要编辑脚本。

基于图形界面的集中化数据备份方式，中文操作界面，便于用户使用、维护，尤其是 ReportManager，可以通过基于颜色的图形界面，发现备份的问题，便于多点集中监控；自动通知功能非常方便，在环境允许的条件下可以通过邮件发送报告。

第 6 章

基于 BIM 大数据云平台的高速公路项目管理平台构建

6.1　高速公路项目信息化管理基本理论

6.1.1　高速公路项目信息化管理基本概念

当前,信息技术在国民经济和社会各领域的应用效果日渐显著,信息化管理手段已经成为一种促进信息资源共享、推进协同管理、提高管理效率的有效手段。一个高速公路建设项目从前期调研、项目建议书、可行性研究、工程立项、勘察设计、施工、交工到最后的竣工验收,项目建设期间的各种资料、信息、文件等数据的收集、传输和整理是一项庞大的工程。

在以往的工程建设过程中,由于项目建设期间存在各项资料、信息、文件等数据的收集、处理、查询方面的不重视、不规范、不及时的现象,造成了工程大量信息缺失、数据结构简单。项目过程数据无法有效积累及传递,给工程质量控制造成很大难度;工程计量数据处理工作量大,甚至会出现重复计量而无法及时发现和纠正,工程变更管理更加混乱;工程竣工时需要耗费大量人力对大量数据信息进行清理复查,以及人为因素的存在也使工程数据的完整性、准确性、真实性存疑;由于项目参建单位多、沟通渠道封闭,信息传递与沟通的效率因此大打折扣。因此,采用信息技术实现工程建设全过程的网络化、信息化、公开化管理是我国公路工程建设管理的必然趋势。

高速公路建设工程信息化管理是指在信息化思想的指引下,依托现代工程项目管理的理念,综合运用信息系统开发技术和网络通信技术,以此作为项目信息交流的载体,结合高速公路建设项目实施的全过程管理实际情况,开发适用于具体项目建设管理的信息平台。

　　高速公路建设工程信息化平台通过对工程建设的监控、记录和辅助决策，以实现节约资源、提高工作效率的目标。通过高速公路建设工程信息化平台可以加快信息交流的速度，减轻项目参与者日常管理工作负担，并且能够及时查询工程进展的情况，及时发现问题并做出整改决策，进而规范公路工程项目管理的流程，提高工程项目管理的水平。同时，通过对高速公路工程项目实施信息化管理，可以利用公共的信息管理平台，方便参建方进行信息共享和协同工作。一方面，建筑工程项目的全部信息以系统化、结构化的方式存储，可以提升工作效率，提高管理水平；另一方面，积累同类工程经验数据，为项目管理提供分析数据和数据挖掘功能，帮助企业进行重大决策，极大提高项目风险管理的能力和水平。

　　通过信息化的手段，将以往"人—人"管理方式改进为"人—机—人"的管理方式，使得工程管理过程更加透明，可以更快速及时地查出，对相关人员进行提示、警告，并及时解决问题，真正地实现纵向管理和横向管理的协同。

6.1.2　高速公路工程项目信息分类

　　工程项目信息类别划分是指在整个工程建设生命周期内，为了提高管理效率，确保工程质量，合理利用资金等，按照信息的内容、性质以及管理者的使用要求等，将信息按一定的结构体系分门别类地组织起来。

　　工程项目信息分类是高速公路建设信息平台构建的理论基础，高速公路建设工程信息依据工程建设的内容可划分为计划进度信息、资金信息、质量监管信息、合同信息、征迁信息、生产安全及考勤信息、现场监控信息、日常办公信息、档案信息。

　　计划进度信息指施工计划进度的信息。计划进度信息包括施工定额、项目总进度计划、进度目标分解、项目年度计划、工程总网络计划和子网络计划、计划进度与实际进度偏差、网络计划的优化、网络计划的调整情况、进度控制的工作流程、进度控制的工作制度、进度控制的风险分析等。

　　合同信息指公路建设工程的各种合同信息。合同信息包括工程招投标文件、工程建设施工承包合同、物资设备供应合同、咨询和监理合同、合同的指标分解体系、合同签订和变更及执行情况、合同的索赔等。

　　资金信息指反映资金流向和结余的信息。资金信息包括下列内容：①根据进度计划和成本计划编制项目总资金计划和年季月资金使用计划的数据信息；②设定资金使用、审批、支出的额度信息，并资金申请、审定、支出等过程中产生的数据信息；③每笔资金计划和变更的依据或过程中的说明和记录信息。

　　质量监管信息指公路建设工程质量监控的信息。质量监管信息包括国家有关的质量法规、政策及质量标准、项目建设标准信息、质量目标体系和质量目标的分解信息、质量控制工作流程信息、质量控制的工作制度、质量控制的方法信息、质量控制的风险分析、质量抽样检查的数据、质量事故记录和处理报告等。

征迁信息指公路建设中征地、拆迁的相关信息。征迁信息包括土地征地和拆迁以及经费相关的文件、合同、表格等数据；通过对各拆迁单位进行丈量、统计、取证等原始资料而形成的各市(县)、乡(镇)、村、组、户的拆迁信息等。

生产安全及考勤信息是指为确保安全的生产环境而设计的管理信息系统。生产安全及考勤信息记录了施工人员在事故多发地段如隧道中的地理位置信息，也可以记录人员考勤信息。

现场监控信息指及时收集、传递和发布的施工过程和施工结果信息。现场监控信息根据《建筑法》《建筑安全生产监督管理规定》《建设工程施工现场管理规定》《建筑项目(工程)劳动安全卫生监察规定》，对现场施工现场的相关信息进行采集，识别成为数字信息保留存储。

日常办公信息指在公路建设中处理的公文信息、发布的行政指令信息。日常办公信息包括公文信息、待办事宜信息、交办和催/督办信息、常规申请信息、公共信息、会议信息、车辆使用信息等。

档案信息指在公路建设中所涉及的档案信息。档案信息包括工程项目文件资料信息、工程项目预归档信息、档案移交接收信息等。

6.1.3　高速公路项目管理标准化

项目管理标准化不是一般意义上的项目管理方法，而是在科学管理思想的指导下，一种优化管理组织、管理方法、运用规范化的管理手段，通过将项目管理的成功经验和做法在相同或相近的管理模块内管理复制，从而实现项目管理从粗放型到制度化、规范化、流程化的方式转变。因此，项目管理标准化应遵循可操作性、可判别性、目的性、创造性和经济性 5 个原则。

可操作性是指项目管理标准化要注重项目管理的实践，遵循可操作性，从而保证它的可学习性，便于应用和推广。

可判别性是指项目管理标准化需要着眼于工程建设项目中的各个阶段，并应有与之对应的特有的规范和准则。因此，项目管理标准化的工作结果应该是可判别的，否则无法鉴别管理标准化的执行结果是否走样。

目的性是指项目管理标准化的根本目的是将复杂的问题流程化、简单化，将模糊的问题具体化、明确化，将分散的问题集成化，将成功的方法重复化，从而实现工程项目建设各阶段的项目管理工作可以有机衔接在一起，进而整体提高项目管理水平。

创造性是指项目管理标准化的执行结果不仅可以使项目取得既定的期望结果，还可以取得一系列其他成果的能力。

经济性是指项目管理标准化管理强调节约管理资源，减少管理成本，讲究低投入高产出的经济理念。

高速公路项目管理标准化一般涉及四个方面，即质量管理标准化、进度管理标准化、成本管理标准化和安全管理标准化。

1. 质量管理标准化

工程施工管理的标准化体系中，质量标准处于整个框架的核心位置，是标准化管理所要实现的核心目标。因此高速公路工程施工管理的标准化也应将质量管理作为重中之重。

根据公路工程的特点和要求，首先，需要建立一套完善的质量目标责任制，明确各部门和岗位的职责，在技术层面上做好控制把关，坚持预防为主的基本原则，将质量问题消灭在其出现之前。其次，需要强化施工人员的质量意识，将质量管理的理念融入每一个人的血液中，当成自身工作最为宝贵的经验。质量意识的培养是建立在对施工技术熟悉的基础上，因此要做好施工技术交底工作，确保每一个施工人员都知道自己工作的质量控制要点。再次，强化施工材料质量管控，进场前按照规范要求进行一定比例的抽查，防止劣质材料或错误规格的材料流入而导致公路的缺陷。最后，要严格依据相关公路工程的施工标准规范，采用恰当的技术对公路进行试验检测，明确各工序的质量控制要点及验收标准，施工人员每完成一个环节工作后必须自检，从多方位、多角度保证施工质量。

2. 进度管理标准化

公路工程一般属于大型工程项目，其施工周期较长，进度控制较难做到准确无误。因此，在标准化管理方案中，必须明确进度控制的组织措施，由施工单位安排专人负责进度控制，将进度分解到各分部分项工程后，应明确每一个施工及管理人员的责任。

一方面，定期组织相关人员进行讨论交流，及时发现施工中的问题及隐患，使各参建单位的工作协调推进。另一方面，标准化管理要求项目管理人员做好科学的进度计划安排，根据项目的人力、物力和财力等资源条件，结合工期要求和工程特点，制订给出一个切合实际的进度计划，并将进度计划进一步细分为周计划、月计划和总计划等不同层次，以方便分级追踪和管理。

考虑到公路工程具有大规模的特征，因此分包是一种常见的工程模式，但标准化管理体系下应尽量控制分包结构。因为分包过多会使得组织和协调工作难度增加，进度控制更加复杂，尤其是在工作交界面上会出现较多质量隐患。在技术层面上要做好阶段性检查验收，防止频繁返工而导致工期的延长。最后要做好进度计划的动态跟踪，随时掌握实际进度并与进度计划进行比较，一旦出现偏差必须及时组织开展原因分析和调查，采取必要措施将进度调回正轨。

3. 成本管理标准化

成本管理标准化应从项目前期开始着手，做好充分的市场调研和技术分析，对项目成本进行有效预测，并制定工程成本目标，在招标过程中做好充分的方案比选，选择最佳方案。

施工过程是成本控制的主要环节，尤其在用料和施工组织等方面，如果控制不力，很容易浪费大量的人力成本和资金成本。因此公路工程的标准化管理要做好材料的选型和使用管理，在保证质量的前提下，采用性价比最高的用料方案，在使用过程中长料不短用，优材不劣用，节省材料，提高材料利用率。施工过程中要做好高效的组织，科学分配资源，减少等待时间，提高机械作业效率。技术上要做好工艺设计和质量控制，避免返工造成的成本浪费。随时做好成本分析及成本核算，有效控制成本支出。对第三方错误造成的损失要及时索赔，建立完善的成本管理制度，推进公路工程成本管理标准化建设。

4. 安全管理标准化

安全管理工作是公路工程项目中受到高度关注的内容，但也是最难以做好的内容。采用标准化管理手段有助于解决这一问题。

施工单位应制定严格的标准化条例，对一些危险性的工艺和材料进行细致的规定，要求施工人员遵守操作规程，杜绝任何安全隐患。对于有人员或车辆活动的施工场所，应做好施工围挡，在交叉路口必须使用透明式的网格围挡，在拐弯等地方还要放置防撞设施，避免车辆冲撞。在基坑开挖等施工过程中要做好可靠的支护，现场所有人员应严守安全规定，不戴安全帽者拒绝进入，高空作业人员必须系好安全绳，并在地面放置警示牌防止人员靠近。施工现场用电应由专业电工操作，施工人员不得随意拆除或安装线路，现场的配电设备应满足标准化条例要求，消除用电隐患。

6.2 基于 BIM 和云平台的高速公路项目管理平台构建

6.2.1 系统建设原则

高速公路建设管理标准化体系建设遵循"面向需求，突出重点；注重创新，适度超前"的基本原则，正确处理需要和可能的关系、近期和远期的关系、信息共享和系统安全的关系、技术先进性和技术成熟性的关系，具体实施建设中应遵循以下原则。

①系统性原则：从系统的角度出发，综合分析各要素之间的关系。

②标准性原则：系统设计必须按照统一的标准进行，包括统一标准的空间基础平台和数据交换格式，与交通运输部信息标准一致。

③先进性原则：系统所有组成要素均应充分地考虑其技术的先进性并适度超前。只有将当今最先进的技术和实际应用相结合，才能获得最大的系统性能和效益。因此，要采用目前先进而成熟的技术及设备，同时配以先进和高效实用的系统软件和应用软件，使整个系统能协调一致地运行。

④安全性原则：在确保系统网络环境中单个设备稳定、可靠运行的前提下，需要考虑软硬件系统整体的容错能力、安全性及稳定性，从而迅速修复系统出现的问题和故障。因此需要对系统关键应用和主干设备考虑有适当的冗余；对数据库中的重要数据提供可靠的备份能力和有效的恢复手段；实行严格的权限管理和操作规程，以保证系统有较高的安全性与可靠性。

⑤实用性原则：建设信息化系统是一个循序渐进、不断扩充、不断完善的过程，应本着实用的原则，尽量选择扩展性良好的计算机系统和网络系统；系统设计也应采用开放式的体系结构，为今后系统应用的扩展和系统升级提供必要的接口。

管理制度确立的基本原则如下所述。

①系统性原则：要设立好整体框架结构，不仅考虑各部门、单位的需求，避免政出多门，执行多口，还要考虑确定执行力度、尺度以及执行部门与执行层次的基础，避免与其他规章制度相互矛盾；制度制定前要调查研究，制度拟定中要考虑前后左右，制度修改中要考虑前因后果。

②平等性的原则：在制定和执行规章制度时，必须坚持责、权、利的相统一的原则，必须坚持"无例外原则"。

③权威性原则：各级领导要做执行制度和维护制度的模范，作为制度执行的检查者和监督者，其要自觉担负起检查制度执行的责任，分级督查，形成强有力的执行氛围；同时对于脱离实际无法执行和不能执行的部分，应立即废除和调整。

④强制性原则：一经实施必须坚决、毫不含糊。如有新的规章制度实行，旧的规章制度自然被更替。特殊情况需要特殊说明，避免新旧制度混淆交错，导致无章可循。

⑤可衡量原则：制度的制定必须尽量做到有尺度、有标准、可量化，同时要防范职位不作为。

⑥可监督原则：在制定规章制度时必须确立好监督手段，建立严格的、准确的、灵敏的检查返馈制度、督查部门并配置高素质监督人员。

6.2.2　系统基本架构

1. 系统功能结构示意图

基于 BIM 和云平台的高速公路项目管理平台依据国内现行公路工程的项目

管理模式以及不同的投资主体，以一个工程项目从招标——定标——实施——交工验收到缺陷责任期的管理过程为线索，以项目施工为业务重点，以质量控制、进度控制等为核心内容进行系统功能架构。同时，根据不同工程类别的特点以及参与各方如业主、承包人、监理的不同项目管理业务内容，依据国家行业颁布的"标准""规范"制定标准的控制流程(可控可编)、互为关联的控制表格、信息化系统与人机系统一体的特点，创建各个不同的个性化计算机网页，并设计自动化的数据分析、处理、导入和汇总方程式，使项目参与方各自在自己授权网上协同工作。

由于公路工程建设中各条公路工程的建设情况不同，管理人员的技能水平的差异，其工程建设中的管理模式、风格不可能是相同的，因此公路工程建设中的信息化需求也不可能是完全相同的。因此，在实际工程的信息化系统建设中，需要依据工程项目的实际情况而定。

本章所用的系统采用流程引擎技术来建立流程管理系统，实现了流程引擎序的可控可编，使系统成为随客户需求变化而动态开放的系统。同时，依据高速公路工程的实际情况和公路行业标准，制定标准施工管理程序，确立预置标准工序，建立相应的业务管理软件，使施工过程中的各个环节环环相扣。只有在上一环节完成后才能进行下一环节的施工，从而实现高速公路在建项目的规范化、标准化、精细化管理。

基于 BIM 和云平台的高速公路项目管理平台的系统架构可分为系统前端、应用系统及系统后端的数据处理部分。

①系统前端是面向用户的网络前端，包括个人移动手提电话、固定座机及可供通信的设备等通信网设施及供承包人、监理方以及移动办公的工作人员网上联系的互联网前端。个人用户及业主单位等工程项目各个参与方通过系统前端的门户网站进行统一的身份认证以访问系统的应用功能。

②系统的应用包括计量管理、合同管理、变更管理、质量控制、计划进度、安全管理、材料管理、竣工管理等功能的实现。用户通过系统应用进行人员数据、合同数据、质量数据、机构数据、机械数据、投资数据、进度仓库等数据访问，并通过系统后端的数据处理功能进行各项数据的及时处理。

③系统后端的数据处理部分包括各项工程数据的处理、存储与容灾。

系统数据的处理过程是以分项工程编码为纽带，将各工序管理子系统实现关联和数据的共享，并将相关工程数据存储在系统后台数据存储系统中，保证数据的正确无误，以供用户再一次访问。

系统后端的容灾系统是指在相隔较远的异地，建立两套或多套功能相同的 IT 系统，互相之间可以进行健康状态监视和功能切换，当一处系统因意外(如火灾、地震等)停止工作时，整个应用系统可以切换到另一处，使该系统功能可以继续正常工作。系统后端的容灾系统在一端的系统出现故障且无法恢复其正常使用功能时，系统的容灾功能会在系统故障发生时将系统的各项数据通过容灾通道及时地传递至另外一端的系统之中，以防工程数据的流失，保证了工程的顺利进行。

　　基于 BIM 和云平台的高速公路项目管理平台的系统网络结构如图 6-1 所示。

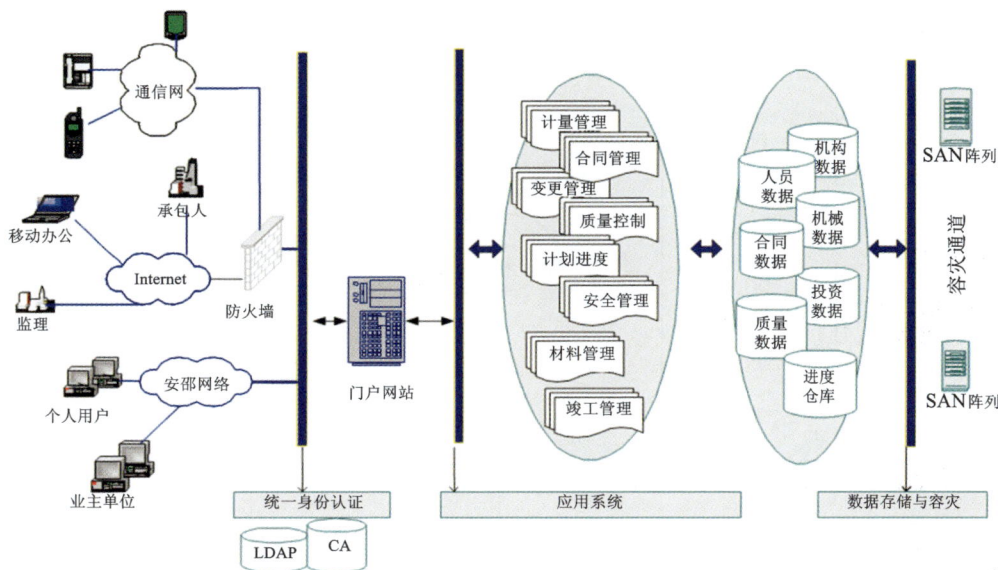

图 6-1　网络结构示意图

2. 主要功能说明

　　管理信息系统软件就是一个信息管理平台。数据可以储存在 BIM 云平台中，业务操作可以在互联网上完成。无论在家或是在工地，抑或是在世界各地，只要拥有简单的网络条件，即可进行工程项目的信息管理。工作人员可通过手机短信、4G 等方式及时了解今天要处理的主要事情，如采集现场数据，查询工程进度、支付等情况。

　　（1）功能需求

　　信息平台底层由业务系统作为支撑，通过内容管理系统来对彼此孤立的业务系统进行数据整合和应用整合；然后将经过整合处理的数据发送到应用门户中，由门户系统来统一生成管理不同的 Web 站点，向终端用户进行内容的展现。

　　面向企业信息门户的用户，可以依据用户与业务的需要，提供不同形式、不同视角的信息服务。信息管理系统的功能需求是面向用户的人性化、功能化、专业化的信息服务。

（2）功能实现

信息管理平台的功能实现包括了工程建设中各项工程信息的处理、业务实现、综合管理等功能。用户通过该信息管理平台实现投资控制、进度控制、质量控制、合同管理、综合查询、资料管理、工程日志的记录与整理、信誉评价、施工监控、工资管理以及移动平台的信息传递共享等功能。信息管理平台业务总体框架如图 6-2 所示。

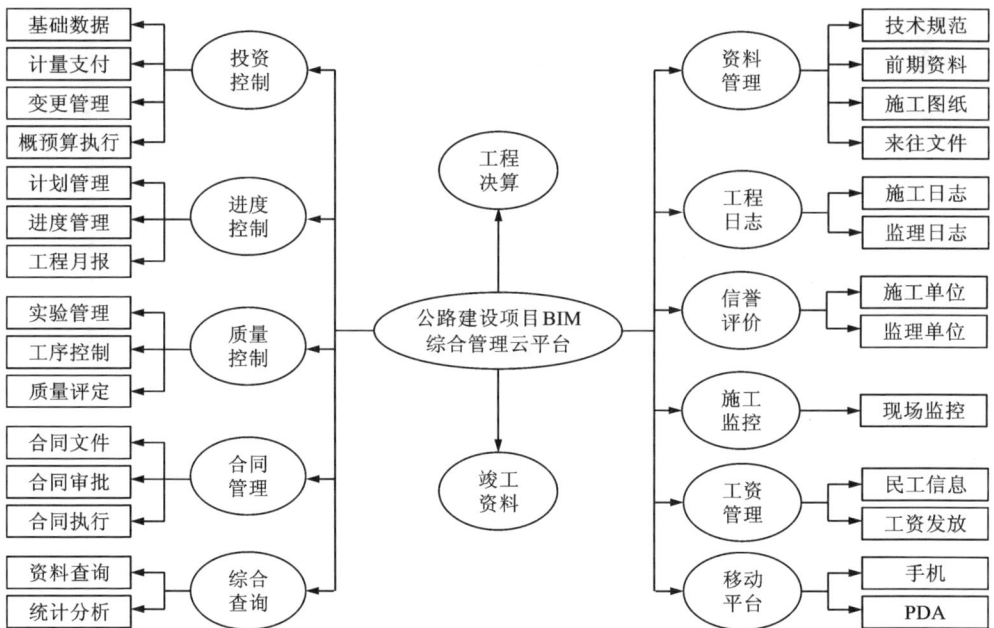

图 6-2　BIM 管理平台业务总体构架

平台首页承担整个系统的链接和集中展示各相关子模块的重（新）点内容，起到一个全面导航的作用。系统平台的应用可以使企业业务更加敏捷、内部协作更加有效。具体体现在以下方面：

①为企业所有的员工提供个性化的信息访问方式，供他们快捷获取所需信息（包括移动设备信息访问能力）或参与业务流程处理。

②提供更加安全的企业信息访问机制，统一用户管理，提供单点登录的服务，加强信息访问和系统的安全性，包括用户的验证、授权和管理。

③通过流程组合和人机交互平台，分离应用程序逻辑和业务逻辑，构造一个高层次的业务抽象和组合，从而达到更加灵活的业务变化能力。

④基于 BIM 数据模型的应用，实现业务之间的互联互通。通过对公路建设中

所有类别工程进行拆分，建立一系列由工程最小控制单元的组成的工程编码台帐，实现主要业务应用的相互关联，如计量支付、工程变更、试验管理、工序控制、计划进度的相互关联，可以极大方便对工程信息的统计、查询、精细化管理和掌控。系统涵盖土建、路面、房建、交安、绿化、机电工程等工程类别，实现了工程建设全方位、全过程的信息化管理，信息数据真实记录，竣工资料随工程进度可自动生成。

⑤报表数字签名，在流程审批过程中，系统需实现数字签名技术，以保证系统的审批过程中的安全和操作者所赋有的权利和责任。将数据读写权限控制到每个操作对象、分配相应的操作权限。表现层用户根据各自的 ID 号、口令进入系统后，可将各自手写姓名签署到各报表相应的签字栏处。用户的电子姓名可以是用户的手写体，通过扫描工具形成相应的图片进行保存以备调用。底层技术采用数字证书技术来确保签名的唯一性、真实性和不可否认性。

⑥强大的综合查询报表，用户根据系统流程图和工程编码可以方便地查询到业务数据在各级单位处理的时间及处理状态。用户通过业务数据追踪查询功能，满足实时追踪查询操作者关心的批复、审批的工作任务，查看任务的流向、提示审批状态等信息。系统内置几十张各种综合类数据查询报表，包括计量类查询、变更类查询、合同付款等报表，为管理决策提供强大的数据查询功能。同时用户可根据项目特性灵活定制各类查询报表。

⑦现场管理(手机 App)。现场管理手机 App 应用，利用人手一台的智能手机作为工作的效率工具，从沟通中梳理出工作任务以提高现场管理水平，同时解决资料、数据的现场采集与录入的问题。

⑧基于云存储、云计算和云服务，打造统一的云平台。基于云存储、云计算和云服务的技术架构，网络带宽可以随着业务实际需求自动进行伸缩。在数据计算和处理上，通过云计算的模式，能够更加合理地分配计算资源，使系统处理速度更加高效。同样，在云端存储实现了更可靠的数据存储，为数据的分析和处理提供了更广阔的扩展空间，从而使业务应用具有开放性、业务弹性、流程可配置性等特点，保证平台可快速实施和复制，有效控制了平台的实施成本。此外，通过标准的业务数据接口可实现多项目、多级管理的项目综合管理云平台集成。

3. 系统功能架构

基于 BIM 和云平台的高速公路项目管理平台的系统功能针对用户需求力求实现系统可靠性、安全性、可拓展性、可定制化、可伸缩性、可维护性等功能，获得满意的用户体验与良好的互动反馈，兼顾竞争市场的时机性进行信息管理平台的系统架构。

系统功能架构包括信息平台、项目资料、合同管理、投资控制、进度控制、质量实验、安全环保、人员日志、工程决算、竣工资料、施工现场管理以及移动应用为基础的综合查询平台等内容。

(1)基础设施层

面向系统后台的硬件基础设施(个人端、网络、服务器、存储设备等)的基础设施层。

(2)数据资源层

面向系统数据存储、处理(基础数据等)以分布式环境形式形成的数据资源层。

(3)应用支撑层

面向权限管理、组织机构、接口支撑、内容管理、短信服务、统计报表、日志管理、工作流引擎等系统应用功能的应用支撑层。

(4)业务逻辑层

面向业务模块(如信息平台业务、项目资料、合同管理、投资控制、质量实验、进度控制、安全环保、人员日志、工程决算、竣工资料、施工现场管理、移动应用等业务模块)的业务逻辑层。

(5)接入渠道

面向个人用户及单位用户的手机客户端(App)及 PC 端(Web)的接入渠道。

(6)接入表示层

面向用户(个人用户、集团管理部门、项目办、参建单位、管理人员等)的接入表示层。

(7)外部系统

面向外部系统的信息传递及共享功能,具体如下所述:

①面向组织的日常运作和管理,员工及管理者使用频率最高的 OA 应用系统。

②面向用户的身份认证、授权、记账和审计等功能进行集中管理的网络安全 4A 管理平台。

③面向个人思想道德建设及各个工程建设单位工作作风建设的廉政系统。

④面向工程信息数据存储归档的数字化档案系统。

基于 BIM 和云平台的高速公路项目管理平台的总体功能结构如图 6-3 所示。

4. 系统逻辑架构

项目综合管理云平台主要包括信息资源管理基础网络层、基础数据层、数据共享层、数据交换层、应用基础支撑层、业务处理层、综合应用层、用户认证层、门户展现层和信息资源安全体系、信息资源管理制度体系和建设与运维保障体系三大体系。

图 6-3　系统功能架构

（1）信息资源管理基础网络层

信息资源管理基础网络层实现两个端系统之间的数据透明传送，主要为了实现向运输层提供最基本的端到端的数据传送服务。

（2）基础数据层

基础数据层包括项目数据和行业数据。企业数据和行业数据按照"一数一源"原则，确定企业和行业应用系统对制定数据的修改权限，数据修改后通过数据交换平台进行数据更新。

（3）数据共享层

系统数据共享层包括资源目录标准服务及元数据描述服务。

（4）数据交换层

数据交换层包括消息服务、数据适配器、XML、WebService、数据总线。

（5）应用基础支撑层

为本系统提供统一的支撑环境，包括数据交换、数据分析、用户管理和权限控制、工作流管理、信息交换、云端数据/文件存储等支撑中间件和服务。

（6）业务处理层

业务处理层包括计量、交付、工程变更、计划、进度、试验、质量等业务的处理。

（7）综合应用层

根据集团、项目公司、承包人等多方面的需求，建设合同管理、投资控制、进度计划、质量控制、安全控制、竣工文件等子系统。本项目各级相关单位或部门综合利用上述各应用系统，提供项目管理和公共服务功能。

（8）用户认证层

用户认证系统由 PKI、PMI、CA 认证平台提供技术支持，分为统一认证管理和用户单点登陆。

（9）门户展现层

面向集团、承包人、监理和社会共总提供服务的终端设施和应用系统，主要包括门户网站、移动 App 应用、业务管理系统等。

（10）信息资源安全体系

信息资源安全体系采用安全技术产品，依据安全管理制度和技术规范，保障系统物理安全、网络安全、系统安全和应用安全。

（11）信息资源管理制度体系

信息资源管理制度体系包括系统建设中应遵守的各种国家、行业、地方标准，为实现资源整合和系统拓展奠定基础。

（12）建设与运维保障体系

建设与运维保障体系制定畅销运行机制，保障本系统长期稳定运行和可持续发展。

基于 BIM 和云平台的高速公路项目管理平台的系统逻辑架构如图 6-4 所示。

5. 系统技术架构

为使技术架构能够快速响应业务需求的变化，提高系统的可扩展性和灵活性。

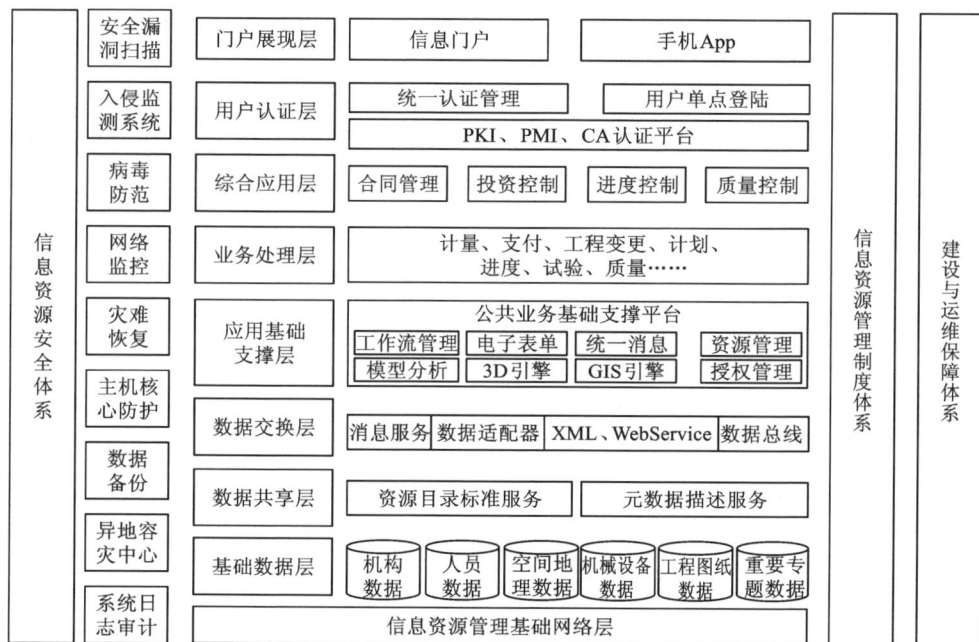

图 6-4　系统逻辑架构

（1）网络门户

该模块为集团、项目业主、承包人、设计单位等各类用户访问和使用应用系统提供统一门户以及单点登录服务。

（2）业务流程

通过该模块实现现有业务流程中对已有业务系统、新业务应用系统的服务调用，同时还可通过该模块对各个集成组件服务进行聚合组织，使其组装成一个新的业务功能。

（3）数据适配器元数据管理

通过该模块功能进行数据适配及元数据管理，主要用于逻辑视图的呈现、数据交换、搜索等数据处理。

（4）新业务应用系统

该模块为用户定制的各类应用组件提供了一个基础架构和运行环境，以后新的系统，都可以利用已有的功能块进行快速开发部署。已有功能块包括组件（component）、界面（interface）、核心业务逻辑（core），功能块的具体功能如下所述。

①组件（component）：提供一个运行环境或是一系列可以自动运行的程序容

器,例如持续对象,关联对象,事务管理等。

②界面(interface):提供一系列的服务,用来与数据库、消息系统、管理架构、其他企业级应用建立稳固的双向集成接口。

③核心业务逻辑(core):提供运行时的服务,例如内存管理,对象实例,对象池,事件发布,目录及安全。其业务必须是消息和 Web 服务等常规编程模式的一部分。

(5)已有业务系统集成

该模块提供对已有业务系统比如已有的 4A、廉政风控、OA、数字档案等系统的适配,封装成服务,然后接入企业服务总线,这样其他系统就可以直接调用原有系统的功能,而不需要重新开发。

基于 BIM 和云平台的高速公路项目管理平台的系统技术框架如图 6-5 所示:

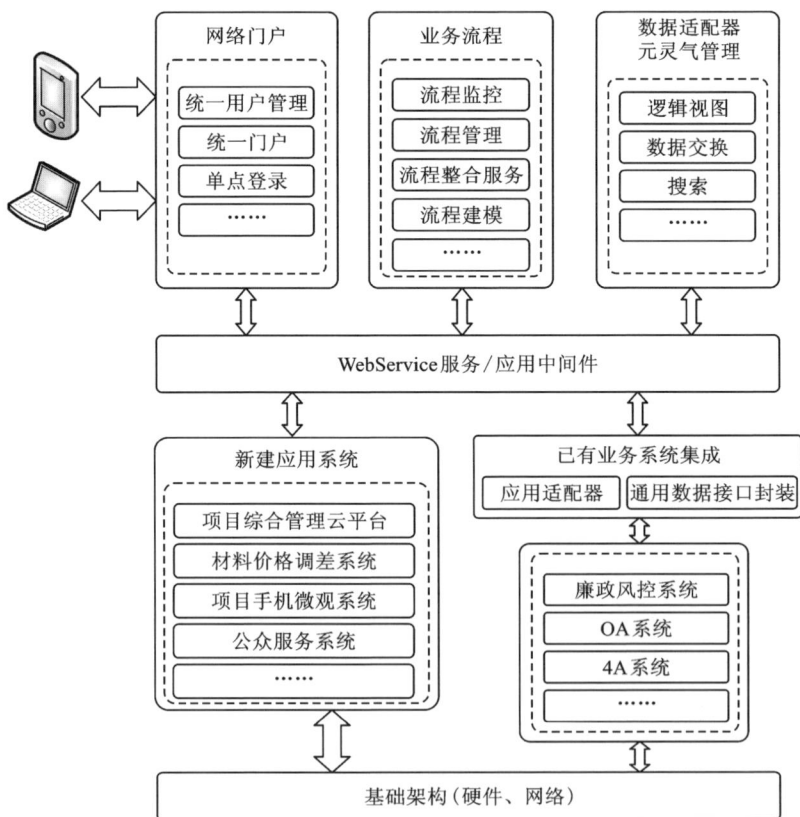

图 6-5　系统技术框架图

6.2.3　基于 BIM 和云平台的高速公路项目管理平台构建——以中开高速公路项目为例

1.平台建设目标及总体架构

根据中开高速公路建设管理的具体需求,本平台的研发方向旨在运用先进的计算机软硬件技术、BIM 技术、大数据、云服务、虚拟现实技术,结合工程建设、运营管理规范和标准,提供融合集成高速公路建设管理全过程的数字化、信息化、可视化、大数据、云平台等多个领域成套关键技术,开发一套集多角色、多功能、多业务为一体的高速公路建设在线综合管理平台。

结合 BIM 的建设管理信息化可实现工程建造从规划、设计、建造、交付、运营过程广域网的协同和共享,不再是简单地将数字信息进行集成。结合 BIM 的建设管理信息化是一种数字信息的应用,支持建设项目的集成管理环境,可以使建设项目在整个全生命周期显著提高管理效率、大幅降低风险。

（1）云平台

云平台提供基础的运行环境,可以在物理机上运行也可以在云平台上运行该系统。

（2）操作系统层

现在支持 Windows 2008R2 及以上的版本的系统,其拥有强化的 Web 和虚拟化功能,专为增加服务器基础架构的可靠性和弹性而设计,可节省时间及降低成本。

（3）数据层

基础数据的存储,包括文件、数据、权限、GIS 信息、关联数据、BIM 数据。数据层主要由一个关系型数据库(MS SQL 数据库服务器)和文件存储结构组成。

（4）后台服务层

后台服务层提供基础的数据(构件、组织、人员、虚拟项、物项、位置、系统等)、关系(构件、组织、人员、虚拟项、物项、位置、系统等关系)、日志、文件等基础访问 API 接口,通过 WebService 的方式提供,返回的结果要符合标准的 Json 格式。

系统支持虚拟化实施,环境需要 IIS7.5、MS SQL 2008 及以上版本、Windows 文档管理。系统配置为 WebService,支持环境、属性等配置。平台也支持异构平台上的各种结构化、非结构化数据和信息的管理,通过内容管理不断地收集、整理、验证、管理数据,为工程管理提供有力的数据支持。

（5）系统配置层

系统配置层是进行系统的配置和数据的管理。

①系统数据配置。数据的配置主要根据不同的系统，管理不同的类对象。不同的类对象有不同的属性，通过分类，可创建不同的类对象，扩展不同的类属性。这样前端可以通过具体的操作，创建相应的类对象、属性、关系、文件等内容。

②后台数据管理。通过类型进行数据的分类管理，可以针对每一类数据进行查看、修改、创建、关联关系管理。根据中山至开平高速公路项目实际工程情况，分为用户管理、权限管理、项目管理等 10 个分类管理模块。

（6）应用层

应用层根据用户的具体需求开发出各个模块。应用层中的各个模块可以是各个子系统，子系统之间相对独立，但是子系统之间可根据具体的需求进行数据之间的关联。根据中开的项目需求，分为设计成果管理子系统、征地拆迁子系统、工程量管理子系统、施工质量子系统、施工安全子系统、施工进度子系统、运营阶段子系统。

（7）访问层

用户访问层可通过浏览器进行数据的展示、查看、创建、修改、删除等操作，亦可通过移动端进行数据的处理。

中开高速公路建设管理系统的总架构图如图 6-6 所示。

BIM 平台管理功能是实现面向全建筑生命周期的 BIM 信息化和云平台模式构建的重要组成部分。通过高速公路建设在线综合管理平台可实现以下内容：

①基础模块及配置。通过 BIM 协同平台搭建业务平台基础框架，配置系统管理模块，实现部门、人员、角色权限配置，导入业务基础数据。

②质量管理。通过 BIM 协同平台实现工程结构树维护、质量检查、工序管理等功能。

③安全管理。通过 BIM 协同平台实现安全检查记录功能，如危险性较大的施工工艺模拟以动画模拟方式展示。

④进度计划管理。通过 BIM 协同平台实现总体进度计划的导入及计划管理、进度查看等功能。

⑤资料管理。通过 BIM 协同平台实现技术资料上传、查看等功能，如施工图纸管理及图纸与工程部位挂接等。

⑥工程管理。通过 BIM 协同平台实现建筑工程量的复核。

2. 平台总体数据关系及系统部署

平台系统中有构件类数据、文档类数据、质量类数据、安全类数据、组织类数据，数据之间有相互的关系。通过工作包分解，各种类型的数据可以独立处理，也可以集成管理。

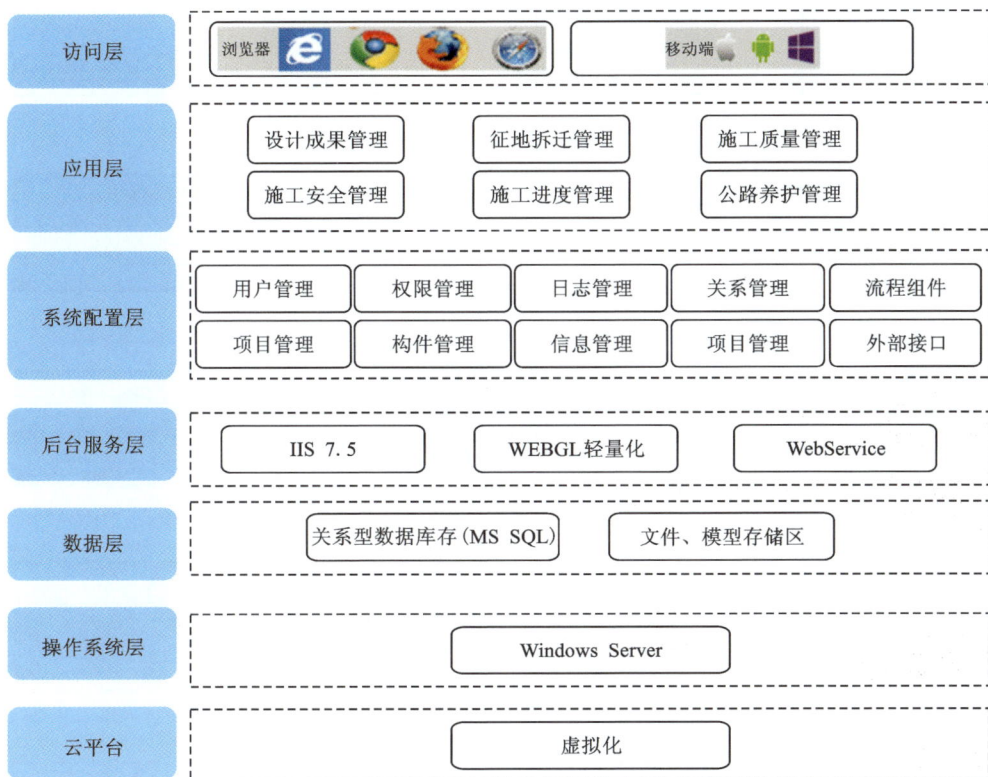

图 6-6　中山至开平高速公路项目大数据管理系统架构图

　　各项数据之间互不干扰，不形成数据之间的赘余混乱。同时，相对独立的数据处理方式也提高了数据利用效率。数据集成避免了数据的闭塞，保证了数据的流通性，保证了数据的有效性。数据之间的关系如图 6-7 所示。

　　相应数据的存储结构按照这样的分类进行，配置不同的模板，存储相应的属性信息并建立相应的关系。

　　平台的系统部署方式为数据库、Web 服务器、WebService 可以安装部署在同一个服务器，也可以分开部署，根据后期使用的用户量进行灵活的配置。

　　数据库其系统部署如图 6-8 所示。

　　3. 平台功能特点

　　(1) 设计管理

　　设计管理主要体现在以下几个方面：

　　①协同工作。平台功能管理设计主要基于 BIM 的协同设计成果管理平台，使

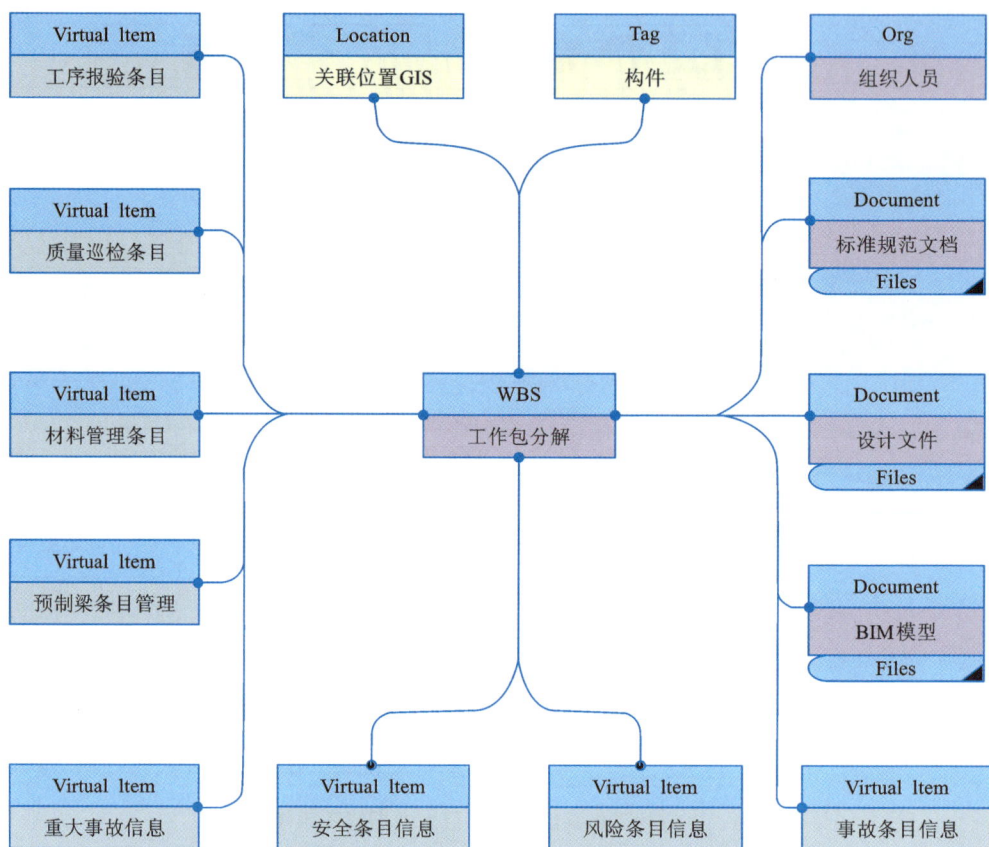

图 6-7　中山至开平高速公路项目大数据管理系统架构图

中开高速公路有限公司与各专业工程参与者实时更新设计、工程数据，最短时间实现图纸、模型合一。

②设计成果管理。平台功能设计成果管理重心在于梳理设计模型、图纸等资料与施工管理维度的关联，实现建设期快速定位、模型图纸交互式校核的高效性。

③设计变更管理。平台功能设计变更管理在于管控工程变更流程，获得不同设计变更类别下的投资费用统计情况，提高设计变更的管理效率，达到设计变更管理的有效性。

（2）征地拆迁管理

基于 BIM 具有信息完备性和可视化的特点，在征地拆迁管理方面的应用主要体现在以下几方面：

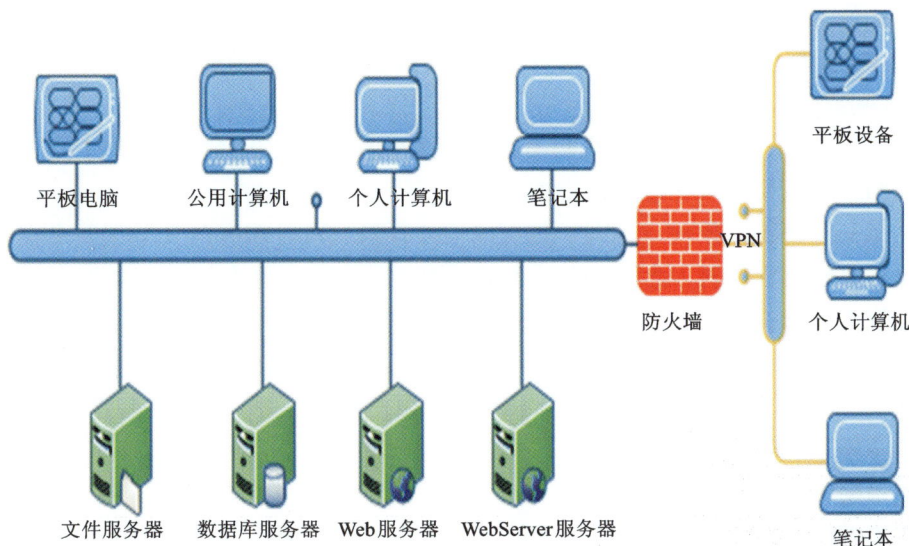

图 6-8　中山至开平高速公路项目大数据管理系统架构图

①周边环境模拟。对工程周边环境进行模拟，对拟建工程占用土地及附属建筑特性进行全方位模拟。对周边环境模拟的具体做法为对征拆对象数量、属性、附着物情况等征拆指标进行分析，为开展征地拆迁管理业务提供技术支撑。

②征拆方案优化。利用 BIM 征迁对象模型和工程实际模型的结合，综合优化征地拆迁计划。

③征拆过程管理。利用 BIM 系统及时管理征迁进度动态，对重点对象的信息数据进行深入的分析，提供相应的问题预判及解决措施，为征拆方案的高效决策提供数据支撑。

（3）施工质量管理

将工程现场的质量信息记录在 BIM 模型内，有效提高质量管理效率。基于 BIM 技术的施工质量管理系统可分为质量工艺管理与施工过程质量管理两方面。

①质量工艺管理。基于 BIM 的质量管理中，由工程总承包部、各项目部将收集的质量施工工艺视频、常见施工质量通病资料等与工程类型实现一对多的模型关联。现场作业班组成员直观查看施工组织、施工工艺、施工工序、质量问题多发部位及原因，提升施工一线员工的质量意识、施工专业技能，有效保证施工高标准、高质量顺利进行。

②施工过程质量管理。将 BIM 模型与现场实际施工情况相对比，将相关检查信息关联到构件，明确记录内容，便于统计与日后复查。隐蔽工程、分部分项工

程和单位工程质量报验、审核与签认过程中的相关数据均为结构化的 BIM 数据。标准化、流程化的信息录入与流转，可提高报验审核信息流转效率。

（4）施工安全管理

基于 BIM 的施工安全管理具有信息完备性和可视化的特点，在施工安全管理方面的应用主要体现在以下几个方面：

①安全预警形象化。不同于传统的安全预警，利用 BIM 的安全预警是在安全员每日巡检过程中对人、物、环境不安全因素的评分，将多年的安全管理经验转换为权重系统，统计可得每日各处的安全状态，形象化地查看各项目部、作业点、场站安全状态。利用 BIM 的安全预警可推动安全整改措施的实行，及时消除不安全状态，有效规避安全隐患、安全事故的发生，极大提高了施工安全管理水平。

②施工空间的可视化。施工空间随着工程的进展会不断变化，施工空间的变化不仅会影响到施工人员的工作效率，而且会影响到工程建设中施工的安全。BIM 的可视化是动态的，通过可视化模拟工作人员的施工状况，可以形象地观察到施工工作面、施工机械位置的情形，评估施工进展中这些工作空间的可用性、安全性。

③安全检查、监控动态化。对变化的安全状态，应进行实时的安全动态检查。采用以移动终端为主的安全检查，贴近施工现场，发起安全检查时，记录安全巡检路径，确保安全检查工作落实到位；在系统中发起安全整改、复核、签阅工作，加快安全整改效率。同时，动态的安全巡检、隐患整改数据与 BIM 模型进行同步处理，并将实际数据进行实时分析；提供安全管控能力。通过视频监控动态查看现场进出人员、不安全状态等，有效防范现场安全伤害、机械盗窃等现象。

④人员信息、违章数据化。响应广东省安全标准化管理，对人员基本信息、培训情况进行管理，对现场发现的人员违反规章制度问题进行线上违章登记，数据公开、透明化有效地管理施工行为。

（5）施工进度管理

施工进度管理主要体现在以下几个方面：

①工程进度可视化。工程进度控制的核心技术是网络计划技术，通过与网络计划技术进行集成，BIM 可以按月、周、天直观地显示工程进度计划。一方面便于工程管理人员进行不同施工方案的比较，选择符合进度要求的施工方案；另一方面便于工程管理人员发现工程计划进度和实际进度的偏差，及时做好技术调整。

②工程进度优化。通过 BIM 技术，利用计算机模拟工程建设过程，更容易发现在二维网络计划技术中难以发现的工序间逻辑错误，优化进度计划；同时，通过年度产值计划、实时报表分析，促使资源优化和信息共享，在保证工程建设进

度需要的前提下，节约运输和仓储成本。

（6）运营阶段管理

运维单位利用 BIM+GIS 技术，结合 BIM 模型开展设备设施资料管理、日常巡检、故障定位、维护数据更新等工作构建高速公路全线养护管理体系，实现手持设备巡检、全线视频监控、设备运营维护、养护维修工程管理等功能。资料及设备管理可以对建筑全生命周期中产生的资料进行管理，包括设施设备资料、项目信息资料、设计图纸、施工图纸、竣工图纸、培训资料、操作规程等，资料信息在数据库存储，提供增加、删除、修改及检索功能。

传统养护过程中，往往由于设计资料、施工档案是纸质资料且不易查找，导致养护过程中，无法很好地掌握养护对象的整体情况。本项目结合中开高速公路建设期 BIM 管理系统，利用移动互联网技术，实现高速公路养护管理系统。开发移动 APP 提高高速公路巡检工作的效率，实现远程上报、实时定位、过程监督的功能。对高速公路运维全生命周期内的养护信息进行归档管理，通过将养护过程中的检测报告、巡检记录、养护资料、维修档案等多格式，多来源的信息文件挂载到 BIM 模型上，为掌握工程对象整体健康状况、提高使用寿命提供有力的数据支撑。

养护管理功能主要分为养护管理、养护物资和养护 APP。图 6-8 中的服务器对公路基本信息、养护计划、记录、养护巡检、养护物资等数据进行管理，统计分析。养护档案基于中开高速公路 BIM 模型，将相关养护信息，如检测报告、养护资料、维修档案等与 BIM 模型进行关联，生成较为完整的养护档案。运维 APP 主要是用来进行移动巡检和养护，解决传统的巡检过程中数据表现单一，增加公路养护和巡检的灵活性。运维养护管理系统主要功能分为：基本信息展示、标准规范管理、养护计划管理、养护记录管理、养护档案管理、巡检项目管理，巡检记录管理和巡检养护信息展示。

针对中山至开平高速公路项目的工程总承包情况，所构建的中开高速管理平台需要将设计、施工以及运维单位进行有效对接，了解对方重点需求，确保模型全生命周期可流通，实现全生命周期切实有效的信息化管理。中开高速 BIM 全过程管理系统协同管理的具体应用情况和效果在下一章节详细介绍。

4. 平台构建关键技术

（1）基于 BIM 的模型拆分

BIM 模型是延续的模型，在项目建设各阶段由项目各参与方集成信息形成信息模型。为避免不同参与方重复建模、增加模型的利用率，保持集成信息 BIM 的单一性、准确性，同时，也为使 BIM 模型满足展示、汇报，系统中施工质量、施工进度、施工安全等业务需求，提出了设计 BIM 模型与施工 BIM 模型。设计 BIM

模型能完整地反映设计意图，展现设计整体成果。施工 BIM 模型应考虑到项目 WBS 划分、项目单元、分部分项及单位工程的划分，根据项目实际情况及《公路工程质量检验评定标准》中一般建设项目的工程划分要求，对基于 BIM 的公路模型进行深入研究，以满足系统中业务需求。

（2）互联网+BIM 技术

BIM 是将建筑工程项目的各项相关信息数据作为基础，建立三维的建筑模型，通过数字信息仿真模拟建筑物所具有的真实信息。它具有信息完备性、信息关联性、信息一致性、可视化、协调性、模拟性、优化性和可出图性八大特点。

互联网已经改变了很多行业，如零售业、金融业、旅游业等。互联网革命的根本机理是通过提升最终用户（消费者、客户）对产业链全过程的信息共享能力，对产业链价值进行重新分配，更有利于价值创造者。

"互联网+BIM"将实现工程建设规划、设计、建造、交付、运营过程广域网的协同和共享。"互联网+BIM "不是简单地将数字信息进行集成，而是一种数字信息的应用，并可以用于设计、建造、管理的数字化方法。这种方法支持建筑工程的集成管理环境，可以使建筑工程在其整个进程中显著提高效率、减少风险。

"互联网+BIM"技术应用具有以下特点：

①协同性。"互联网+BIM"通过软件应用平台将主要业务集中管理，让业主方、监理方、施工方共同参与项目进程，实现业务之间信息互联互通，打破全建筑生命周期全过程各个阶段的信息断层现象。

②可视性。"互联网+BIM"可依据工程管理的细化需求，分析整理各类数据，提供可视化的模型展示以及应用，通过漫游、三维仿真方式加深了对于项目的理解，在汇报交流过程中极大地减少了沟通障碍。

③优化性。"互联网+BIM"可结合管理要求实现各层级的数据逐级汇报和汇总，将项目建设过程的投资信息、质量信息、关键工序信息、计划进度信息、安全危险源以及巡视情况等与 BIM 模型和互联网进行关联，结合手机现场管理、现场视频监测设备等数据，使建设过程实现动态把控整体项目情况，从而实现建设项目精细化管理的目标。

④模拟性。"互联网+BIM"可通过建模软件构建各阶段工程子模型，并通过 BIM 应用层软件将构件模型进行碰撞检测，预先发现潜在的冲突点和施工缺陷，在方案中重新规划探讨，进行深入的修改完善，并模拟优化方案，为项目建设节约大量时间成本。BIM 还可进行建筑工程预制场地的模拟规划建设，通过对整个预制场地的建模，以动画模拟建筑材料的预制、存放、运输以及施工人员的操作过程，最后根据模拟结果重新调整场地规划，确保了各功能区布置科学合理。

⑤综合性。"互联网+BIM"可与多项先进技术手段结合，综合性实现建筑工

程的信息化管理。通过 BIM 深化设计、4D 施工模拟、移动互联网技术及仿真技术相结合，将建筑工程各类数据进行分类、整合、存储，再通过 BIM 管理平台、三维电子沙盘、移动端 App、VR 模拟等技术手段，建立基于 BIM 模型的可视化综合管理平台，实现工程进度、计划、质量、安全、合同等方面的信息化管理，提高建筑工程施工效率、避免材料浪费、降低施工成本，实现全建筑生命周期全过程的信息集成和共享。

（3）倾斜摄影技术

利用无人机搭载倾斜摄影相机，在每个相机曝光位置上，同时从多个角度（前、后、左、右、上）采集地面目标影像，获取地面目标高分辨率多视影像数据。根据获取测区地面目标高分辨率多视影像数据，基于 ContextCapture 处理软件，对多视影像数据采用区域网平差方法进行空三加密计算，恢复影像在拍摄瞬间的空间位置与姿态；利用多视影像密集匹配技术获取影像的同名点坐标，进而获得对应地物高密度的三维点云；基于点云构建地物 TIN 模型，通过配准 TIN 模型的每一个三角面片与对应纹理影像，进行模型自动纹理映射，从而得到三维模型。地面目标的倾斜摄影成果如图 6-9 所示。

图 6-9　倾斜摄影成果示意

（4）模型轻量化处理技术

设计模型是一种精确的边界描述（B-rep）模型，含有大量的几何信息，通过轻量化，可以解决产品数据浏览困难的问题，并保证数据的一致性，统一设计数据。BIM 模型在网页端的流畅展示更是对模型轻量化提出了高要求。轻量化是对已有模型建立方法的优化，这就要求熟知现有模型建立技术中的图形构建原理，并在该基础上对几何元素进行优化。本项目参与模型建立人员多，模型就可能出现众多操作上不规范的情况，致使模型处理情况复杂、难度大。同时，公路工程模型体量大，几何模型复杂。将上万的单体模型几何线、面进行优化，将是一个非常大的工作量。如何快速、高效进行模型轻量化处理是研究的关键技术。

基于视点的负载平衡利用了交互设备物理分辨率的有限性。即离视点近时，采用局部高细节数据；离视点远时，提供广域概略数据。模型本质上是冗余的多分辨率的数据包。从应用角度看，是用空间换取时间，即等度量尺度空间，采用等精度的数据。从避免对物理分辨率没有贡献的数据角度看，这是一种基于设备分辨率的轻量化。这类常见技术有 LOD 技术以及各类瓦片技术。层次细节 LOD 模型，如图 6-10 所示。

(a) 原始模型　　(b) 简化模型 1　　(c) 简化模型 2　　(d) 简化模型 3
(34 836 个点)　　(10 241 个点)　　(5 252 个点)　　(2 754 个点)

图 6-10　轻量化技术示意

在保留模型几何形状的情况下，我们已经实现了原始模型与轻量化模型 9∶1 的轻量化技术。

（5）BIM+GIS+倾斜摄影关键技术

为了能够满足中山至开平高速公路项目 BIM 系统建设应用的需要，实现多格式、多来源的数据进行整合。首先，要解决的就是 DGN 三维 BIM 模型与传统 GIS 平台的结合。通过调研市场上主流三维 GIS 平台，均发现无法无缝对接 DGN 三维模型，在导入过程中均存在模型不完整、属性丢失的现象，无法满足中山至开平高速公路项目 BIM 系统的建设需求。通过研究 DGN 底层数据结构，分析 GIS 平台的数据展示原理，研究出了一套切实可行的解决方案，实现了 DGN 格式文件无缝导入中开 BIM 系统基础平台，并确保模型完整、属性信息不丢失。结合 GIS、BIM 和倾斜摄影模型融合技术的摄影展示图如图 6-11 所示。

图 6-11　GIS+BIM+倾斜摄影模型融合技术展示

通过这 3 种技术的处理，得到了一个完整的三维数据模型，保证了数据模型各项属性的完整性，信息一致。

第 7 章

基于 BIEM 大数据云平台的中开高速公路 "建管养" 全过程协同管理

7.1 "建管养" 全过程信息化协同管理

7.1.1 高速公路建设信息管理现状

在传统模式下的高速公路建设过程存在资源共享难、建养分离、资源分散等问题，无法满足 PPP 项目建设模式的管理要求，主要问题如下所述。

1. 高速公路信息化管理体系不够完善健全

高速公路信息化逐步建立总体目标和规划，但信息资源体系和制度缺乏有效性，没有形成有机协调的发展机制，实施阶段相关政策支持和资金缺乏有效的保障，后期监察手段和评估机制不完善。

2. 信息化系统自我封闭，应用分散

各级和各业务领域根据自身需求已经建立了一批应用系统，但其功能单一，相互独立，数据不一致。

3. 缺乏协同管理，资源分散

甘肃省公路建设业主单位在信息化建设方面，与政府部门、外部资源之间缺乏协同管理，未形成全面集成协作化的信息应用环境和知识积累科学体系，造成资源闲置和浪费等问题。

4. 建养分离，无法进行有效的决策支持

目前甘肃省的高速公路建设和养护系统基本处于分离的阶段，应用孤岛问题严重，无法满足更大范围的数据共享、数据挖掘的要求。

5. 系统之间缺乏统一的数据规范和接口标准

高速公路各业务系统建设时期不同，建设标准不同，数据格式不统一，重复建设严重，造成数据重复录入、数据一致性低，无法实现数据的共享。

随着高速公路建设和运营管理工作的逐步规范，现有的完全依靠人工的管理方式带来的问题越来越多，已不能满足日益增加的高速公路建设和运营管理方式的发展要求，也与标准化、规范化、精细化、智能化、网络化的现代高速公路管理发展方向不匹配。在此背景下，实施高速公路建设和运营维护一体化且信息互通的管理办法是十分必要的。

7.1.2　 "建管养" 概念及发展趋势

所谓 "建管养" 即建设、管理和养护，交通运输部在 2011 年 12 月发布的《纲要》中提出："建设是发展，管理与养护是可持续发展，'建管养' 并重是科学发展。在目前的工程建设中，'建管养' 一体化模式已经得到广泛的传播和应用，使得整个建设周期实现了全过程的协同管理。" 针对公路交通 BIM 的 "建管养" 一体化，具有很强的现实意义和实用价值。实施方式主要包括两个方面：一是公路交通 BIM 建模，即制定 BIM 应用目标、标准、细则，建模要考虑交通工程在后期管理和养护运维中的应用需求。二是建立交通工程 "建管养" 一体化平台，实现建设方、管理方、运维方有效地沟通和交互信息。做到有问题，可追溯，有记录，有跟踪，有落实。

针对高速公路交通的 "建管养" 一体化，将其设计、建设、养护、维修工作进行连贯化处理，现有行业中给出了高速公路建设推行 "建管养" 一体化的六大模式，具体内容如下所述。

1. 建立并健全高速公路项目建设管理制度

无论是关于高速公路的设计和建设还是管理方面的人员安排、养护工作落实等都必须要在该项目管理制度中得到明确的落实和体现。首先，应该推选具有高度责任心、领导力以及协调能力的管理者作为该高速公路建设、管理和养护等工作的总负责人，该管者必须有良好的决策能力，可以在高速公路建设项目管理制度建立健全之际做出最关键的决策。其次，要建立健全高速公路项目建设的管理机构，各部门管理人员要根据高速公路建设项目的实际需要保持实时沟通，保证消息顺畅且无误，一切以效率为标准。要求能够实时推送现场情况给各部门负责人员，使高速公路建设项目的管理机构包含综合部、质安部、工程部、党群部、财务部、营运部(后期)等部门并以此做出快速决断和沟通，从项目征地拆迁、综合协调、安全管理、质量管理、进度管理、计量管理、变更管理、合同管理、资金管理到党的建设、纪检监察、宣传工作以及后期的营运管理、养护管理、路产经营等方面都需要这些部门人员实时更新信息，一旦信息有误或延迟，将会给整个项目带来无法挽回的损失。

2.统筹建管养高速公路的全寿命周期

从高速公路建设项目确立之日也就是签订合同之时起,高速公路的"建管养"都会有一个由该单位全权负责的寿命周期,作为项目负责人,必须要在该合同规定的期限内,将任何一项工作细节都处理到位,做好全面的应对准备。在高速公路筹建阶段,最重要的工作内容包括制定路线走向、选择结构设施、确定最优的设计方案和施工方案等,为此需要大量的人力和物力来帮助解决较多的工程问题,以保证工程的如期完工。例如,在处理拆迁建筑、占用农田、绕过特殊地质等问题时,能够做到综合考量施工成本、时间以及可行性,必要时需要做出相应的方案调整。首先,在施工阶段重点关注施工建设质量,特别是影响桥梁、隧道、边坡、路面等涉及营运安全的项目指标,要加强控制、精细检测、落实整改;其次,要管好项目建设资金,要按规范验收,按程序变更,按标准采购,按合同计量,讲规矩、守纪律,充分用好建设资金,发挥建设投资效益。营运阶段除了日常的收费稽查,还要加强沿线路产经营的前期筹划和后期经营服务,特别是服务区(停车区)、收费站要搞好创建工作,营造清洁温馨环境,为社会提供优质文明服务;要做好日常养护巡查、定期检查及安全隐患治理,保障高速公路平安畅通。

3.加强安全质量综合管控

安全和质量是项目管理的双胞胎,是企业的生命、效益和品牌,无论是设计阶段、施工阶段还是营运阶段,都应高度重视。

①要完善安全质量管理体系,落实主体责任,强化监督考核。政府监督、业主监管、社会监理、企业自检等各个管理主体都应高度重视、增强意识,认真履职、贯彻落实。

②要推进品质工程建设,品质工程的核心就是"优质耐久、安全舒适、经济环保、社会认可"。其要求在建设理念上要适度超前,要实施全要素、全过程、全寿命周期管理;在管理举措上要精益求精,积极推进人本化、专业化、标准化、信息化和精细化管理;在四新技术应用上要不断总结经验教训,突出科技创新和推广应用。要实现工程实体质量、功能质量、外观质量和服务质量的均衡发展;要达到工程本质安全、工程结构安全、施工作业安全和营运通行安全协调发展的目的;要保障项目生态环保、能源节约、低碳减排。

4.规范计量保障建设资金

建设资金是推动项目顺利建设的关键要素,作为项目投资人,一方面要加强融资能力,拓展融资渠道;另一方面要管控好建设资金,减少资金成本,使建设资金发挥最大效益。作为项目法人以及合同相关单位,要做好计量管理、变更管理,按照合同约定规范计量程序,严格遵守契约精神。各参建方要认真复核和完善施工设计图、变更设计图,按照合同文件、计价原理、计量规则,遵守规范标准，建立和完善计量台账和变更台账，积极为后续计量审查、审批提供便捷条件。特别是工程实体，要按照设计图纸、规范标准的要求，认真完成工程建设，加强工程档案管理，同步完善质检资料，有效推进工程计量，保障项目建设资金。

5.控制关键节点加快进度

对于项目关键节点和控制性工程，项目参建各方均要认真组织，提前谋划，合理编制实施性施工组织设计方案。编制关键节点和控制性工程实施性施工组织设计，要认真分析施工设计图纸，加强现场地质勘查，充分利用 BIM 技术，构建结构模型，增强可视化效果。通过先进技术更好地掌握关键节点的地质环境、工程数量、结构规模和资源需求，继而拟定实施方案及施工工艺。根据拟定的实施方案和施工工艺，制订工期节点，从人员、材料、机械设备、施工工艺、施工环境等方面合理调度项目建设资源，从组织、质量、安全、进度、技术、资金等方面进行项目管控。动态调整施工计划，预判潜在不可控风险，实时采取纠偏或预警措施。

6.重视宣传总结创新成果

做好宣传总结，是文化自信的体现，既要求硬实力，也讲究软实力。一条高速公路的建设，总会有许多可圈可点的内容，总会有许多新材料、新技术、新工法、新设备的应用。这就需要不断归纳总结，通过加强经验交流，扩大宣传影响，树立项目品牌。宣传的要点除了日常的进度报道、文体活动、领导关怀，重点要突出项目的建设难度、创新成果、品质建设、先进理念等，要充分挖掘项目潜在的社会经济价值、管理品牌效应，及时总结科研技术成果。宣传总结不仅可以对外扩大影响，而且可以对内总结管理经验，转化成果。对于项目竣工文件编制、运营养护管理手册编写也具有很好的促进作用。

为此，可以看出，在现今的高速公路的"建管养"一体化模式下，对整个工程的参建人员提出了较高的要求，一个项目的全过程需要涉及大量的人力与物力干预，但由于现今工程市场的人员技术水平层次不一，很难保证工程建设能够高效、有序的完成。

7.1.3　当代数字技术在"建管养"中的深化引用

随着近年来我国基础设施建设的飞速发展，城镇化进程的逐步推进，交通运输行业面临越来越严峻的挑战：项目规划的科学性和合理性要求；降低工程造价和节能减排的新要求；项目建设的难度和复杂性；运营维护的难度和管理的复杂性。目前，信息化技术的飞速发展，为交通行业的问题和挑战提供了全新的解决思路，也为智慧交通的发展带来了新的契机，而在众多信息化技术解决方案中，BIM 技术优势明显。交通运输部"十三五"规划里明确提出，"BIM 技术的发展作为十大重点技术方向之首，要大力推动建立适应国际化要求的 BIM 应用技术、标准体系和支撑平台，提高参与国际工程建设市场竞争能力。"

BIM 作为三维数字化基础，将建设项目整个寿命周期内全部几何特性信息以及施工进度等过程控制信息综合到单一模型中，并应用数字化模型进行项目规划、设计、施工和运管维护的数字集成技术，具有可视性、协同性与模拟性等特点。

1. 可视性

BIM 技术最突出的特点是可视性，将传统设计中二维抽象的平面结构转化为三维立体的模型，不但可以形象直观地展示平面图纸中无法呈现的构件细节，还可以清晰了解各构件之间的互动与反馈关系，有利于提高参建项目各方的交流沟通效率，并为管理者决策提供科学准确的参考。

2. 协同性

公路工程项目参与方众多、工程复杂、耗时较长，因此需要协调参建项目各方的工作，加强不同专业间的沟通以提高工作效率，减少冲突和错误的产生。通过应用 BIM 技术，整合相关数据资料和文件，使参建各方的工作内容以数据的方式统一展示在 BIM 模型中并实时更新，通过碰撞检查在项目实施前便发现并解决冲突。

3. 模拟性

BIM 的模拟性可应用于公路工程全寿命周期。在设计阶段通过模拟驾驶员驾驶，了解道路设计中的平纵横断面设置是否合理，为后续线 BIM 与云计算、大数据、人工智能和物联网融合，实现工程和运维全过程的海量异构数据的融合、存储、挖掘和分析，从数据到信息、知识、决策和智慧，支持智慧建造和管理。在当代的工程总承包模式下，要求"建设-管理-养护"的一条龙式工程服务，在此我们将以 BIM 为首的当代数字技术与"建管养"模式相结合，推动 BIM 技术的工程应用研究，加强工程全生命周期管控及数据互联互通水平，提升工程设计、建造及运行一体化精益管控能力。

综上可知，工程总承包的模式下涉及了设计，采购，施工等各阶段项目建设过程，需要投资方，施工方、监理方等多方工作人员协调管理，整个过程环节复杂，调配紧密，参与方众多，信息传递不够及时，唯有做到信息互通才能保障其顺利进行。做到全过程信息互通的关键技术需要解决以下问题：

（1）"建管养"一体化数据架构研究

高速公路建设、管理、养护三个阶段的管理主体、管理内容各有不同，但有着密切的数据联系。要强调"建管养"一体化，在数据架构设计阶段，充分考虑各环节的内容，协调省、市、县及建设项目各层级工程建设管理者的工作，打通行业监管层与工程建设各方的信息沟通壁垒。通过以整合甘肃省"建管养"一体化，以各部门、业务、数据关系为目标，明确部门-业务、部门-数据、业务-数据的交叉联系和独立关系，以现有的数据资源及行业运维产生的数据资源为基础，依照数据统一编码要求，围绕数据的对象、内容、类别三个层面搭建甘肃省公路设施"建管养"一体化数据框架，以解决各交通子系统因业务重叠产生的数据混乱及冗余问题，解决录入数据元标准统一问题。

高速公路"建管养"一体化数据架构包含数据层、定义层、集成层、业务层。

（2）基础数据的分类和编码研究

信息分类与编码标准是数据标准化的一项基础工作，高速公路"建管养"一体化数据标准规定平台汇集、交换相关信息统一的分类系统和排列顺序以及编码规则，目的是在不同系统和用户之间建立交通信息的一致参照，对提高信息采集、处理和信息交换效率具有重要作用。信息分类与编码标准的制定将有力推进建管养一体化数据标准化进程。按照高速公路建管养业务系统的划分，结合"建管养"一体化平台建设阶段目标，制定高速公路信息采集的信息分类与编码，并以该分类编码标准为参照，逐步制定高速公路建设、管理、养护各阶段信息分类与编码，促进高速公路"建管养"一体化服务平台上线运行和应用成果的推广。

（3）数据接入和存储研究

通过对建设项目信息数据资源、运营监控信息数据、养护管理信息数据进行统一接入，为一体化服务平台提供原始数据支撑。

①数据接入与采集技术研究。目前数据接入和采集的方式有数据库镜像技术、中间件技术和数据接口技术。数据库镜像技术是直接将业务系统数据库的数据经镜像技术直接复制到数据中心基础库，确保业务数据库的安全性，并且镜像库数据存取不会受其他业务的影响。

数据库镜像技术具有带宽占用少、实时性高、安全性高、不影响业务系统正常工作的优势。中间件技术基于业务系统前置机进行数据的抽取和传输。数据接口技术可用多种技术实现，例如数据库接口、ETL 抽取接口、WebService 服务调用接口等，在"建管养"一体化平台建设时需要支持多种方式，且能灵活配置，保证接口的灵活性、可扩展性和可维护性，支持多种数据异步或定时的传递方式，提供增量数据同步并且可以和全量数据对比功能，保证各业务系统间的数据一致性。

②数据存储模式研究。高速公路"建管养"数据标准化处理和接入采集后，需进行集成化统一存储和管理。"建管养"一体化集成平台的数据采取分级、分类存储原则，在对数据进行分类和评估的基础上，优化数据分层存储架构和存储内容及方式，将数据分配到最合适的存储层中。根据数据的结构分别利用关系数据库、NoSQL 数据库及分布式文件等方式进行关系型数据和非关系型数据混合存储和管理。在统一存储环境中，将存储资源变成共享资源池来存储数据块或者文件数据，根据应用需求配置存储资源，从而提升用户自身的存储效率。

7.1.4 工程总承包中的"建管养"

在如今的工程建设，特别是大型的基础设施公共建设中，能够实现"建管养"一体化的全过程协同管理已是大势所趋，传统的工程分包模式由于后期明显的弊端而逐渐被取代，工程总承包概念逐渐走到了大众的视野，也越来越受到关注和重视。

1. 工程总承包的基本概念

（1）工程总承包的定义

工程总承包是指公司受业主委托，按照合同约定对工程建设项目的设计、采购、施工、试运行等实行全过程或若干阶段的承包。通常公司在总价合同条件下，对其所承包工程的质量、安全、费用和进度进行负责。并要求以全过程工程项目管理师（由人社部部署单位中国国家培训网进行评定）为负责人的全过程工程咨询团队为其提供全过程咨询服务。

EPC：工程（engineering）、采购（procurement）、建设（construction），是国际通用的工程总承包产业的总称。工程：从工程内容总体策划到具体的设计工作；采购：从专业设备到建筑材料的采购；建设：从施工、安装到技术培训。涉及领域有能源（传统电力、清洁能源等），交通（铁路、公路等），建筑。

（2）工程总承包的优势

较传统承包模式而言，EPC 工程总承包模式具有以下三个方面基本优势：

①强调和充分发挥设计在整个工程建设过程中的主导作用，有利于工程项目建设整体方案的不断优化。

②有效克服设计、采购、施工相互制约和相互脱节的矛盾，有利于设计、采购、施工各阶段工作的合理衔接，有效地实现建设项目的进度、成本和质量控制符合建设工程承包合同约定，确保获得较好的投资效益。

③建设工程质量责任主体明确，有利于追究工程质量责任和确定工程质量责任的承担人。

2. 工程总承包模式

工程总承包模式分为过程内容与融资运营两大类。

（1）过程内容

①E+P+C 模式（设计采购施工）/交钥匙工程总承包：交钥匙工程总承包是设计采购施工工程总承包业务和责任的延伸，是最终向业主提交一个满足使用功能、具备使用条件的工程项目。

②E+P+CM 模式：设计采购与施工管理工程总承包（EPCM），即设计（engineering）、采购（procurement）、施工管理（construction management）的组合）是国际建筑市场较为通行的项目支付与管理模式之一，也是我国目前推行工程总承包

模式的一种。

③设计+施工工程总承包(D+B)：设计-施工工程总承包是指工程总承包企业按照合同约定，承担工程项目设计和施工，并对承包工程的质量、安全、工期、造价全面负责。

④根据工程项目的不同规模、类型和业主要求，工程总承包还可采用设计-采购工程总承包(E-P)、采购-施工工程总承包(P-C)等方式。

（2）融资运营

①项目 BOT 模式：建设-经营-移交(build operation transfer，BOT)。

②项目 BT 模式：建设-移交(build transfer)是政府或开发商利用承包商资金来进行融资建设项目的一种模式。

综上可知，工程总承包的模式下涉及了设计、采购、施工等各阶段项目建设过程，需要投资方、施工方、监理方等多方工作人员协调管理，整个过程环节复杂，调配紧密，参与方众多，信息传递往往不够及时，唯有做到信息互通才能保障其顺利进行。工程信息互通目标的实现，需要拥有一系列软硬件系统的支持，如图 7-1 所示，将人工智能、云计算、物联网以及大数据与 BIM 相结合，以求达到对工程总承包的协同管理工作。本章的后续小节将具体针对中开高速公路"建管养"系统的 EPC 模式，探讨高速公路建设项目应用 BIM、大数据、云平台等数字技术，实现信息互通、协同管理的全过程。

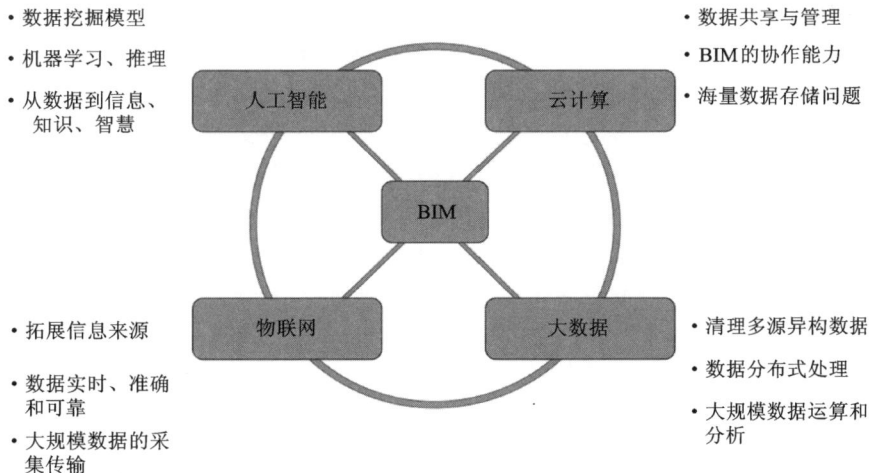

- 数据挖掘模型
- 机器学习、推理
- 从数据到信息、知识、智慧

- 数据共享与管理
- BIM 的协作能力
- 海量数据存储问题

人工智能　云计算

BIM

物联网　大数据

- 拓展信息来源
- 数据实时、准确和可靠
- 大规模数据的采集传输

- 清理多源异构数据
- 数据分布式处理
- 大规模数据运算和分析

图 7-1　基于 BIM 的工程总承包协同管理架构图

7.2 中开高速公路项目特点及其物联网系统

7.2.1 中山至开平高速公路项目工程特点

中山至开平高速公路起点位于中山市东部马鞍岛,与在建的深中通道相接,终点位于江门恩平市,与已建的开阳高速公路相交(对接高恩高速)。项目分两期实施,一期工程约为 96.6 km,包含中山段起点至大常山隧道的 11 km 及江门段的 85.6 km;二期工程约 33.1 km,位于中山城区,全长约 129.7 km,总投资约 452 亿元。

全线设置桥梁 70102 m/102 座(含互通立交主线桥、主线上跨分离式立交桥),其中特大桥 44672m/27 座(磨刀门西江特大桥长 610 m、银洲湖特大桥长 4701 m),大桥 24324 m/51 座;设置隧道 4798 m/4 座,其中长隧道 4030 m/2 座(景观路隧道长 2670 m),中隧道 643 m/1 座,短隧道 125 m/1 座。全线设互通式立交 25 处,服务区 3 处,管理中心 1 处。其工程特点如下所述。

1. 工程规模大,征迁协调难度高

中开高速线路全长约为 129.754 km,其中,中山段一期工程主线桥梁总长为 9953 m,设隧道 1 座,长度为 634 m;设互通立交 4 座;桥隧比例为 96.2%。江门段主线桥梁 63 座(含互通内主线桥),总长为 34707 m;设置互通立交 16 处;服务区 2 处;桥梁比例为 40.2%,建设体量大。

项目沿线处于经济发达区域,途经区域集中,主要为生产制造工业区、高价值青苗农作物及高标准基本农田,征迁工作干扰大;沿线经济活跃度高,民众法律意识强,征拆费用高、难度大。项目三次与深茂铁路交叉,一次上跨广珠城际铁路,沿线跨越多条高等级公路,施工手续复杂,组织协调难度大。

2. 特殊结构桥梁多,工程管理难度大

本项目途径区域通航河流众多,沿线公、铁路网发达,跨越航道、路网多采用特殊结构桥梁。其中横门西水道大桥主桥上部结构采用 79 m+2×145 m+79 m 预应力混凝土连续钢构;磨刀门特大桥主桥采用主跨 320 m 双塔双索面钢混组合梁斜拉桥;虎跳门特大桥主桥上部结构采用 79 m+2×145 m+79 m 变高度预应力砼连续钢构;银洲湖特大桥主桥为 188 m+530 m+188 m 双塔双索面组合-混合梁斜拉桥,辅航道桥上部结构采用 90 m+162 m+100 m 波形钢腹板连续刚构。

3. 工程风险等级高,安全生产面临挑战

中开高速穿越中山、江门两市,途径区域台风、暴雨多发,地质条件复杂,涉及多处跨越高速和高等级通航河道、涉铁涉海、隧道和路堑高边坡、城镇区施工等危险性较大工程和重大风险因素。目前经路桥公司评审认定的Ⅲ级以上风险工程 16 项，安全生产面临较大挑战。

中山至开平高速公路项目作为目前电建集团单体投资规模最大的高速公路工程总承包项目，具有征迁难度大、技术工艺复杂、桥隧建设风险高、质量要求严格、施工作业面分布广、环境敏感点多、工期要求紧凑、参建单位及交叉影响因素多等特点。针对该项目的实际工程情况，电建集团作为该项目的工程总承包业主，需要管理其"设计–施工–运维"等全过程的业务工作，其复杂的业务流程，烦琐的工程数据，管理各方的协同与共享，设计与施工的高度融合以及复杂多变的征迁工作均为影响项目进展的主要因素，电建集团研发了一套 EPC 模式下的基于 BIM 技术的融合建设管理全过程的信息化、可视化、大数据等多领域关键技术的中开高速公路协同工作平台，将 BIM 与大数据云平台相结合，应用于工程总承包模式下的深化设计、建设期进度、质量、安全虚拟施工，运营期养护、健康检测等方面的管理工作，对于有效地节约建设成本、提高管理效率、缩短工期以及降低安全风险是十分必要的。

7.2.2　中开高速的物联网系统

物联网是通过射频识别（RFID）、红外感应器、全球定位系统、激光扫描器等信息传感设备，按约定的协议，将任何物品与互联网连接起来，进行信息交换和通信，以实现智能化识别、定位、跟踪、监控和管理的一种网络。通俗地说，就是将感应器嵌入和装备到电网、铁路、桥梁、隧道、公路、建筑、供水系统、大坝、油气管道等各种物体中，并且被普遍连接，形成物联网。

BIM 与物联网集成的巨大网络系统，将使整个交通基础建设产业链充分融合，实现交通建设全过程信息的集成与融合，使交通行业的发展更加完善及有序。BIM 作为物联网应用的基础数据模型，是物联网的核心和灵魂，而物联网则是发挥 BIM 更大潜力的桥梁。没有 BIM，物联网的应用也会受到限制，因为许多构件和物体是隐蔽的，存在于肉眼看不见的深处，只有通过 BIM 模型才能一览无遗，展示构件的每一个细节。BIM 技术发挥上层信息集成、交互、展示和管理的作用，而物联网技术则承担底层信息感知、采集、传递、监控的功能。二者集成应用可实现建设全过程"信息流闭环"，实现虚拟信息化管理与实体环境硬件之间的有机融合。

由于公路建设项目工程规模巨大，施工现场错综复杂，有很多的不确定性，如何加强施工现场安全管理、降低事故发生频率、杜绝各种违规操作和不文明施工、提高建设工程质量，成为摆在建筑单位与各级政府管理部门面前的挑战与课题，打造基于物联网+BIM 的现场管理体系在实现绿色建造、引领信息技术应用、提升社会综合竞争力等方面具有重要意义，它是促进行业转型升级，提升管理水平和效率的需要，是提高企业核心竞争力，加强成本管控能力的需要，是增强企业创新驱动能力，提升工程品质的需要。

中山至开平高速公路项目作为目前中电建集团单体投资规模最大的高速公路项目，采用 BOT+EPC 工程管理建设模式实施。BOT+EPC 建设管理模式将 BOT 与 EPC 两种模式结合在一起，从设计与施工管理模式、运营机制、投融资机制等方面都实现了统一的管理与运营，需要管理协调的项目参与者众多，这也就对项目承办人的现场管理和成本把控能力有着非常高的要求。中电建(广东)中开高速公路有限公司必须从管理手段和平台创新出发，依托物联网技术等手段实现业主、监理、施工单位等内部业务处理和相关业务之间的交互，有效地提升交通运输的信息化和智能化水平。

基于施工现场的物联网 BIM 技术应用涵盖了高速公路施工的整个流程，在施工的各个关键节点都安装了各类传感器，如北斗高精度定位设备、红外温度探测设备、无线射频设备等。同时，通过网络通信将采集数据实时上传至中心服务器，结合大数据分析，可全面、真实、动态地反映施工过程的每一个环节及其关键数据指标，对施工过程进行引导、管控和预警；同时保留有详尽的施工过程数据，方便未来的道路养护、技术升级及质量溯源。

物联系统主要由 GNSS 基准站、碾压监测端、数据及应用服务器、远程(或现场)监控客户端等部分组成各个子系统，以组件的形式插入整个系统中，其既可独立运行又可通过中间件共享数据库起到互相支撑的作用，系统整体构架如图 7-2 所示。将施工机械以及拌和站实时采集的数据以及通过试验获得的试验数据通过无线通信上传至中心服务器，工作人员在该平台对其进行访问、监控以及管理，从而进行一系列的后续操作。

针对中山至开平高速公路项目施工管理现场，通过智能采集、共享、分析、预判、存储等流程化方案构建灵活、系统的智能化应用，打造稳定可靠、智能高效、便于使用的智能化公路施工现场物联网管理平台。通过软件技术、试验检测技术、互联网+技术、云技术、大数据将信息化融入技术、生产和管理各个环节，实现施工现场和环境指标智能采集、审核、监控、分析和预警，实现公路建设项目数据集成和协同管理，实现人员、流程、数据、技术和业务系统集成，促进工程结构安全、施工安全和使用安全协调发展；为打造智慧工地、创建品质工程奠定坚实可靠的基础平台。

针对中山至开平高速公路项目实际情况，该公路施工现场物联网主要包括以下业务内容：实现压力机、万能试验机联网数据自动采集，试验数据分析和预警；实现预应力张拉和压浆数据自动采集和监控；实现水泥混凝土、沥青混凝土拌和过程监控和预警；实现路基压实过程测量数据采集、进度控制和质量分析；实现沥青路面摊铺过程测量数据采集、进度控制和质量分析；实现沥青路面压实过程测量数据采集、进度控制和质量分析；实现施工现场环境测量数据采集、分析和预警。

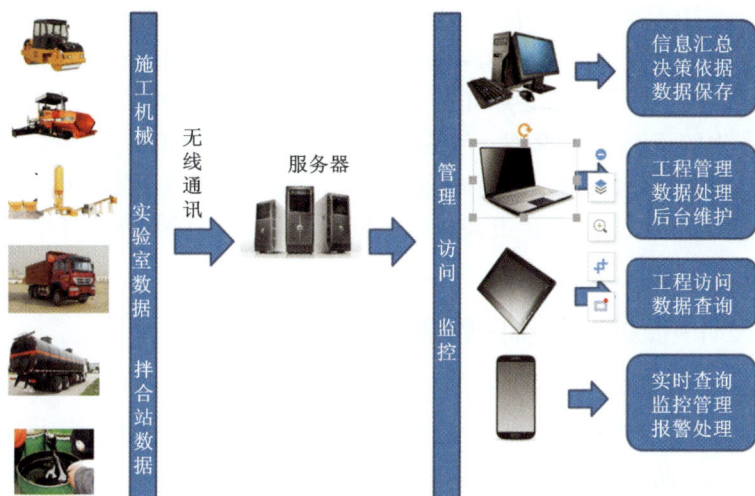

图 7-2　整体构架图

7.3　中开 BIM 大数据云平台协同管理的具体应用

　　根据中山至开平高速公路项目建设管理的需求，中电建(广东)中开高速公路有限公司运用先进的计算机软硬件技术、BIM 技术、大数据、云服务、虚拟现实技术，结合工程建设、运营管理规范和标准，融合集成高速公路建设管理全过程的数字化、信息化、可视化、大数据、云平台等多个领域成套关键技术，开发一套满足高速公路建设管理多角色多功能多业务为一体的综合在线管理平台，按设计、建设、运营分解为设计、征拆、质量、进度、安全、运维管理。

　　设计管理系统能够对设计成果及设计变更流程进行管理，并将设计成果、变更管理资料与 BIM 模型进行关联，以便可视化地定位、查看、批阅相关文件，有效实现项目资料实时更新共享与管理；征拆管理则是建立征地拆迁、电力改迁、通信改迁数据库，根据数据对业务进行基于 GIS 的可视化办理；质量管理将检查部位的质量信息与模型相关联，有助于明确记录内容，便于统计与日后复查。隐蔽工程、分部分项工程和单位工程质量报验、审核与签认过程中的相关数据均为结构化的 BIM 数据；将施工进度计划与 BIM 构件相关联，实现项目的数据导入，掌握计划进度与实际进度的对比情况，从而对进度进行动态管理；将 BIM 技术与施工现场监控、事故应急预案、巡查反馈和风险整改管理紧密联系，借用移动设备终端进行现场资料传送，实时对项目施工安全进行动态、可视化管理，有效落实安全生产责任制、规范执行安全管理制度、完善各项记录填报并完整输出的信息化机制，使中电建(广东)中开高速公路有限公司能及时对风险源进行管理；工程建设结束后，运维单位结合 BIM 模型开展设备设施资料管理、日常巡检、故障定位、维护数据更新等后期运维工作，资料及设备管理资料管理可以对建筑全生命周期中产生的资料进行管理，包括设施设备资料、项目信息资料、设计图纸、施工图纸、竣工图纸、培训资料、操作规程等，资料信息基于数据库存储，提供增加、删除、修改及检索功能。下文将对主要管理环节之间的协同管理与应用进行详细的介绍。

7.3.1　设计-征拆过程协同管理应用与讨论

1.传统征地拆迁工作的缺陷

传统的征地拆迁工作大致分为征迁准备、宣传发动、勘察核实、征地拆迁、资金兑付等十个阶段，征迁过程烦琐复杂，且涉及政府、百姓以及施工单位等多方之间的协调，管理难度较大。同时在实际的征地拆迁的工作，组织征拆的机构一般为临时机构，由各个部门的员工临时抽调组成，由于工作人员的业务素质不够专业，在进行填写房屋设施，青苗等征拆补偿表这种数量大、专业性强、复杂烦琐的工作时，容易出现工作差错；同时在征迁过程中使用的公告并未完全按照法规要求，常出现缺项漏项的情况，违反相应法定程序，剥夺被征地百姓的知情权；由于当今城市化进程加快，属于一个新老征拆文件交替十分频繁的时期，经常出现前后不同的补偿标准，如果施工方未能及时更新征拆标准，很容易造成其与拆迁户之间的误会，从而影响整个施工进度。

2.中开 BIM 的征迁管理流程

征拆管理工作流程如图 7-3 所示。首先，对征拆区域的实物特征进行导入，结合相应的定额标准，计算得到被征拆物各自的费用补偿；其次，在现场征拆工作中，该平台能够实时记录现场的征拆情况，实时监控进度和计划管理，保证征拆工作高效有序地进行；最后，依据相应数据完成业务的办理，保证全过程的完整性。

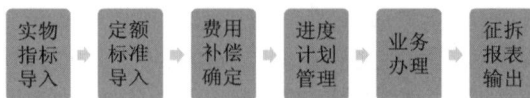

実物指标导入　➡　定额标准导入　➡　费用补偿确定　➡　进度计划管理　➡　业务办理　➡　征拆报表输出

图 7-3　系统工作流程图

（1）实物指标

实物指标分为 3 个部分：行政区划、GIS 展示和关联信息。关联信息主要显示实物指标的属性信息、关联文档和相关项。平台具体操作如图 7-4 所示。

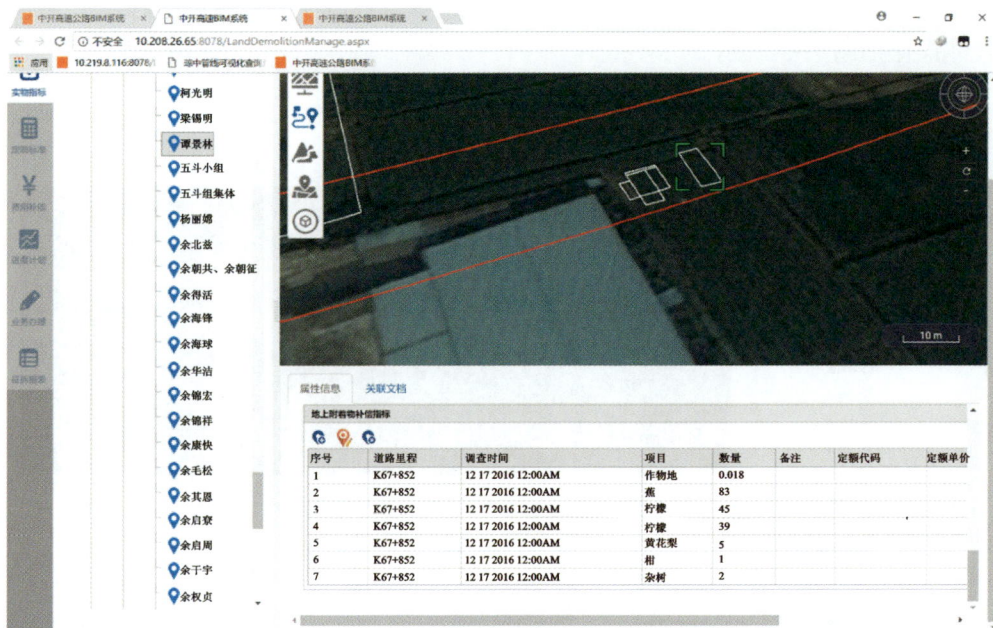

图 7-4   实物指标导入示意图

首先，在中开 BIM 征迁系统中对实物指标进行导入，将 GIS 实景模拟与实物指标调查数据进行关联，批量导入房屋、青苗及构造物调查数据，实现规范数据自动套价功能。

其次，将行政村与拆迁户信息、拆迁户房屋补偿信息、土地补偿指标、地上补偿指标等输入，对应得到行政区划下属各拆迁户的名单及基本信息、房屋补偿、土地补偿指标、地上附着物补偿指标、关联文档、相关项等输出信息。

最后，确定套价的标准及定额，定额主要用来定义各个实物指标价格，根据其所在行政区划不同，条目化制定各行政区域的征拆定额标准，以供使用者快速查询房屋、土地、地上附着物的补偿。拆迁户会根据其空间维度的不同而获得相应的土地补偿费用、地上附着物补偿费用、房屋补偿费用等总计的总费用补偿，并实际确认赔付。

（2）定额标准

定额主要用来定义各个实物指标价格。根据各个标段所属行政区划的不同，将不同区域的补偿标准存入系统数据库中，以供使用者查看。具体土地补偿标准分为土地补偿补助费、建设用地、征地留用地；地上附着物补偿标注分为稻田、甘蔗地、菜地、山林地、葵花、竹、果树、荷花塘、花地、零星树木、鱼塘、禽畜养殖场、滩涂、迁坟、水利设施；房屋补偿有关税费标准等。本部分主要根据实物指标和定额标准所提供的数据，对征拆户进行费用补偿，主要是货币补偿。平台具体操作如图 7-5 所示。

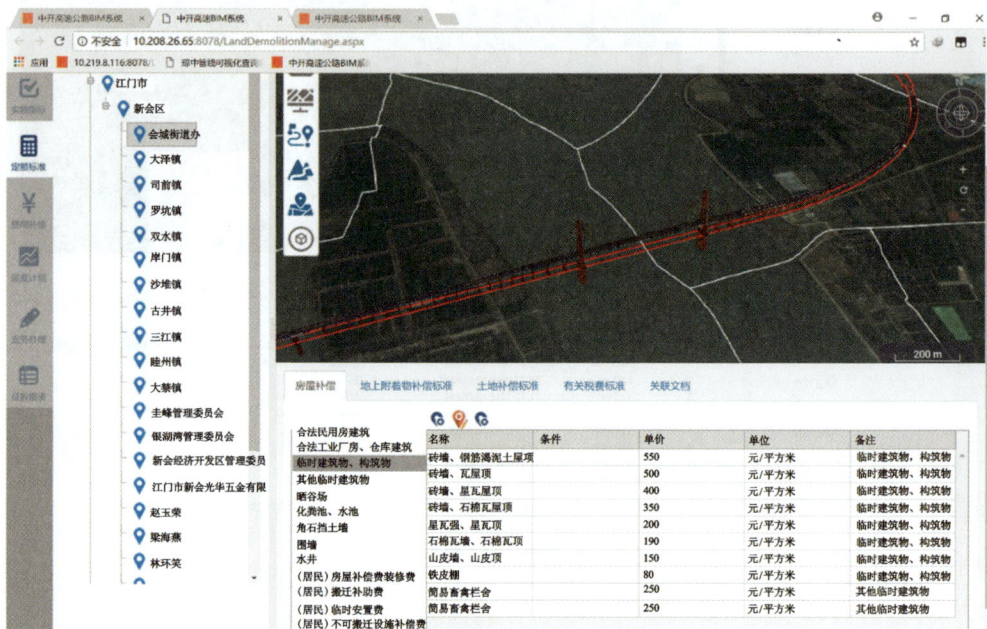

图 7-5　定额标准套用示意图

在进行宏观的进度监控时，可以设置重点标段和查询各个标段及行政区域的征拆计划，并结合实际施工情况，根据其差异来实现一、二、三级进度滞后预警。同时该平台可将所需要的费用和征拆所需要的文件提交至系统数据库，从而确定其评估状态、实际赔付状态、房屋拆迁状态、土地交付状态等，并以不同颜色状态定位和显示。

（3）进度计划

设置重点标段和查询各个标段及行政区域计划开始时间/计划结束时间，实际开始时间/实际结束时间。平台具体操作如图 7-6 所示。

待征迁工作大致结束后，根据后台已有的数据，将征地和拆迁的信息进行分类统计，能够生成项目所需的多种分析报表、饼状图、树状图等，满足项目总体查询和统计需要。

（4）业务办理

处理征拆业务办理各个状态和各个状态之间的流程，并将所需费用及征拆所需文件一并提交系统数据库中。平台具体操作如图 7-7 所示。

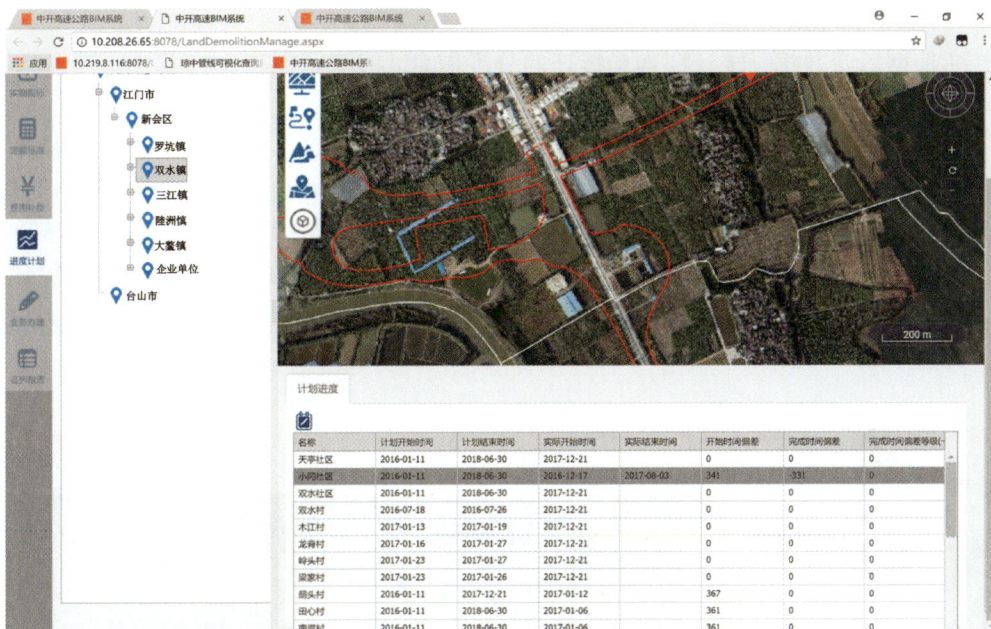

图 7-6 进度管理示意图

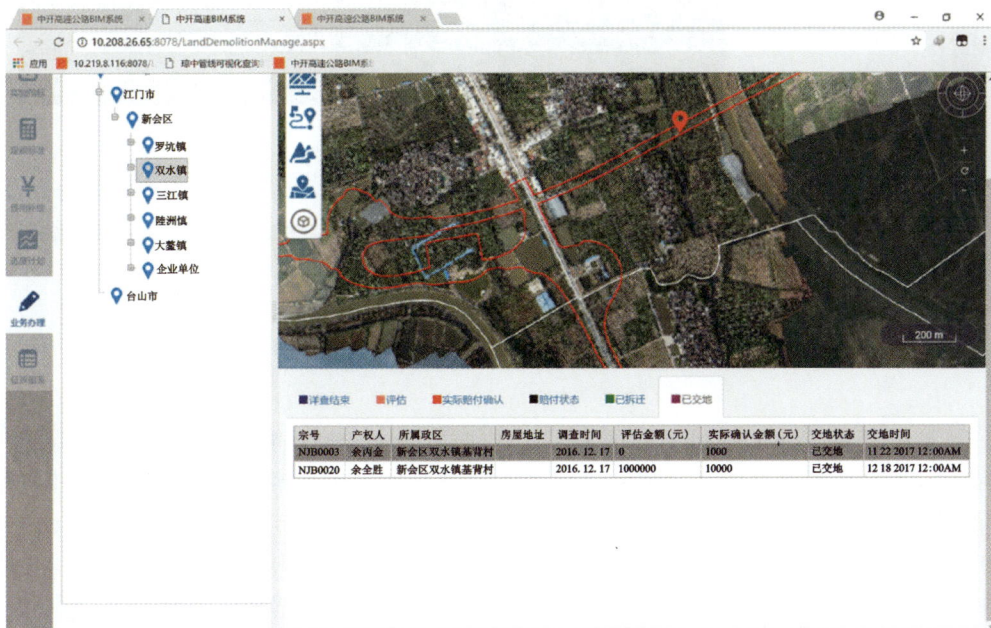

图 7-7 征拆报表输出示意图

（5）征拆报表

根据后台数据，统计征地和拆迁的分类信息。

3. 设计–征拆协同管理

中开高速项目征拆管理下设中山段、江门段两个分部，江门段征拆数据模型首先导入系统，2017 年 9 月江门段施工图设计完成后，中开高速公路有限公司及时将设计相关数据也导入管理云平台系统，截至 2018 年 5 月，江门段交地完成率约 84%，而中山段一期工程由于录入数据模型较晚，自 2017 年 6 月获批至今 12 个月，交地完成率仅达到 58%。其中，征拆管理系统征拆区域与线路规划数据模型比对如图 7-8 所示。

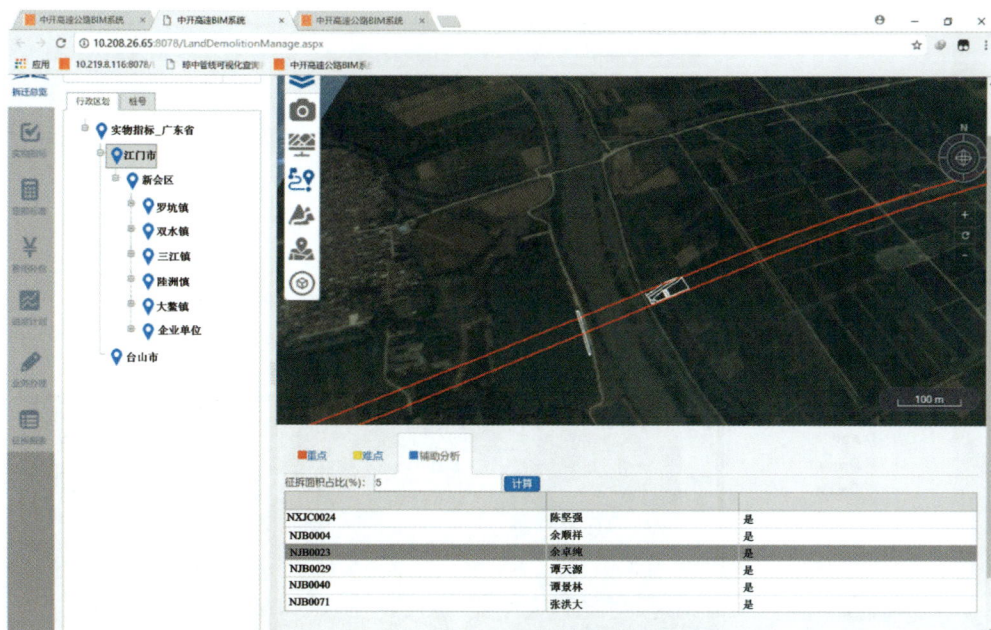

图 7-8　征拆管理系统征拆区域与线路规划数据模型

该征迁系统除了在进行日常拆迁工作时能够起到节约人力，科学管理的作用，还能够在重难点拆迁过程中迅速找到关键所在，并与系统内设计系统及其他子系统相互配合，当实际征拆过程与初始设计图稿出现不可调和的矛盾时，如征拆过程中涉及永久征地、重要历史古迹等，设计人员则可根据平台上的征拆系统的实景模拟重新修改设计稿，改变设计路线继而改变征拆路线，从而使拆迁工作得到进一步的完善。江门段典型地段的征拆特点、设计方案调整及处置效果，如表 7-1 所示。

表 7-1　江门段典型征拆管理及处置效果

	征拆特点	设计方案调整	处置效果
三江互通 C 匝道	涉及胜鹏化工实业有限公司一处厂房拆迁),永久征地红线范围内厂房布置有重要机械设备	在确保匝道起终点的平纵不变、主线桥桥跨布置不做调整的情况下,通过对 C 匝道的平面线型与部分桥跨进行调整,避免对厂房主体的拆迁	避免厂房拆迁面积约7300 m²,直接节省场地征拆费用 805 万元,减少相关设备及营业补偿费用约1200 万元
新沙枢纽 A、C 匝道拼宽段	涉及永久征地红线范围内两处厂房围墙的拆迁,围墙建设用地属违法用地	通过压缩护坡道、设置护脚、轻质泡沫土+装配式面板护壁等方案收缩路基红线范围	避免了厂房围墙拆迁,避免占用红线内范围 A 匝道 668 m²和 C 匝道 1880 m² 的违法用地,节约征拆费用 51.2 万元,降低了法律风险,节省了人员、管理和时间成本
百合互通匝道	涉及永久征地红线范围内一处厂房围墙的拆迁	通过设置护脚、轻质泡沫土+装配式面板护壁等方案收缩路基红线范围	避免了厂房围墙拆迁,征拆范围从原计划 70 m² 余,减少到17 m²,节省了征拆费用

7.3.2　现场施工过程协同管理应用

1.混凝土强度试验机数据自动采集管理

施工现场压力试验机联网数据自动采集系统架构图如图 7-9 所示。试验所得到的数据会被该系统自动采集并实时上传,施工单位、监理单位、试验室工作人员以及业主单位均可以在该平台对数据进行实时监控。

数据上传至网络服务器后,以数据库方式存储,试验机联网监控平台可根据标准自动进行综合统计分析,判断试验数据合格情况,针对不合格的数据还可以手机短信方式自动报警,进行历史数据的查询、综合分析和汇总评定。平台还可以对混凝土强度按照工程部位自动统计评定,一旦发现混凝土质量隐患,及时进行预警。具体功能如下所述。

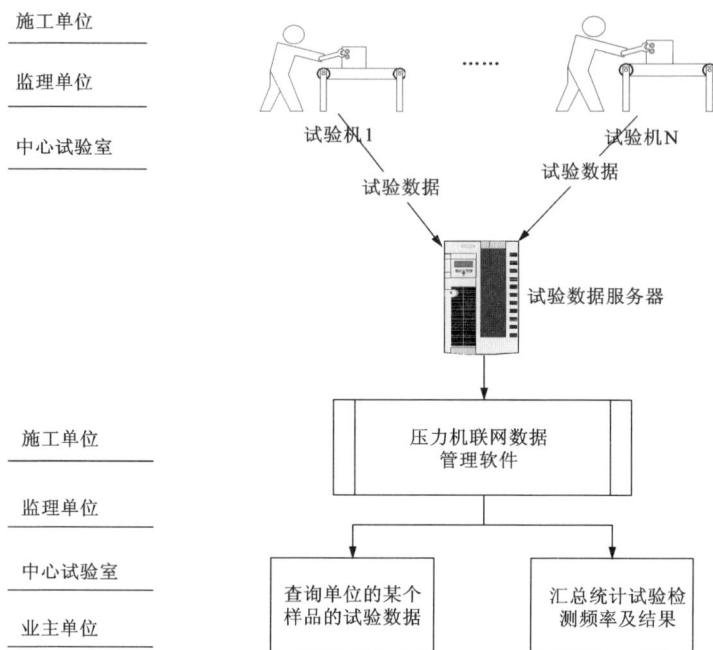

图 7-9　压力试验机联网数据自动采集系统架构图

（1）异常数据的提醒功能

对于试验过程异常（如 3 个试件的结果平行试验超差）、超过正常结果范围（可以人为设定）的试验数据记录，该平台监控将自动标注红色以提醒监管人员，监管人员以此为依据向现场施工人员进行质量提醒。

（2）按照工程部位管理砼立方体抗压强度结果，自动生成试验台账

系统提供多种条件的模糊查询功能，查询条件有"设计强度""龄期""桩号及部位""试验日期"等，支持模糊查询功能，比如在"桩号及部位"框中输入"某某特大桥桩基"，在"龄期（d）"框中输入"28"，则可以查询出该桥桩基 28 d 的砼抗压强度结果。该功能能够极大节省人力和物力资源，方便后期质量检测部门和监管人员随时调取台账检验。

（3）数据的数理统计分析

通过试验机联网数据管理系统可以掌握各参建单位砼抗压强度的一手数据，对于这些数据，软件可以进行数理统计分析，统计出砼抗压强度的平均值、标准差，同时绘制出相应正态分布图，图形可以形象地反映各单位砼强度的质量控制水平和强度质量指标分析。该功能使施工单位能够在整体局面上把控砼的生产指标，投资单位也可以此为依据对施工单位的工作质量进行评估。

4. 砼立方体抗压强度评定

对于"砼抗压强度"结果，依照《公路工程质量检验评定标准》(JTG F80-1-2017)，可以按照部位和强度等级进行汇总评定，自动判定该部位的强度评定结果是否合格。

2. 路基智能碾压协同监管

通过在路基工程施工现场安装高精度的定位设备，建立施工现场的 CORS 网络，对压实机械的行走轨迹进行测量，获得每个段落桩号的路基材料的压实遍数，及时反馈施工中存在的薄弱环节。针对不同相关人员，本系统可实现的协同监管效果如下所述。

(1)工程建设业主单位、质量管理人员

①通过 PC 电脑远程查看每个标段工地的施工状况，包括当天施工段落、投入机械数量等信息，实现无死角的质量巡查；

②查阅任意桩号段落路基工程的压实质量，包括压实遍数、压实轨迹、完成压实遍数的时间、振动压实遍数、CMV 值、压实速度等信息，客观评价各标段的施工质量；

③利用系统软件对各段落的压实质量进行打分，按照最终产品的理念，科学客观地了解工程建设质量，并进行阶段性的计划调整。

(2)压路机械操作人员

利用安装在驾驶室内的互联反馈系统，了解施工段落出现"漏压、超压"的具体位置，进行错误补偿，调整施工工艺。

(3)项目管理人员

①利用信息系统统计每天的施工段落长度，准确地进行施工进度测算；

②对单台施工机械的工作状态进行评价，比如每天碾压距离、振动状态的碾压距离、开始与结束的工作时间、怠工的时长、单台机械出现"漏压"的概率值等信息，对工程机械进行有效的管理，剔除对质量贡献较小的单台设备，提高管理水平。

3. 沥青摊铺质量管控

沥青路面的摊铺环节对于路面施工质量影响较大，一是摊铺温度的大小决定了路面碾压的初始温度状态；二是摊铺速度的大小对于摊铺的夯锤振级引起的路面初始压实度影响较大。因此，围绕着沥青路面的摊铺环节的工艺，管理人员主要进行摊铺厚度、速度、温度、作业里程等全方位、多角度的信息监管。现场摊铺机的结构示意图如图 7-10 所示，摊铺机上配有高精度的定位设备，用于实时监控地理位置，配有的厚度传感器和红外温度传感器能够实时感应摊铺过程中的摊铺厚度和沥青温度，并将数据通过电子显示屏报告给现场施工人员，通过无线通信将数据发送至后台中心服务器，便于其管理人员对施工过程进行及时的调整。

(1)沥青路面摊铺厚度

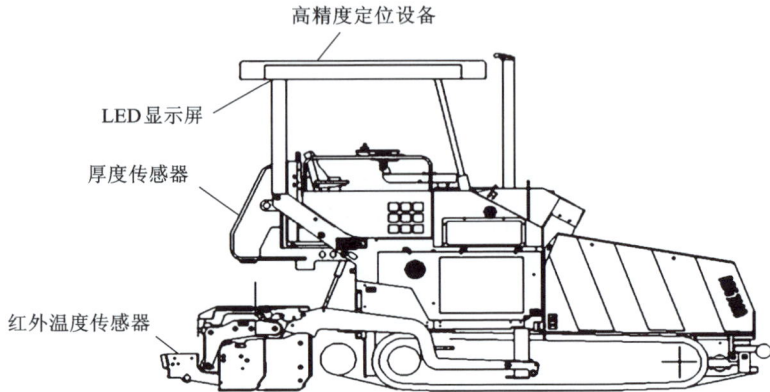

图 7-10 现场摊铺机结构示意图

沥青路面的厚度是质量控制中重要一环，体现了设计结构能否在工程中实现。传统的沥青路面厚度控制主要是通过钻芯进行检测，这显然是滞后的。

对于本项目的沥青路面摊铺厚度，主要采用激光距离传感器进行摊铺前后的铺面高程测量，通过高程差的计算，获得沥青混合料的辅助摊铺厚度。厚度传感器如图 7-11 所示。

图 7-11 沥青混合料摊铺厚度传感器结构图

(2)沥青路面摊铺温度

在沥青路面摊铺作业时，局部地区的物料温度离析混合导致低温混合料不能被压实从而使熨平板起伏，造成摊铺表面的不平整。一些较冷区域的混合料甚至冷却结块，进行碾压时，结块物料可能引起超载碎裂出现裂纹，造成混合料不能碾压成型，破坏路面结构，影响路面强度。同时改性沥青混合料需要比普通沥青混合料更高的摊铺温度，出现温度离析的可能性更大。传统的沥青路面摊铺温度测量主要通过现场人员手持玻璃温度计进行测量，测量时间长，导致测量的频率不可能满足实际施工要求。

　　传统的接触式测温仪表如热电偶、热电阻等，因要与被测物质进行充分的热交换，需要经过一定的时间后才能达到热平衡，存在测温延迟的现象，故在连续生产质量检验中存在一定的使用局限性。目前，红外温度仪因具有使用方便、反应速度快、灵敏度高、测温范围广、可实现在线非接触连续测量等众多优点，正在逐步地得以推广应用。本项目沥青路面温度测量，将采用红外温度传感器进行铺面温度测量。

　　为同时获得沥青路面的摊铺温度和横向温度的分布情况，生产加工一型材模具，固定于摊铺机踏板处，型材长度与摊铺机摊铺宽度一致，且能随着摊铺宽度的变化进行伸缩；型材上设有温度传感器安装孔，安装孔间隔为 10 cm，可进行温度传感器的安装位置的调整。温度传感器共 5 个安装在型材安装孔中，安装位置可进行调整选择确保安装位置分别对应摊铺机的中缝、挂杆、边缘位置；5 个温度传感器按照信号转换的次序进行编号。其中，系统架构如图 7-12 所示，当沥青摊铺时的温度数据被采集后通过运算处理发送至电子显示屏，同时通过无线通信传输至后台中心服务器，管理人员可以通过电脑端或者手机端进行查询。在施工现场的摊铺机上配有温度传感器，其具体结构如图 7-13 所示，现场实际安装如图 7-14 所示。

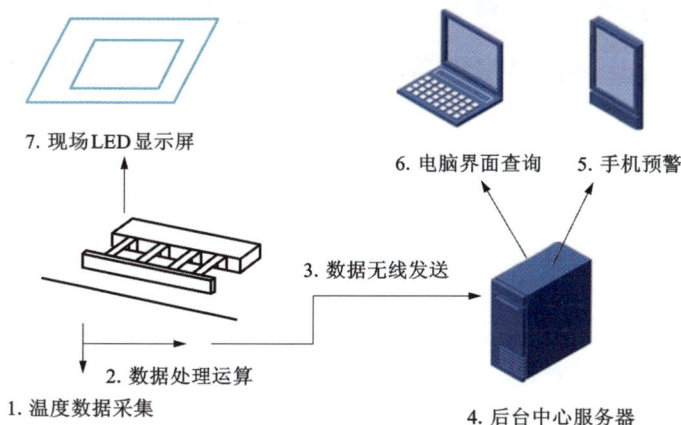

图 7-12　沥青路面温度测量系统图

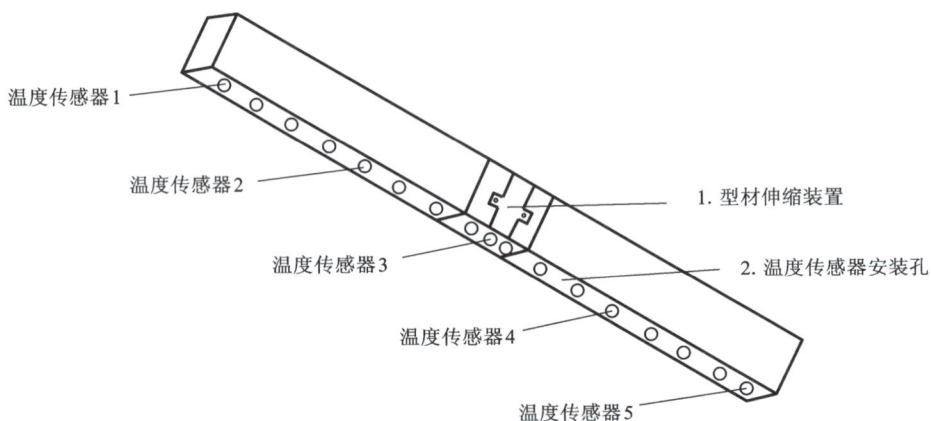

图 7-13 温度传感器结构示意图

图 7-14 摊铺机械的温度传感器安装示意图

(3)沥青路面摊铺速度、里程

本项目通过在摊铺机械上安装高精度的定位设备，通过采用厘米级的高精度地理信息的定位设备，获得摊铺的运动痕迹的地理信息，从而实现对沥青混合料的摊铺速度、摊铺里程进行实时监管统计。

同时为了使测量结果反馈给后场的质量管理人员以及立即通知现场施工人员，项目开发了外挂 LED 屏为载体的实时反馈体系，当现场将厚度、温度传感器所测得的数据反馈给平台内的质量管理人员后，该管理人员会依照标准判断此时的施工状态是否符合预期要求，并将合格与否通过该实时反馈体系第一时间反馈给现场工作人员，使其第一时间知晓摊铺信息，如图 7-15 所示。

图 7-15 通过外挂 LED 屏及时反馈监管信息数据

本项目搭建的沥青混合料摊铺监管系统(如图 7-16 所示)可实现的监管内容包括以下几方面:

①实时观测沥青摊铺机的行走速度,阶段的摊铺里程;②实时观测沥青混合料铺面的温度以及整个断面的温度分布情况;③观测沥青混合料摊铺厚度;④采集存储于设计的独立数据库中的数据,可长期存储于服务器。

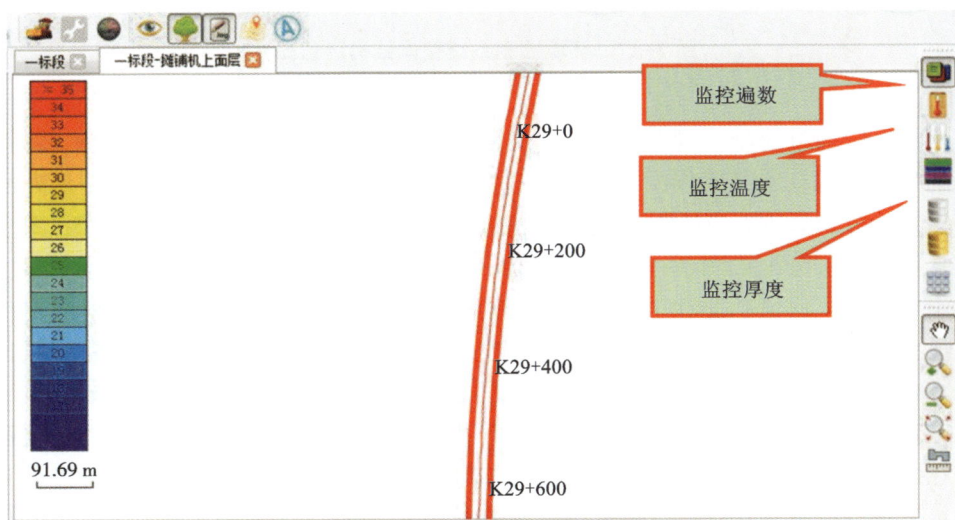

图 7-16 实时监控界面

4.环境质量检测管理

工地环境监测系统对建筑工地固定监测点的扬尘、噪声、气象参数等环境监测数据的采集、存储、加工和统计分析，监测数据和视频图像通过有线或无线（3G/4G）方式传输到后端平台，该系统的整体结构示意图如图 7-17 所示。

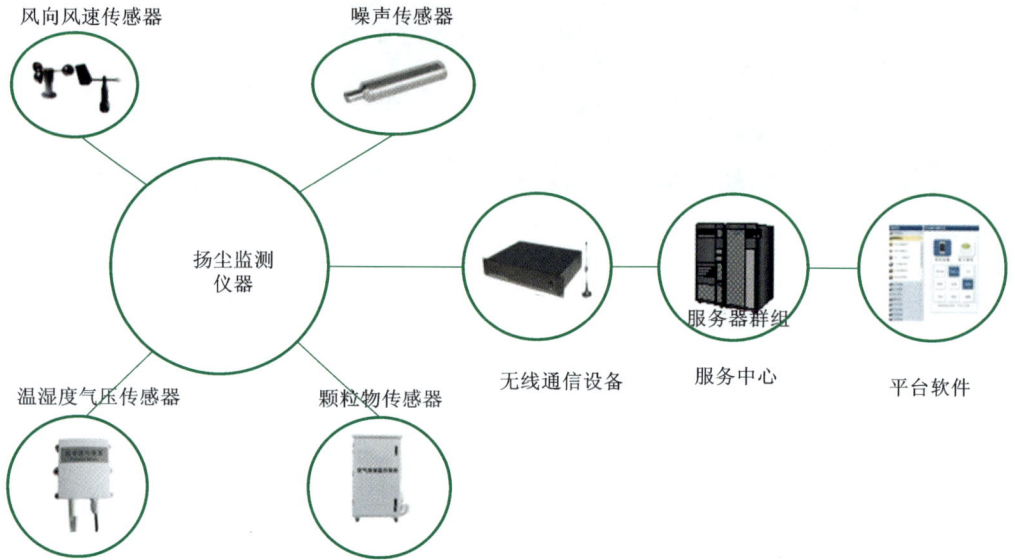

图 7-17　环境监测系统整体结构示意图

该系统通过对施工现场的扬尘、气象、噪声以及温湿度进行实时监测，将得到的数据通过有线或无线网络通信传递至后台中心服务器，后台会对监测得到的数据进行分析处理，当监测数据指标超过预先设定值时，会发出超标预警，系统内具体数据层分配如图 7-18 所示。该系统能够帮助监督部门及时准确地掌握建筑工地的环境质量状况和工程施工过程对环境的影响程度，方便建筑工地的施工人员及时调整作业和施工过程，以满足建筑施工行业环保统计的要求，为建筑施工行业的污染控制、污染治理、生态保护提供环境信息支持和管理决策依据。

环境监测模块包含了环境监测仪和环境监测模块软件，环境监测仪是集颗粒物在线监测仪、噪声在线监测仪、气象参数传感器、视频监控仪、数据采集板及信息平台等技术为一体的开放式污染源在线监测终端，可用于施工工地的环境空气质量的在线实时自动监控，监测模块界面如图 7-19 所示。

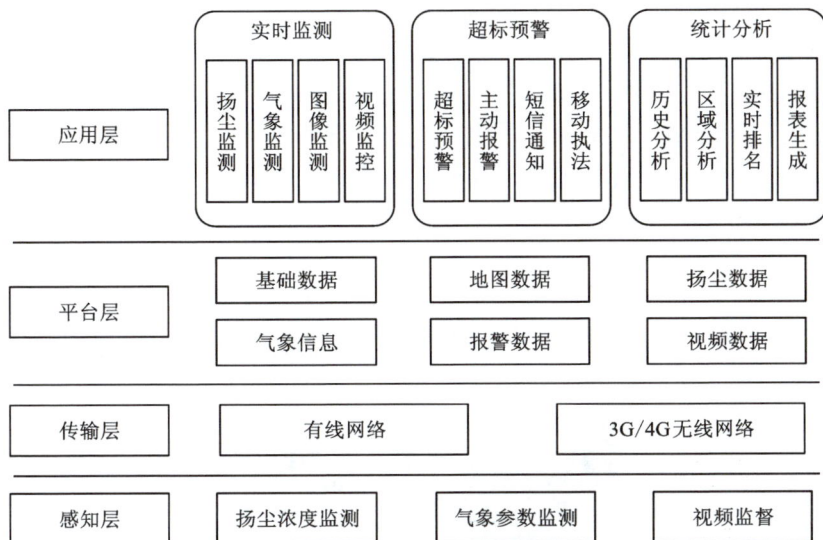

图 7-18　系统框架设计图

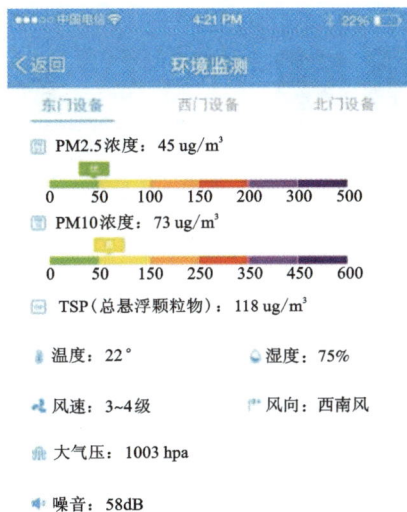

图 7-19　环境监测模块监控界面

环境监测仪和智慧工地平台一起构成了环境监测系统。环境监测仪可以监测大气颗粒物浓度、温湿度、风速风向、噪声等，并将所得数据通过有线或无线网络及时传递到智慧工地平台，以便管控。环境监测仪将采集到的数据通过各种连接方式，传送到智慧工地平台。手机终端或者管理电脑同样通过各种网络连接方式接入工地平台，可以轻松地获取环境监测仪所获得的各种数据。系统设备的详细构成如图 7-20 所示。

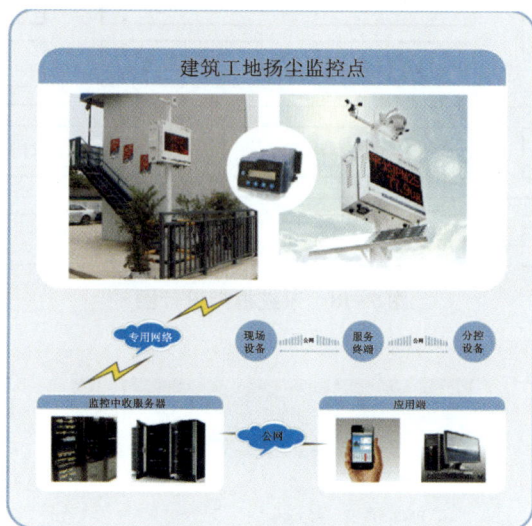

图 7-20　系统设备组成

7.3.3　运维养护过程协同管理

运维养护功能主要分为运维养护管理系统和运维 APP，运维养护管理系统对管养中需要的各类数据进行管理，为运维 APP 进行现场巡检提供数据支持，还将运维 APP 传回的巡检数据进行统计分析和展示。维护养护 BIM 模型，将与 BIM 模型相关的养护信息，如检测报告、养护资料、维修档案等与 BIM 模型进行关联，生成完整的管养 BIM 模型。运维 APP 主要是用来进行移动巡检和养护，解决传统的巡检过程中数据表现单一，无法得到巡检知识库，巡检数据无法根据不同情况细化的问题。

1. 养护计划管理

主要功能包括创建养护计划，如图 7-21 所示，主要包括信息有：养护名称、养护描述、任务区间、周期、执行人等信息。其中如果指定任务区间为周，可以选择每周周几为任务时间点，指定任务区间为月，可以指定每月的哪天为任务时间点。计划列表中，可以选择某个计划，进行计划信息的修改。包括执行人、周期等。也可选择一个或者多个计划，进行删除。在列表中选择某个计划查看计划的详细信息。在列表表头下方的不同搜索框内输入信息，可以对符合该列字段条件的计划进行过滤。

养护名称

养护描述

位置　　位置1

养护人

任务区间　　周

任务时间　　周三

任务周期　　年 - 月 - 日

至　　年 - 月 - 日

确定　　取消

图 7-21　养护计划管理表

2. 养护记录管理

主要是管理维修养护信息。主要包括维修养护记录列表的管理，整体页面的功能布局为上面展示 GIS 地图，下面展示养护记录列表。如图 7-22 所示。在 GIS 地图上会以图标展示当天的所有的养护记录，点击每个图标可以查看养护记录的详细信息。下面的列表展示所有的养护记录，点击某条记录，可以在 GIS 地图上中跳转到对应位置并以图标显示该条记录。

记录列表需要输入名称、完好状况、位置信息、养护类型、养护单位、养护时间、完成时间、养护原因、养护方案，并附加相关的检测报告、养护资料、维修档案等文件，指明审核人后，生成记录。选择列表某条记录，点击修改按钮可以对维修养护记录进行修改，用户只修改自己提交的维修养护记录，管理员可以修改所有的维修养护记录或删除维修养护记录，通过点击选择某条记录后再点击删除按钮，进行删除操作。

在创建维修养护记录时候会指定审核人，审核人可以在"个人工作台"或者维修养护记录管理界面点击某条记录后，打开右侧的弹出面板，输入意见后，进行审核操作。如果记录已经审核通过，则无法再进行修改。

图 7-22 维修养护记录列表

3.巡检项以及记录管理

巡检项管理主要指的是在道路巡检中,巡检人员需要填写的各项信息的维护。主巡检项列表则需要展示所有的巡检项,包括创建时间、创建人、名称、描述、参考标准等。可以对其进行增加,修改或者删除。注意已经使用的巡检项不可删除。

对巡检记录进行管理。主要操作为管理巡检记录列表,如图 7-23 所示。整体页面的功能布局为上面展示 GIS 地图,下面展示巡检记录列表。在 GIS 地图上会以图标展示当天的所有的巡检记录,点击每个图标可以查看巡检记录的详细信息。下面的列表展示所有的巡检记录,点击某条记录,可以在 GIS 地图上中跳转到对应位置并以图标显示该条记录。

巡检记录可以后期增加,包括巡检名称、巡检描述和位置信息,用户填入其它信息,包括是否有问题,情况描述,然后填报各巡检项状态,最后选择巡检照片,指定审核人,进行提交。选择列表某条记录,点击修改按钮可以对巡检记录进行修改,用户只修改自己提交的巡检记录,管理员可以修改所有的巡检记录。如果记录已经审核通过了,是无法再进行修改。但只有管理员能删除巡检记录,通过点击选择某条记录后再点击删除按钮,进行删除操作。在创建巡检记录时候会指定审核人,审核人可以在"个人工作台"或者巡检记录管理界面点击某条记录后,打开右侧的弹出面板,输入意见后,进行审核操作。

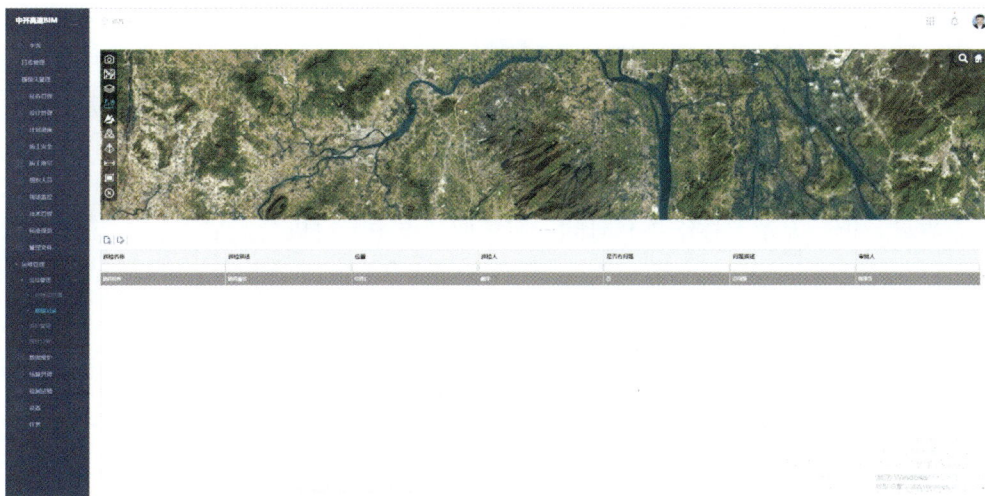

图 7-23　巡检记录列表

4. 养护数据统计

养护数据统计主要包含当日巡检次数、当日养护次数、累计巡检次数、累计养护次数。具体统计界面如图 7-24 所示，以柱状图展示按日、周、月统计的对应的养护和巡检次数。以饼图的方式展示不同的养护类型所占的记录百分比。

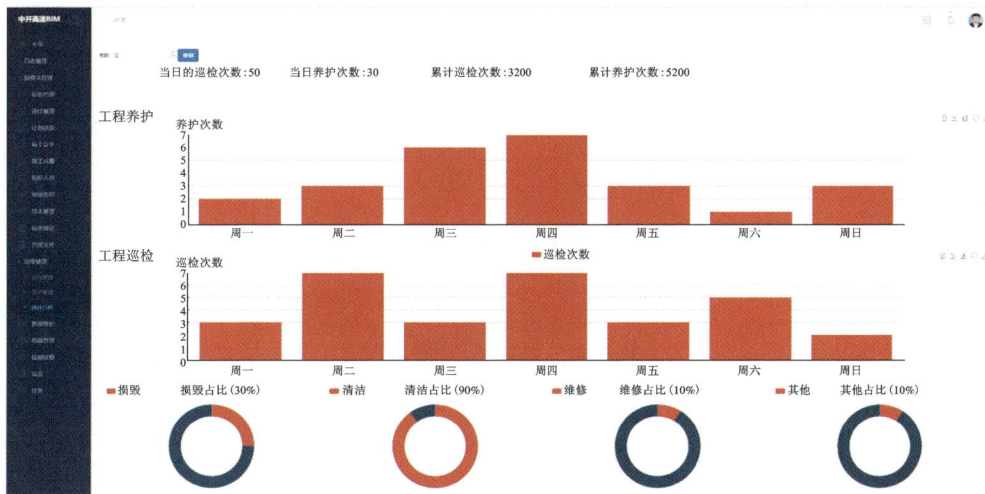

图 7-24　养护数据统计操作界面

5. 运维 APP 的监控管理

运维 APP 主要用来查看所有的养护任务，提交新的养护记录和巡检记录。打开巡检 APP 的巡检管理功能后，显示所有自己已经完成的巡检记录。如图 7-25 所示。记录列表中会显示每个巡检任务卡片上面显示巡检人及巡检时间，内容部分显示巡检名称、巡检描述、位置、是否有问题、情况描述、巡检项结果、巡检照片。卡片下方显示审核人及审核结果和时间。巡检照片点击后可以放大显示。

巡检项结果	路肩是否清洁: 是 路肩是否淤塞: 否 路肩是否损坏: 是 边坡是否清洁: 是 边坡是否淤塞: 是
巡检照片	
管理员	审核完成 2020-4-1
张三	2020-3-11
巡检名称	巡检任务
巡检描述	日常巡检
位置	路基2/路段2/路肩2
是否有问题	否
情况描述	整体情况尚可
巡检项结果	路肩是否清洁: 是 路肩是否淤塞: 否 路肩是否损坏: 是

图 7-25　运维 APP 界面图

启动巡检任务后进入巡检数据填报界面，见图 7-26。用户填入巡检名称、巡检描述和位置信息，用户填入其它信息，包括是否有问题，情况描述，审核人信息，然后填报各巡检项状态，最后选择巡检照片。巡检照片可以用相机拍摄或者从手机的图片库内选取，全部信息填写完毕后，APP 自动获得当前提交的 GPS 位置信息，点击界面右上角的提交按钮进行提交，则完成了巡检数据填报工作。

打开巡检 APP 的养护管理功能后，分为两个标签页，如图 7-27 所示。其中已完养护任务标签页包括了自己所有已经完成的养护任务，每个养护任务卡片由上中下三部分组成。上面显示养护人及养护时间；中间内容部分包括养护名称、完好状况、位置信息、养护类型、养护单位、养护原因、养护方案，养护的现场照片及相关的检测报告、养护资料、维修档案等文件。其中照片点击后可以放大显示，文件点击后可以进行文件的预览；卡片下方显示审核人及审核结果和时间。

图 7-26　运维 APP 巡检任务界面　　　　图 7-27　运维 APP 养护任务界面

待执行养护任务标签为所有尚未执行的养护任务。管理员可以查看所有的养护任务，包括了所有自己可以接受的养护任务。巡检任务列表由多个任务卡片构成。每个任务卡片上面显示指定的执行人及执行养护操作按钮，内容部分显示任务名称、任务描述、养护位置。卡片下方显示任务的创建人及指定的任务执行时间。执行养护任务则可以点击任务卡片右侧的执行任务按钮启动指定的养护任务，或者点击当前界面上方右侧的加号按钮启动新的养护任务。如图 7-28 所示。

图 7-28　运维 APP 巡检任务界面

　　从卡片启动的任务会自动填入任务名称、任务描述和位置信息，用户填入其它信息，包括养护类型、养护单位、养护原因、养护方案，选择养护的现场照片及相关的检测报告、养护资料、维修档案等文件。

　　照片可以用相机拍摄或者从手机的图片库内选取，全部信息填写完毕后，APP 自动获得当前的 GPS 位置信息，点击界面右上角的提交按钮进行提交，则完成了养护任务提交工作。

第 8 章

结论和展望

8.1 结论

本书基于现代化数字技术与高速公路建设管理理念，提出了高速公路建设管理 BIM 大数据云平台成套技术，并自主开发出基于 BIM+GIS 的云平台管理系统，中山—开平高速公路建设项目工程进行了实际应用，不仅解决了实际工程中的诸多困难问题，而且填补了 BIM 技术在公路工程应用方面的部分空白，得到主要结论如下所述。

1. 高速公路 BIM 标准体系框架及相关企业标准

本书为了指导和规范高速公路信息化及 BIM 技术应用，围绕核心理念、工作目标和技术趋势，对高速公路全生命周期管理过程进行顶层设计，综合考虑项目各层次和各要素，追根溯源，统揽全局，在理论层次上构建了完整的管理体系和一系列规范标准，相继编写了《高速公路工程信息模型分类和编码标准（试行）》《高速公路建筑信息模型应用指南（试行）》《中开高速公路项目建筑信息模型（BIM）建模与交付规则（试行）》和《高速公路临建模型 BIM 建模标准》等企业标准。这些标准规范了高速公路工程信息模型分类、编码，可以指导高速公路设计、施工、运营中 BIM 技术应用的开展，实现 BIM 应用的统一和可检验，实现高速公路全生命周期信息的交付、共享，推动高速公路工程信息模型的应用发展。

2. 公路工程数字模块化设计理念及其数字模块库

本书通过对模块化理论的梳理和对工程设计领域模块化设计的分析，结合高速公路项目的特点，从数字模块资源的规划、构件数字模块的分解、构件数字模块的创建、构件数字模块的管理等方面提出了数字模块库的建设思路及流程；通过研究集成化信息分类和编码规则，对高速公路工程对象进行两级拆分，提出了具体的构件模块拆分和编码方法；对现行常用 BIM 建模软件进行了梳理分析，结合高速公路自身的专业性特点及其模块构建的需求进行综合比选后，选择基于 Microstation 开发平台的 Bentley 系列软件进行模块设计，数字模块库的构建有助于提升建模的效率和准确性。

3. 基于大数据和云计算的云平台硬件架构

云平台硬件系统是基于 BIM、大数据和云计算的云平台成套技术的重要支撑。作为高速公路建设全周期管理的云计算中心，该云平台硬件系统能够实现多项目、多单位同时访问使用，可解决复杂、大型工程全过程的安全监控和高效运行，实现多方数据安全互通共享，保证各部门人员能够在稳定、安全的网络环境下完成其工作要求。

4. 公路建设管理 BIM 应用软件系统

本书根据高速公路建设管理的需求以及中山—开平高速公路建设项目征迁难度大、技术工艺复杂、施工作业面分布广、环境敏感点多、参建单位及交叉影响因素多等特点，运用先进的计算机语言、BIM 技术、大数据、云服务、虚拟现实技术，结合工程建设、运营管理规范和标准，融合集成高速公路建设管理全过程数字化、信息化、可视化、大数据、云平台等多个领域的关键技术，自主研发出一套基于 GIS+BIM 的满足高速公路建设管理多角色多功能多业务需求的综合在线管理平台，涵盖征拆、设计、质量、安全、运营以及维护等全过程一体化管理。

该平台目前已在中山—开平高速公路项目的设计、征拆、进度、质量、安全、虚拟施工等实际管理工作中得到应用，能够全面满足多角色一体化管理，实现管理数据传输、信息显示、业务审批、建设期进度、质量和安全可视化以及运营期维护智能化等多业务在线处理功能，可以融合建设管理全过程信息化、可视化、大数据等多领域关键技术，有效地节约建设成本、提高管理效率、缩短工期以及降低安全风险。

5. 全过程协同管理的实例应用

针对中山—开平高速公路这一具体的高速公路项目，依托该管理平台进行了全过程协同管理的实例应用与分析。"设计—征迁"过程的协同管理，不仅能够在进行日常拆迁工作时起到节约人力、科学管理的作用，还能够在重难点拆迁过程中迅速找到关键所在，并与系统内设计子系统以及其他子系统相互配合。当实际征拆过程与设计方案出现不可调和的矛盾时，可根据平台内征拆系统的实景模拟重新修改设计方案，从而改变线路或结构设计，保障拆迁工作的顺利开展。现场施工过程协同管理则通过自主完成数据采集，实现质量管控和环境监测管理。

目前，中山—开平高速公路全过程管理系统已于 2018 年 6 月上线运行，其中，建设阶段征地拆迁、设计、进度、质量、安全管理和运营养护 6 个子系统已全面投入使用并得到业界的一致好评，能够为后续同类型的高速公路建设管理平台提供一定的技术支持。

8.2　展望

公路工程建设项目施工管理是一个复杂、开放、动态的系统工程，基于 BIM 技术的公路施工充分利用现代技术和管理手段，为交通基础设施建设行业的转型升级、提质增效提供了有效途径，也有助于实现精益建造、绿色建造和生态建造的"智慧建造"理念。随着信息化技术的不断革新发展和国家相关部门的大力支持与推广，公路行业的 BIM 应用发展迈上了一个新的台阶。但由于 BIM 在公路工程中的应用尚处于起步阶段，发展空间很大，前述高速公路建设管理 BIM 大数据云平台成套技术，将 BIM、云平台等概念引进高速公路项目管理中，较好地解决了管理过程中资料的存储繁杂、零散，数据间的交互效率低下，信息沟通困难，流程重复繁杂等问题，取得了诸多创新和突破，但仍存在一些可深入探析或迫切解决的问题。由此可以预见 BIM、大数据、云平台将在更多的基础类建设方面拥有良好的应用价值和广阔的发展前景。

8.2.1　BIM 与大数据的融合

大数据技术的战略意义在于借助专业软件，对具有特殊含义的数据进行专业化处理。大数据技术提高对数据的"加工能力"，通过"加工"实现数据的"增值"。在建筑工程行业中，掌握数据能力强的企业，必然能产生极大的竞争优势，形成核心竞争力。结合工程中的大量涉及设计，施工，管理等一系列的基础数据，我们可以发现大数据的管理技术会对其产生的数据进行一系列的信息化处理，将得到的数据信息进一步存储至 BIM 管理平台中，方便相应管理人员的操作和查看。工程管理的工程数据管理将成为工程建设中的核心竞争力，直接影响工程的总造价。

大数据时代，BIM 技术不仅在处理项目级的基础数据方面发挥了作用，还在支撑企业级海量数据方面，具有同样强大的能力。BIM，既为企业提供了工程项目创建管理和共享数据的高效平台，也为企业级数据库的建立奠定了基础，BIM 与大数据的有效结合终将改变建筑行业发展现状，为建筑业未来的发展注入新的活力。

8.2.2　BIM 与 GIS 技术的融合

GIS 擅长管理空间数据，其核心特征是对地形地貌和现有建筑物分布的描述。在轨交建设项目规划选线、施工及运营阶段沉降变形、线网运营管理与维护等阶段，针对不同格式的数据属性，进行数字存储，建立有效的数据管理系统，通过对多要素的综合分析，方便快速地获取信息，并以图形、数字和多媒体等方式来表示结果，其在轨交工程建设中发挥出越来越重要的作用。

BIM 和 GIS 都是信息模拟技术，在各自领域均可进行多种查询、统计分析、提供三维模型等功能。BIM 侧重于在直角坐标系中对建筑物自身框架和内部详细组成进行三维模糊；GIS 则可以使用任何坐标系来呈现出建筑物的造型、立面和外部空间等整体轮廓的三维细致描绘，其中在大地坐标下绘制出的三维模型空间感较强。基于轨道交通数字化、信息化的理念，我们采用 GIS 管理轨交线路系统，将 BIM 呈现的车站属性信息赋予 GIS，实现细化的局部结构与整体的轨交融合。从规划选线阶段中 GIS 对线网的外轮廓勾勒，到设计施工阶段中 BIM 对内部构造组成的细致描绘；从建设时期资产的布局与设置，到运营期间设备的归整与管理；从每一条线路的沉降偏移，到整个路网的联动影响，都将为设计者、管理人员及决策者提供强有力的技术支撑和依据。本着工程建设为运营服务的理念，将建设过程中的数据信息进行整合，包括轨交建筑物构造信息、地下(高架)车站、隧道(高架)区间的地理空间位置与周边环境关系、每类分项工程的造价指标、物资设备的组成与分布等各类信息，均能以数字信息的方式存储并反映在 BIM 与 GIS 的不同属性板块内。在三维可视化环境中提供一种身临其境的多维沉浸感，进一步增强业务及管理人员对轨交地理空间的认知能力，为实现对轨交网络系统的科学化管理提供统一的空间数据、空间信息服务，消除"信息孤岛"，避免建设、运营管理过程中信息化建设的重复进行，真正实现轨交信息共享。

8.2.3　BIM 与 AR 技术的融合

增强现实(augmented reality，AR)，是在虚拟现实基础上发展起来的一种新兴计算机应用和人机交互技术，也是一个多学科交叉的新兴研究领域。与(virtual reality，VR)让用户完全沉浸在虚拟环境中不同，AR 技术是将计算机生成的虚拟物体场景或系统提示信息无缝地融合到用户所看到的真实场景中，借助显示设备对真实世界进行增强的技术，提高使用者对真实世界的感知能力。AR 技术也可以应用于建筑领域，并且在包括规划设计、施工、运营和拆除的全生命周期的各个阶段都具有非常大的应用价值。通过分析 AR 技术在建筑领域的相关研究，发现 AR 技术在施工阶段的应用研究正成为国外近年来的主流趋势。

集成 BIM 与 AR 技术，应用于施工质量控制，将可视化 BIM 信息无缝融合到真实环境中，从而实现 BIM 与现场人员的实时交互。BIM 与 AR 结合能够体现非常大的优势。首先，设计 BIM 模型及信息可以通过 AR 技术让其在施工阶段得到持续使用，避免设计阶段与施工阶段出现信息断层；其次，AR 技术在施工现场应用时所需的虚拟模型及信息，也可以通过 BIM 技术来构建。总之，AR 技术将是

BIM 概念和方法的延伸，可以最大化实现 BIM 在施工质量控制中的应用价值，最终可能会成为现场工人的数字化工具包。

　　基于 BIM 与 AR 的施工现场指导就是利用 AR 技术虚实结合的特点，将 BIM 三维可视化模型在施工现场呈现在工人眼前，以解决其空间构象的困惑。针对复杂构件的施工工序，可以依据 BIM 模型制作相应的动画，在现场演示构件信息或下一步工序等，以提供实时指导，为工人提供施工辅助。这种施工指导方法在指导复杂空间结构的构件施工时具有较好的视觉效果和用户体验。以复杂节点的钢筋绑扎为例，利用 BIM 结构模型事先计划好钢筋布置顺序，通过 AR 技术在现场展示 BIM 模型和动画，工人便可以参照直观的三维模型和动画一步一步地完成绑扎工作，这种边指导边施工的方法不仅解决了空间构想的问题，还减轻了记忆的压力。在施工放线定位过程中，通过 AR 技术的跟踪注册技术，把尺寸精确的三维 BIM 模型等比例精确定位于施工现场，这样既省时又省力、高效又准确。这种方法不仅可以对桩、柱等进行精确定位，还可以对运用常规方法定位的结果进行校对，以保证定位的准确性。

参考文献

[1] 钟志锋. 基于 BIM 的 EPC 项目全过程信息化管控技术研究[J]. 广州建筑, 2020, 48(04): 44-48.

[2] 陈超, 韦芳, 李佳欣, 高倩倩. BIM5D 技术在江南大厦施工全过程管理中的应用[J]. 信息技术与信息化, 2020(07): 113-115.

[3] 陈正林, 崔春晓, 屈文刚, 陈宝光. 基于 BIM 技术的高速公路工程全过程精细化造价管理体系研究[J]. 项目管理技术, 2020, 18(05): 54-57.

[4] 谭文博, 郭海湘, 宫培松, 郭聖煜. 基于本体和案例推理的深基坑施工安全风险评估[J]. 工程管理学报, 2020, 34(02): 147-152.

[5] 吴波, 吴昱芳, 黄惟, 罗建波, 路明. 基于模糊综合判定法地铁深基坑施工安全风险评估[J]. 数学的实践与认识, 2020, 50(02): 179-187.

[6] 王成汤, 王浩, 覃卫民, 钟国强, 陈舞. 基于多态模糊贝叶斯网络的地铁车站深基坑坍塌可能性评价[J/OL]. 岩土力学, 2020(05): 1-11[2020-11-04]. http://libdb. csu. edu. cn: 80/rwt/CNKI/https/MSYXTLUQPJUB/10. 16285/j. rsm. 2019. 0519.

[7] 丁敏. 无线智能火灾自动报警系统设计[J]. 中国新技术新产品, 2019(14): 143-144.

[8] 卢明湘, 谢晓莉. 基于 WSR 的水利工程全过程协同管理研究[J]. 经济数学, 2019, 36(02): 85-90.

[9] 吴恭钦. 基于 BIM 的城市轨道交通项目施工协同管理研究[D]. 北京交通大学, 2019.

[10] 徐佳. 工程项目建设全过程多目标协同管理研究[D]. 青岛理工大学, 2019.

[11] 郑怀宇. 地铁车站施工工程风险评价研究[D]. 石家庄铁道大学, 2019.

[12] 李琦. PPP 模式在我国城市轨道交通项目中的应用研究[D]. 中国矿业大学, 2019.

[13] 马宇. BIM 技术在高速公路建设项目管理中的应用研究[J]. 广东公路交通, 2019, 45(02): 55-58+66.

[14] 马知瑶. BIM 技术在高速公路工程施工管理中的应用探讨[J]. 公路交通科技(应用技术版), 2019, 15(04): 334-336.

[15] 王辛堂. BIM 技术在宁梁高速公路项目建设中的应用[D]. 山东大学, 2019.

[16] 吴吉林. 浅析 BIM 技术在高速公路项目管理中的应用[J]. 黑龙江交通科技, 2019, 42

(01)：207+209.

[17]刘广. BIM 技术在高速公路管理中的应用[J]. 工程技术研究，2018(10)：209-210.

[18]解晓明. BIM 技术在山区公路工程项目全寿命周期管理中的应用[J]. 公路工程，2018，43(04)：296-300.

[19]刘丹丹. BIM 技术在济南汉峪金融商务中心协同管理中的应用[D]. 聊城大学，2018.

[20]李海荣. 高速公路全寿命周期 BIM 标准模型构建与应用研究[D]. 长安大学，2017.

[21]周颖. 基于 BIM 的铁路建设项目数字化协同管理体系研究[D]. 北京交通大学，2017.

[22]严丽娟. 建筑信息模型(BIM)在高速公路项目管理中的应用研究[D]. 长江大学，2016.

[23]寿文池. BIM 环境下的工程项目管理协同机制研究[D]. 重庆大学，2014.

[24]张连营，于飞. 基于 BIM 的建筑工程项目进度-成本协同管理系统框架构建[J]. 项目管理技术，2014，12(12)：43-46

[25]崔校郡. 新时期大数据分析与应用关键技术研究[J]. 信息技术与信息化，2020(01)：204-206.

[26]孔海斌. 云计算模式下大数据处理技术研究[J]. 通讯世界，2019，26(12)：152-153.

[27]娄岩. 大数据技术概论[M]. 北京：清华大学出版社，2017.

[28]赵东升. 大数据挖掘[M]. 北京：清华大学出版社，2019

[29]刘念. 基于 Hadoop 的大数据关联规则挖掘算法与应用研究[D]. 武汉理工大学，2019.

[30]李华，张井玲，刘婷婷. 大数据时代下数据挖掘技术的应用研究[J]. 现代信息科技，2019，3(13)：132-133+136.

[31]王枫楠. 大数据和云计算在中国的发展研究[D]. 对外经济贸易大学，2019.

[32]张琦. 云计算及关键技术的发展[J]. 计算机与网络，2019，45(24)：44.

[33]李烨. 云计算的发展研究[D]. 北京邮电大学，2011.

[34]姜栋瀚，刘晓平，吴作栋. 云计算技术发展现状研究综述[J]. 信息与电脑(理论版)，2019(08)：170-171.

[35]郑宇瀚. 基于虚拟化的云计算关键技术研究及应用[D]. 北京邮电大学，2014.

[36]孙丹. 云计算应用体系架构与关键技术探寻[J]. 科技经济导刊，2019，27(21)：17.

[37]顾炯炯. 云计算架构技术与实践[M]. 北京：清华大学出版社，2014.

[38]汪优，陈宝光. BIM 在土木工程中的技术研究与应用[M]. 长沙：中南大学出版社，2017.

[39]张彦欢. 基于 BIM 云平台的工程造价管理研究[D]. 青岛理工大学，2018.

[40]赵明，张健钦，卢剑. 基于云计算的城市交通大数据分析平台[J]. 地理空间信息，2020，18(02)：16-20+6.

[41]杨东援. 透过大数据把脉城市交通[M]. 上海：同济大学出版社，2017.

[42]田延杰. 基于云服务的架构设计[J]. 电子技术与软件工程，2019(21)：154-155.

[43]杨欢. 云数据中心构建实战：核心技术运维管理安全与高可用[M]. 北京：机械工业出版社，2014

[44]赵璇. 面向云计算的校园网数据中心建设研究[D]. 兰州交通大学，2015.

[45]路志坚. 社保信息中心私有云平台设计及实现[D]. 浙江工业大学，2016.

[46] 赵恒. 面向企业的创新私有云平台的搭建[D]. 河北工业大学, 2015.

[47] 王忠儒. 云环境下的虚拟机监控和服务部署关键技术研究[D]. 国防科学技术大学, 2010.

[48] 徐文利. 建筑工程施工项目管理信息系统研究[J]. 居舍, 2018(23): 194.

[49] 刘光忱, 栾旭纲. 我国工程项目管理模式现状与发展趋势分析[J]. 产业与科技论坛, 2011, 10(11): 91-92.

[50] 付学芹. 试析工程项目管理的发展现状与对策[J]. 科技与企业, 2012(17): 70.

[51] 曹芳. 高速公路工程项目管理信息化的应用探讨[J]. 黑龙江交通科技, 2019, 42(11): 191-192.

[52] 董旭. 公路工程项目管理标准化研究[J]. 决策探索(中), 2019(06): 40-41.

[53] 郝丽君. 高速公路工程管理信息系统探讨[J]. 建设科技, 2015(07): 122-123.

[54] 刘轻鸽. 信息技术在建设工程项目管理中的应用[J]. 低碳世界, 2019, 9(02): 149-150.

[55] 刘建华, 刘代全, 李文雷. 基于 BIM 技术交通建设项目协同管理研究. 山东交通科技, 2017, 增刊: 6-11

[56] 王幼松. 土木工程项目管理[M]. 华南理工大学出版社, 2011

[57] 赖华辉, 邓雪原, 陈鸿, 等. 基于 BIM 的城市轨道交通运维模型交付标准[J]. 都市快轨交通, 2015, (6): 78-83

[58] 陈沉, 张业星, 陈健, 等. 基于建筑信息模型的全过程设计和数字化交付[J]. 水力发电, 2014, (8): 42-47

[59] 李福和. 工程项目管理标准化[M]. 北京, 中国建筑出版社. 2013.

[60] 余璇. 高速公路业主方标准化管理制度体系设计及运行研究[D]. 中南大学, 2012.

[61] 冉彩霞. 企业管理标准化在企业管理中的作用[J]. 企业研究. 2013(16): 34-35.

[62] 刘志麟, 孙刚. 建设工程项目管理[M]. 北京, 中国建材工业出版社. 2013.

[63] 段志成. 工程项目管理标准化作用机理研究[D]. 天津大学, 2012.

[64] 周晓宏. R&D 项目管理标准化及其策略研究[D]. 浙江大学, 2006.

[65] 刘健华, 马津育. 构建项目管理标准化体系[J]. 施工企业管理. 2014(04): 92-94.

[66] 何成旗. 项目管理标准化从何着手[J]. 施工企业管理. 2014(08): 98-101.

[67] 程卫军, 李凤祥. 项目管理系统在施工项目管理中的应用与研究[J]. 项目管理技术. 2014(04): 93-97.

[68] 杨斌. 项目管理的研究综述[J]. 经营管理者. 2015(02): 134.

[69] 刘学. 丹通高速公路建设工程项目管理研究[D]. 大连海事大学, 2013.

[70] 杨静. PMBOK 在建筑工程施工项目管理中的研究与应用[D]. 北京交通大学, 2011.

[71] 李永明. BY 公司项目管理标准化体系设计及应用[D]. 山东大学, 2013.

[72] 邹婉萍. 企业管理标准化的创新方法[J]. 企业改革与管理. 2014(24): 2-4.

[73] 陈鲁军, 解勤, 芦东梅. 浅论公安科技与标准化[J]. 中国公共安全(学术版), 2007 (3): 95-100.

[74] 龚先兵. 高速公路项目管理手册[M]. 长沙: 湖南科学技术出版社, 2005

[75] 张建平, 范喆, 王阳利, 黄志刚. 基于 4D-BIM 的施工资源动态管理与成本实时监控[J].

施工技术, 2011, (04): 37-40.

[76] 赵彬, 牛博生, 王友群. 建筑业中精益建造与 BIM 技术的交互应用研究[J]. 工程管理学报, 2011, (05): 482-486.

[77] JT/T 697—2007, 交通信息基础数据元[S].

[78] 赵继伟. 水利工程信息模型理论与应用研究[D]. 中国水利水电科学研究院, 2016.

[79] 程祖辉, 郝贵发, 李聪, 魏文斌, 程建川. BIM 模型数据标准在道路工程中的研究与应用[J]. 交通与运输, 2020, 36(02): 40-43.

[80] ISO 19650-1: 2018, Organization and digitization of information about buildings and civil engineering works, including building information modelling (BIM) - Information management using building information modelling-Part 1: Concepts and principles[S]. Geneva: International Organiza Geneva: International Organization for Standardization, 2018.

[81] ISO 19650-2: 2018, Organization and digitization of information about buildings and civil engineering works, including building information modelling (BIM) - Information management using building information modelling-Part -Part 2: Delivery phase of the assets[S]. Geneva: International Organization for Standardization, 2018.

[82] 中国铁路 BIM 联盟. 铁路工程信息模型分类和编码标准(1.0 版)[J]. 铁路技术创新, 2015 (1): 8-111.

[83] 中国铁路 BIM 联盟. 铁路工程信息模型数据存储标准(1.0 版)[J]. 铁路技术创新, 2016 (1): 5-177.

[84] 中国 BIM 发展联盟 [EB/OL]. (2019-03-21)[2019-05-06]. http://bimunion.bimfree. com/html/2018-10/548. html.

[85] 中华人民共和国国家质量监督检验检疫总局. GB/T 7027—2002 信息分类和编码的基本原则与方法[S]. 北京: 中国标准出版社, 2002.

[86] 中国铁路 BIM 联盟. 铁路工程实体结构分解指南[J]. 铁路技术创新, 2014(6): 5-334.

[87] GB/T 7027—2002 信息分类编码的基本原则和方法[S].

[88] 郑国勤, 邱奎宁. BIM 国内外标准综述[J]. 土木建筑工程信息技术, 2012(1): 32-34.

[89] 中华人民共和国交通运输部. 关于开展公路工程 BIM 技术应用示范工程建设的通知[M]. 2017.

[90] 中华人民共和国交通运输部. 关于开展公路工程 BIM 技术应用示范工程建设的通知[M]. 2017.

[91] 中华人民共和国交通运输部. 关于开展公路工程 BIM 技术应用示范工程建设的通知[M]. 2017.

[92] ISO 12006-2. Building construction-organization of information about construction works-Part2: Framework for classification of information[S]. 2015.

[93] 张峰, 刘向阳, 戈普塔. 公路工程信息模型分类与编码研究[J]. 公路, 2017, (10): 180-183.

[94] 中国铁路 BIM 联盟. 关于发布 EBS 和 IFD 标准的决议[J]. 铁路技术创新, 2015(1): 6-7.

［95］蔡英.在省市两级普通公路管理体系中制定并推行公路基础数据元标准［J］.工程建设，2012，44（3）：71-74.

［96］张绍阳，王选仓，李志强，等.公路信息基础数据元二维分类及其应用［J］.武汉理工大学学报：交通科学与工程版，2007，31（5）：815-818.

［97］GB/T 18391—2009，信息技术数据元的规范与标准化［S］.

［98］常志国，张绍阳，曹金山，等.交通信息基础数据元 XML Schema 表示模型［J］.现代电子技术，2012，35（18）：29-32.

［99］GB/T 51301—2018，建筑信息模型设计交付标准［S］.

［100］张峰.公路工程信息模型设计交付标准研究［J］.公路，2019（4）：197-201.

［101］成于思，成虎.工程系统分解结构的概念和作用研究［J］.土木工程学报，2014（4）：125-130.

［102］佘健俊，成虎，蒋黎晅.工程系统分解结构（EBS）及其应用方法研究［J］.建筑经济，2013（10）：35-39.

［103］Simon，H. The Architecture of Complexity［C］. Proceedings of the American Philosophical Society，1962，Vol. 106：467-482.

［104］Alexander C. Notes on the Synthesis of Form［M］. Cambridge，Mass：Harvard University Press，1964：56-63P.

［105］Baldwin C Y，Clark K B. Managing in an Age of Modularity［J］. Harvard Business Review，1997，75（5）：84-93.

［106］Campagnolo D，Camuffo A. The concept of modularity in management studies：A literature review［P］. International Journal of Management Reviews，2010，12（3）：259-283.

［107］Ulrich K. Fundamentals of Product Modularity［J］. New York：Springer，1994.

［108］Henderson R M，Clark K B. Architectural Innovation：The Reconfiguration of Existing Product Technologies and the Failure of Established Fims［J］. Administrative Science Quarterly，1990，35（1）：9-13.

［109］Fixson S K. Product Architecture Assessment：A Tool to Link Product，and Supply Chain Design Decisions［J］. Joumal of Operations Management，2005，23（3-4）：345-369.

［110］Schilling M A，Steensma H K. The Use of Modular Organizational F orms：An Industry-level Analysis［J］. Academy of Management Journal，2001，44（6）；1149-1168.

［111］童时中. 模块化原理设计方法及应用［M］. 北京：中国标准出版社，2000.

［112］睢素杰. 模块化生产和知识吸收能力对大规模定制的影响研究［D］.郑州大学，2017.

［113］青木昌彦，安藤晴彦.模块时代：新产业结构的本质［M］.上海：上海远东出版社，2003.

［114］童时中.模块化原理设计方法及应用［M］.北京：中国标准出版社，1999.

［115］候亮.机械产品广义模块化设计理论研究及其在液压机产品中的应用［D］.天津大学.

［116］李春田. 现代标准化前沿一"模块化"研究报告［J］.信息技术与标准化，2007，（3）：52-58.

［117］李春田. 标准化概论［M］. 北京：中国人民大学出版社，2014.

[118]李春田.第三章：现代模块化的诞生-IBM/360电脑的设计革命[J].中国标准化,2007(4)64-70.

[119] Karl T. Ulrich, Steven D. Eppinger, Product Design and Development [M]. NewYork, McGraw-Hill, 2012.

[120] National Institute of Building Science. NBIMS：National Building a Information Modeling Standard Version1.0[S], 2007.

[121]王晓辉.模块化价值网络中知识转移对企业营销绩效的影响研究[D].山东大学,2010.

[122]吴志林,张凯还.基于SolidWorks尺寸驱动建模的二次开发[J].计算机时代,2013(01)：14-17.

[123]冯梓堃,陈新度,吴磊.基于变量驱动的GBOM产品族模型建立方法[J].机电工程,2009,26(10)：1-5.

[124]赖青.桥梁三维CAD中实体建模技术的研究[D].吉林大学,2009.

[125]程姜,王凯.数字时代的建筑模数化设计方法思考[J].土木建筑工程信息技术,2015,7(01)：37-40.

[126]王潇瞳.基于BIM技术的工程项目绿色设计研究[D].天津大学,2016.

[127]田彬力.高速公路工程建设项目可行性研究技术及应用[D].重庆交通大学,2016.

[128]周鹏超.基于4D-BIM技术的工程项目进度管理研究[D].江西理工大学,2015.

[129]柳娟花.基于BIM的虚拟施工技术应用研究[D].西安建筑科技大学,2012.

[130]李利番,陈昕,于庆,王结臣.高速公路设施管理信息系统的设计与实现[J].测绘科学,2009,34(S2)：213-215.

[131]张贤尧.绿色建筑技术体系模块化构建与评价研究[D].武汉理工大学,2012.

[132]王博.基于Revit的地铁车站换乘通道结构模型自动生成算法研究[D].华东交通大学,2017.

[133]任振华.建筑复杂形体参数化设计初探[D].华南理工大学,2010.

[134]王英,李阳,王廷魁.基于BIM的全寿命周期造价管理信息系统架构研究[J].工程管理学报,2012,26(03)：22-27.

[135]汤志辉.基于BIM的铁路站前工程信息分类编码研究[D].中国铁道科学研究院,2016.

[136]李华良,杨绪坤,沈东升,苏林,朱纯瑶,范登科.铁路工程信息模型分类和编码标准研究[J].铁路技术创新,2015(03)：17-20+72.

[137]常绍舜.从经典系统论到现代系统论[J].系统科学学报,2011,19(03)：1-4.

[138]谢磊.建筑工程质量风险预测与控制方法研究[D].东南大学,2017.

[139]成于思,成虎.工程系统分解结构的概念和作用研究[J].土木工程学报,2014,47(04)：125-130.

[140]李卓灿,冯晓.BIM技术在公路工程建设与管理中的应用及展望[J].山西交通科技,2019(01)：86-90.

[141]景宏福.甘肃省高速公路建设和养护一体化管理研究[D].长安大学,2016.

[142]全圣彪.高速公路建设推行建管养一体化管理模式要点[J].交通世界,2019(Z1)：

228-229.

[143]许华章，叶恒梅.高速公路建设推行建管养一体化管理模式要点[J].居舍，2019（32）：163.

[144]冯喜雄.高速公路建设推行建管养一体化管理模式要点探究[J].黑龙江交通科技，2020，43(03)：180-181.

[145]张磊.建管养一体化数字高速[J].公路交通科技(应用技术版)，2011，7(S1)：146-148+153.

[146]樊军.BIM 技术在铁路站房项目建设管理中的应用与探索[J].建筑与装饰，2020，000（007）：P.34-34.

[147]李宏伟.BIM 云平台纵横路桥建管养[J].中国公路，2016，000(020)：55-57.

图书在版编目(CIP)数据

高速公路建设管理 BIEM 大数据云平台成套技术／汤明
等主编. —长沙：中南大学出版社，2021.4
　ISBN 978-7-5487-4379-8

　Ⅰ. ①高… Ⅱ. ①汤… Ⅲ. ①高速公路－道路施工－
施工管理－计算机辅助设计－应用软件
Ⅳ. ①U415.1-39

中国版本图书馆 CIP 数据核字(2021)第 057444 号

高速公路建设管理 BIEM 大数据云平台成套技术

主编　汤　明　章立峰　白家设　刘　勇

□责任编辑	刘颖维	
□责任印制	周　颖	
□出版发行	中南大学出版社	
	社址：长沙市麓山南路	邮编：410083
	发行科电话：0731-88876770	传真：0731-88710482
□印　　装	湖南鑫成印刷有限公司	

□开　　本	710 mm×1000 mm 1/16	□印张 14.75	□字数 294 千字	
□版　　次	2021 年 4 月第 1 版	□2021 年 4 月第 1 次印刷		
□书　　号	ISBN 978-7-5487-4379-8			
□定　　价	168.00 元			